付録 とりはずしてお使いください。

計算せんもんドリル

5年

5年　　組

特色と使い方

- このドリルは、計算力を付けるための計算問題をせんもんにあつかったドリルです。
- 教科書ぴったりトレーニングに、このドリルの何ページをすればよいのかが書いてあります。教科書ぴったりトレーニングにあわせてお使いください。

教科書ぴったり
トレーニングの
ここを見てね

もくじ

1 小数×小数 の筆算①
2 小数×小数 の筆算②
3 小数×小数 の筆算③
4 小数×小数 の筆算④
5 小数×小数 の筆算⑤
6 小数×小数 の筆算⑥
7 小数×小数 の筆算⑦
8 小数÷小数 の筆算①
9 小数÷小数 の筆算②
10 小数÷小数 の筆算③
11 小数÷小数 の筆算④
12 小数÷小数 の筆算⑤
13 わり進む小数のわり算の筆算①
14 わり進む小数のわり算の筆算②
15 商をがい数で表す小数のわり算の筆算①
16 商をがい数で表す小数のわり算の筆算②
17 あまりを出す小数のわり算
18 分数のたし算①
19 分数のたし算②
20 分数のたし算③
21 分数のひき算①
22 分数のひき算②
23 分数のひき算③
24 ３つの分数のたし算・ひき算
25 帯分数のたし算①
26 帯分数のたし算②
27 帯分数のたし算③
28 帯分数のたし算④
29 帯分数のひき算①
30 帯分数のひき算②
31 帯分数のひき算③
32 帯分数のひき算④

おうちのかたへ

・お子さまがお使いの教科書や学校の学習状況により、ドリルのページが前後したり、学習されていない問題が含まれている場合がございます。お子さまの学習状況に応じてお使いください。
・お子さまがお使いの教科書により、教科書ぴったりトレーニングと対応していないページがある場合がございますが、お子さまの興味・関心に応じてお使いください。

1 小数×小数 の筆算①

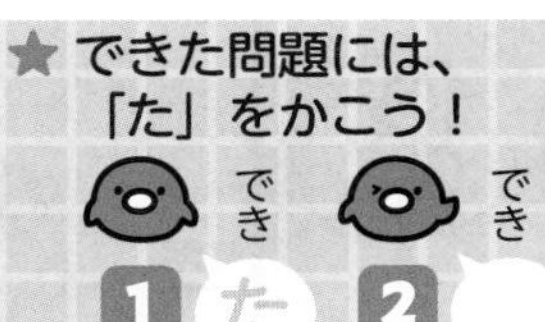

月　　日

1 次の計算をしましょう。

① 1.4 × 2.1

② 5.8 × 3.7

③ 0.83 × 4.6

④ 2.15 × 9.3

⑤ 4.3 × 0.75

⑥ 3.6 × 1.75

⑦ 0.62 × 0.78

⑧ 0.93 × 0.04

⑨ 0.05 × 0.86

⑩ 0.07 × 2.91

月　　日

2 次の計算を筆算でしましょう。

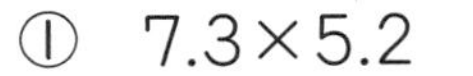

① 7.3×5.2

② 0.32×5.5

③ 7.8×2.01

2 小数×小数 の筆算②

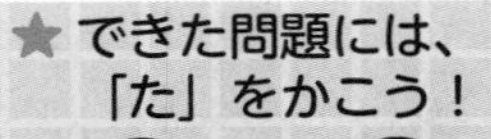

月　日

1 次の計算をしましょう。

① $\begin{array}{r} 4.2 \\ \times 0.8 \\ \hline \end{array}$　② $\begin{array}{r} 7.7 \\ \times 7.6 \\ \hline \end{array}$　③ $\begin{array}{r} 2.81 \\ \times \quad 6.5 \\ \hline \end{array}$　④ $\begin{array}{r} 0.55 \\ \times \quad 6.8 \\ \hline \end{array}$

⑤ $\begin{array}{r} 2.5 \\ \times 0.79 \\ \hline \end{array}$　⑥ $\begin{array}{r} 0.89 \\ \times 0.71 \\ \hline \end{array}$　⑦ $\begin{array}{r} 0.06 \\ \times 0.99 \\ \hline \end{array}$　⑧ $\begin{array}{r} 0.85 \\ \times 0.04 \\ \hline \end{array}$

⑨ $\begin{array}{r} 147 \\ \times \quad 3.4 \\ \hline \end{array}$　⑩ $\begin{array}{r} 9.4 \\ \times 18.9 \\ \hline \end{array}$

月　日

2 次の計算を筆算でしましょう。

① 7.5×9.4　② 0.14×3.3　③ 0.8×6.57

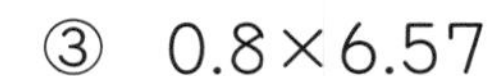

3 小数×小数 の筆算③

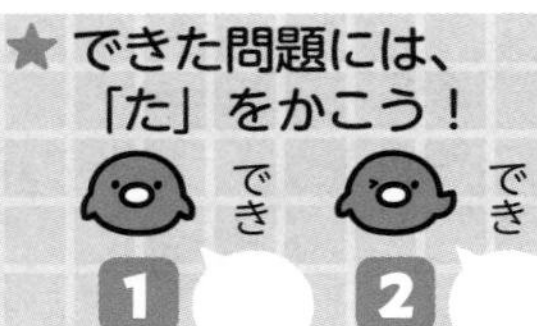

1 次の計算をしましょう。

月　　日

① 3.2 × 2.3

② 8.6 × 1.6

③ 0.34 × 7.1

④ 0.24 × 7.5

⑤ 4.8 × 2.63

⑥ 0.5 × 8.79

⑦ 0.49 × 0.93

⑧ 0.59 × 0.08

⑨ 0.04 × 0.45

⑩ 17.2 × 3.7

2 次の計算を筆算でしましょう。

月　　日

① 0.65×4.2

② 1.8×1.06

③ 306×5.8

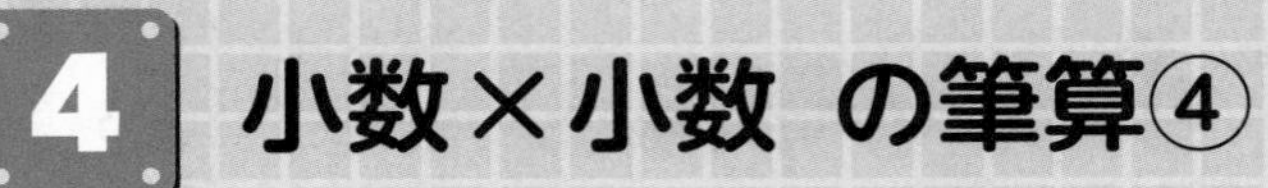

★ できた問題には、「た」をかこう！

できた 1 できた 2

1 次の計算をしましょう。

月　日

① 4.8 × 0.3

② 9.5 × 4.4

③ 0.13 × 9.4

④ 2.76 × 2.6

⑤ 8.7 × 0.95

⑥ 9.5 × 0.48

⑦ 0.79 × 0.18

⑧ 0.03 × 0.96

⑨ 0.48 × 0.05

⑩ 26.4 × 1.9

2 次の計算を筆算でしましょう。

月　日

① 0.25×3.6

② 9.9×0.42

③ 1.3×2.98

5 小数×小数 の筆算⑤

★できた問題には、「た」をかこう！

1 できた　2 できた

1 次の計算をしましょう。

月　　日

①
```
  1.1
×3.3
```

②
```
  4.7
×2.5
```

③
```
 0.89
×  5.2
```

④
```
 2.04
×  3.7
```

⑤
```
   4.8
×5.36
```

⑥
```
   7.5
×0.84
```

⑦
```
 0.97
×0.43
```

⑧
```
 0.36
×0.07
```

⑨
```
 0.03
×0.67
```

⑩
```
 0.08
×5.25
```

2 次の計算を筆算でしましょう。

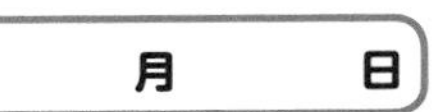

月　　日

① 0.64×4.3　② 5.6×0.25　③ 81×1.09

6 小数×小数 の筆算⑥

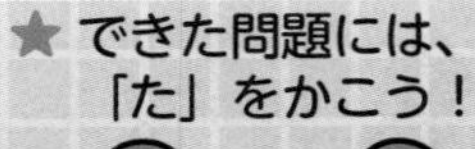

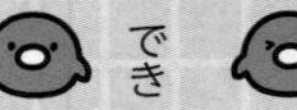

1 次の計算をしましょう。　　月　　日

① $\begin{array}{r} 8.1 \\ \times 1.9 \\ \hline \end{array}$　② $\begin{array}{r} 6.5 \\ \times 5.2 \\ \hline \end{array}$　③ $\begin{array}{r} 0.79 \\ \times \quad 7.2 \\ \hline \end{array}$　④ $\begin{array}{r} 0.65 \\ \times \quad 3.8 \\ \hline \end{array}$

⑤ $\begin{array}{r} 6.2 \\ \times 3.84 \\ \hline \end{array}$　⑥ $\begin{array}{r} 2.3 \\ \times 0.28 \\ \hline \end{array}$　⑦ $\begin{array}{r} 0.73 \\ \times 0.56 \\ \hline \end{array}$　⑧ $\begin{array}{r} 0.08 \\ \times 0.52 \\ \hline \end{array}$

⑨ $\begin{array}{r} 0.95 \\ \times 0.04 \\ \hline \end{array}$　⑩ $\begin{array}{r} 183 \\ \times \quad 2.6 \\ \hline \end{array}$

2 次の計算を筆算でしましょう。

月　　日

① 0.52×3.7　② 9.4×0.36　③ 1.05×4.18

7 小数×小数 の筆算⑦

★できた問題には、「た」をかこう！

1 でき　2 でき

月　日

1 次の計算をしましょう。

① 4.1 × 1.2

② 7.5 × 4.3

③ 0.69 × 7.4

④ 5.5 × 0.91

⑤ 6.6 × 0.15

⑥ 0.54 × 0.38

⑦ 0.49 × 0.03

⑧ 0.02 × 0.75

⑨ 486 × 9.9

⑩ 63.2 × 6.5

月　日

2 次の計算を筆算でしましょう。

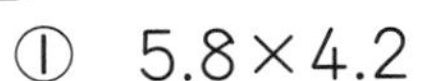

① 5.8×4.2

② 1.04×2.06

③ 6×2.93

8 小数÷小数 の筆算①

★できた問題には、「た」をかこう！

1 できた　2 できた

1 次の計算をしましょう。　月　日

① $7.9\overline{)8.69}$　② $1.3\overline{)8.97}$　③ $3.7\overline{)2.22}$　④ $0.9\overline{)8.82}$

⑤ $2.7\overline{)8.1}$　⑥ $7.5\overline{)37.5}$　⑦ $0.05\overline{)2.35}$　⑧ $0.74\overline{)8.88}$

⑨ $2.43\overline{)12.15}$　⑩ $5.5\overline{)22}$

2 次の計算を筆算でしましょう。　月　日

① 21.08÷3.4　② 5.68÷1.42　③ 80÷3.2

9 小数÷小数　の筆算②

★できた問題には、「た」をかこう！

1 でき　2 でき

月　　日

1 次の計算をしましょう。

① 7.6) 9.88

② 4.4) 8.36

③ 4.8) 3.36

④ 0.4) 1.52

⑤ 2.6) 7.8

⑥ 6.4) 51.2

⑦ 0.06) 5.82

⑧ 0.63) 1.89

⑨ 1.18) 8.26

⑩ 1.5) 84

2 次の計算を筆算でしましょう。

① 23.25÷2.5　　② 45.48÷3.79　　③ 15÷0.25

10 小数÷小数 の筆算③

★できた問題には、「た」をかこう！

1 できた　2 できた

1 次の計算をしましょう。

月　日

① $5.67 \div 2.1$

② $8.26 \div 1.4$

③ $3.76 \div 4.7$

④ $1.02 \div 0.3$

⑤ $7.5 \div 1.5$

⑥ $11.4 \div 3.8$

⑦ $4.96 \div 0.08$

⑧ $7.38 \div 0.82$

⑨ $23.36 \div 2.92$

⑩ $47.7 \div 1.59$

2 次の計算を筆算でしましょう。

月　日

① 12.73÷6.7　② 9.15÷1.83　③ 40÷1.6

11 小数÷小数 の筆算④

★できた問題には、「た」をかこう！

1 でき　2 でき

1 次の計算をしましょう。

月　日

① $8.48 \div 5.3$　5.3）8.48

② $9.62 \div 7.4$　7.4）9.62

③ $1.45 \div 2.9$　2.9）1.45

④ $3.99 \div 0.7$　0.7）3.99

⑤ $9.2 \div 2.3$　2.3）9.2

⑥ $68.8 \div 8.6$　8.6）68.8

⑦ $1.38 \div 0.03$　0.03）1.38

⑧ $6.48 \div 0.81$　0.81）6.48

⑨ $9.04 \div 2.26$　2.26）9.04

⑩ $60 \div 2.4$　2.4）60

2 次の計算を筆算でしましょう。

月　日

① $21.45 \div 6.5$　② $47.55 \div 3.17$　③ $54 \div 1.35$

12 小数÷小数 の筆算⑤

★できた問題には、「た」をかこう！

でき 1　でき 2

1 次の計算をしましょう。

月　日

① 5.2) 9.36

② 1.6) 8.48

③ 1.7) 1.02

④ 0.8) 5.36

⑤ 2.4) 9.6

⑥ 4.1) 36.9

⑦ 0.05) 2.75

⑧ 0.39) 6.24

⑨ 1.82) 34.58

⑩ 0.04) 12.4

2 次の計算を筆算でしましょう。

① 33.11÷4.3

② 7.84÷1.96

③ 84÷5.6

13 わり進む小数のわり算の筆算①

★できた問題には、「た」をかこう！

1 でき　2 でき

1 次のわり算を、わり切れるまで計算しましょう。　　月　　日

① $4.2\,\overline{)\,3.57}$

② $3.5\,\overline{)\,1.89}$

③ $2.4\,\overline{)\,1.8}$

④ $2.5\,\overline{)\,1.6}$

⑤ $1.6\,\overline{)\,4}$

⑥ $7.2\,\overline{)\,45}$

⑦ $0.54\,\overline{)\,1.35}$

⑧ $1.16\,\overline{)\,8.7}$

2 次の計算を筆算で、わり切れるまでしましょう。　　月　　日

① $1.02 \div 1.5$

② $24 \div 7.5$

③ $3.72 \div 2.48$

14 わり進む小数のわり算の筆算②

★できた問題には、「た」をかこう！

1 でき　2 でき

1 次のわり算を、わり切れるまで計算しましょう。　　月　　日

① 4.5) 2.88

② 9.2) 3.22

③ 1.6) 1.2

④ 7.5) 3.3

⑤ 2.4) 3

⑥ 2.5) 84

⑦ 3.92) 5.88

⑧ 3.24) 8.1

2 次の計算を筆算で、わり切れるまでしましょう。　　月　　日

① 1.7÷6.8

② 9÷2.4

③ 9.6÷1.28

15 商をがい数で表す小数のわり算の筆算①

1 商を四捨五入(ししゃごにゅう)して、$\frac{1}{10}$ の位までのがい数で表しましょう。

① 3.7) 6.94

② 0.81) 9

③ 0.7) 9.5

④ 2.7) 34.9

2 商を四捨五入して、上から２けたのがい数で表しましょう。

① 0.7) 5.8

② 3.6) 9.05

③ 8.1) 9.58

④ 2.3) 18.6

16 商をがい数で表す小数のわり算の筆算②

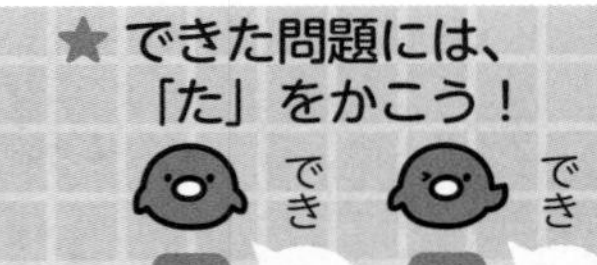

1 商を四捨五入(ししゃごにゅう)して、$\frac{1}{10}$ の位までのがい数で表しましょう。　　月　　日

① 6.3) 7.61　　② 1.3) 7　　③ 7.1) 5.1　　④ 45.3) 8

2 商を四捨五入して、上から 2 けたのがい数で表しましょう。

① 2.7) 5.9　　② 5.3) 5.94　　③ 1.9) 3　　④ 19.8) 26

17 あまりを出す小数のわり算

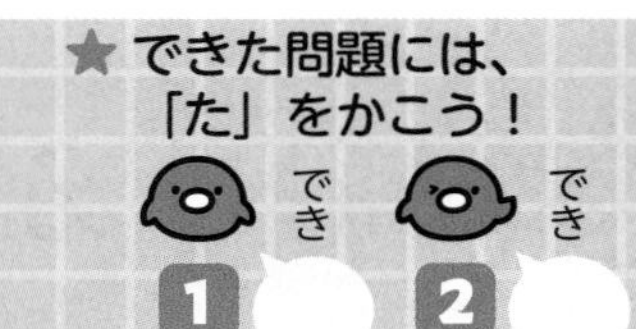

1 商を一の位まで求め、あまりも出しましょう。　　月　日

① $0.6\overline{)5.8}$

② $1.6\overline{)5.8}$

③ $3.7\overline{)29.5}$

④ $5.4\overline{)74.5}$

⑤ $2.1\overline{)91.2}$

⑥ $2.9\overline{)9.35}$

⑦ $1.4\overline{)8.73}$

⑧ $3.8\overline{)7.51}$

2 商を一の位まで求め、あまりも出しましょう。　　月　日

① $1.3\overline{)4}$

② $4.3\overline{)16}$

③ $2.4\overline{)61}$

④ $6.6\overline{)79}$

⑤ $0.4\overline{)2.51}$

⑥ $6.7\overline{)284}$

⑦ $2.4\overline{)905}$

⑧ $3.9\overline{)657}$

18 分数のたし算①

★できた問題には、「た」をかこう！

でき 1 でき 2

1 次の計算をしましょう。

月　日

① $\frac{1}{3}+\frac{1}{2}$

② $\frac{1}{2}+\frac{3}{8}$

③ $\frac{1}{6}+\frac{5}{9}$

④ $\frac{1}{4}+\frac{3}{10}$

⑤ $\frac{2}{3}+\frac{3}{4}$

⑥ $\frac{7}{8}+\frac{1}{6}$

2 次の計算をしましょう。

月　日

① $\frac{1}{2}+\frac{3}{10}$

② $\frac{1}{15}+\frac{3}{5}$

③ $\frac{1}{6}+\frac{9}{14}$

④ $\frac{3}{10}+\frac{5}{14}$

⑤ $\frac{1}{6}+\frac{14}{15}$

⑥ $\frac{9}{10}+\frac{3}{5}$

19 分数のたし算②

★できた問題には、「た」をかこう！

でき 1　でき 2

1 次の計算をしましょう。

月　　日

① $\frac{2}{5}+\frac{1}{3}$

② $\frac{1}{6}+\frac{3}{7}$

③ $\frac{1}{4}+\frac{3}{16}$

④ $\frac{7}{12}+\frac{2}{9}$

⑤ $\frac{5}{6}+\frac{1}{5}$

⑥ $\frac{3}{4}+\frac{5}{8}$

2 次の計算をしましょう。

月　　日

① $\frac{1}{6}+\frac{1}{2}$

② $\frac{7}{10}+\frac{2}{15}$

③ $\frac{6}{7}+\frac{9}{14}$

④ $\frac{13}{15}+\frac{1}{3}$

⑤ $\frac{7}{10}+\frac{5}{6}$

⑥ $\frac{5}{6}+\frac{5}{14}$

20 分数のたし算③

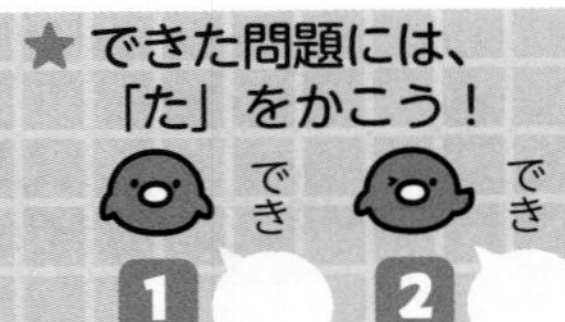

1 次の計算をしましょう。

月　　日

① $\frac{1}{2}+\frac{2}{5}$

② $\frac{2}{3}+\frac{1}{8}$

③ $\frac{1}{5}+\frac{7}{10}$

④ $\frac{1}{4}+\frac{9}{14}$

⑤ $\frac{2}{3}+\frac{4}{9}$

⑥ $\frac{3}{4}+\frac{3}{10}$

2 次の計算をしましょう。

月　　日

① $\frac{1}{12}+\frac{1}{4}$

② $\frac{3}{10}+\frac{1}{6}$

③ $\frac{11}{15}+\frac{1}{6}$

④ $\frac{1}{2}+\frac{9}{14}$

⑤ $\frac{2}{3}+\frac{5}{6}$

⑥ $\frac{14}{15}+\frac{9}{10}$

21 分数のひき算①

★できた問題には、「た」をかこう！

1 でき　2 でき

1 次の計算をしましょう。

月　　日

① $\frac{1}{4}-\frac{1}{9}$

② $\frac{6}{5}-\frac{6}{7}$

③ $\frac{3}{4}-\frac{1}{2}$

④ $\frac{8}{9}-\frac{1}{3}$

⑤ $\frac{5}{8}-\frac{1}{6}$

⑥ $\frac{5}{4}-\frac{1}{6}$

2 次の計算をしましょう。

月　　日

① $\frac{9}{10}-\frac{2}{5}$

② $\frac{5}{6}-\frac{1}{3}$

③ $\frac{3}{2}-\frac{9}{14}$

④ $\frac{4}{3}-\frac{8}{15}$

⑤ $\frac{11}{6}-\frac{9}{10}$

⑥ $\frac{23}{10}-\frac{7}{15}$

22 分数のひき算②

★できた問題には、「た」をかこう！

1 できた　2 できた

1 次の計算をしましょう。

月　日

① $\frac{2}{3}-\frac{2}{5}$

② $\frac{4}{7}-\frac{1}{2}$

③ $\frac{7}{8}-\frac{1}{2}$

④ $\frac{2}{3}-\frac{5}{9}$

⑤ $\frac{5}{4}-\frac{7}{10}$

⑥ $\frac{11}{8}-\frac{1}{6}$

2 次の計算をしましょう。

月　日

① $\frac{4}{5}-\frac{3}{10}$

② $\frac{9}{14}-\frac{1}{2}$

③ $\frac{7}{15}-\frac{1}{6}$

④ $\frac{7}{6}-\frac{9}{10}$

⑤ $\frac{14}{15}-\frac{4}{21}$

⑥ $\frac{19}{15}-\frac{1}{10}$

23 分数のひき算③

★できた問題には、「た」をかこう！

1 次の計算をしましょう。

月　　日

① $\frac{2}{3}-\frac{1}{4}$

② $\frac{2}{7}-\frac{1}{8}$

③ $\frac{3}{4}-\frac{1}{2}$

④ $\frac{5}{8}-\frac{1}{4}$

⑤ $\frac{5}{6}-\frac{2}{9}$

⑥ $\frac{3}{4}-\frac{1}{6}$

2 次の計算をしましょう。

月　　日

① $\frac{5}{6}-\frac{1}{2}$

② $\frac{19}{18}-\frac{1}{2}$

③ $\frac{7}{6}-\frac{5}{12}$

④ $\frac{13}{15}-\frac{7}{10}$

⑤ $\frac{7}{6}-\frac{7}{10}$

⑥ $\frac{11}{6}-\frac{2}{15}$

24 3つの分数のたし算・ひき算

★できた問題には、「た」をかこう！

1 でき　2 でき

月　日

1 次の計算をしましょう。

① $\frac{1}{2}+\frac{1}{3}+\frac{1}{4}$

② $\frac{1}{2}+\frac{3}{4}+\frac{2}{5}$

③ $\frac{1}{3}+\frac{3}{4}+\frac{1}{6}$

④ $\frac{1}{2}-\frac{1}{4}-\frac{1}{6}$

⑤ $\frac{14}{15}-\frac{1}{10}-\frac{1}{2}$

⑥ $1-\frac{1}{10}-\frac{5}{6}$

月　日

2 次の計算をしましょう。

① $\frac{4}{5}-\frac{3}{4}+\frac{1}{2}$

② $\frac{5}{6}-\frac{3}{4}+\frac{2}{3}$

③ $\frac{8}{9}-\frac{1}{2}+\frac{5}{6}$

④ $\frac{1}{2}+\frac{2}{3}-\frac{8}{9}$

⑤ $\frac{3}{4}+\frac{1}{3}-\frac{5}{6}$

⑥ $\frac{9}{10}+\frac{1}{2}-\frac{2}{5}$

25 帯分数のたし算①

★できた問題には、「た」をかこう！

でき 1　でき 2

1 次の計算をしましょう。　　月　日

① $1\frac{1}{2}+\frac{1}{3}$

② $\frac{1}{6}+1\frac{7}{8}$

③ $1\frac{1}{4}+1\frac{2}{5}$

④ $1\frac{5}{7}+1\frac{1}{2}$

2 次の計算をしましょう。　　月　日

① $1\frac{3}{4}+\frac{7}{12}$

② $\frac{3}{10}+2\frac{5}{6}$

③ $1\frac{1}{2}+2\frac{3}{10}$

④ $2\frac{5}{6}+1\frac{7}{15}$

26 帯分数のたし算②

★できた問題には、「た」をかこう！

1 でき　2 でき

1 次の計算をしましょう。　　月　日

① $1\frac{2}{3}+\frac{2}{5}$

② $\frac{7}{9}+2\frac{5}{6}$

③ $1\frac{2}{3}+4\frac{1}{9}$

④ $1\frac{3}{4}+1\frac{5}{6}$

2 次の計算をしましょう。　　月　日

① $2\frac{1}{2}+\frac{7}{10}$

② $\frac{1}{6}+1\frac{13}{14}$

③ $1\frac{7}{12}+1\frac{2}{3}$

④ $1\frac{5}{6}+1\frac{7}{10}$

27 帯分数のたし算③

★ できた問題には、「た」をかこう！

できた 1 できた 2

1 次の計算をしましょう。

月　日

① $1\frac{4}{5}+\frac{1}{2}$

② $\frac{3}{4}+1\frac{3}{10}$

③ $1\frac{1}{2}+1\frac{6}{7}$

④ $1\frac{5}{6}+1\frac{2}{9}$

2 次の計算をしましょう。

月　日

① $2\frac{1}{2}+\frac{9}{10}$

② $\frac{11}{12}+2\frac{1}{4}$

③ $2\frac{5}{14}+1\frac{1}{2}$

④ $2\frac{1}{6}+1\frac{9}{10}$

28 帯分数のたし算④

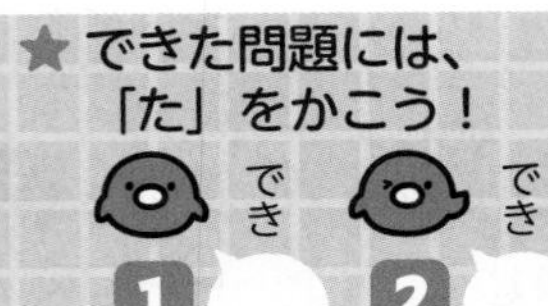

1 次の計算をしましょう。

月　　日

① $1\frac{2}{5}+\frac{2}{7}$

② $\frac{5}{8}+1\frac{5}{12}$

③ $1\frac{2}{3}+3\frac{8}{9}$

④ $1\frac{5}{6}+1\frac{3}{4}$

2 次の計算をしましょう。

月　　日

① $2\frac{9}{10}+\frac{3}{5}$

② $\frac{5}{6}+1\frac{1}{15}$

③ $1\frac{9}{14}+1\frac{6}{7}$

④ $1\frac{3}{10}+2\frac{13}{15}$

29 帯分数のひき算①

★できた問題には、「た」をかこう！

1 2

1 次の計算をしましょう。　　月　　日

① $1\frac{1}{2}-\frac{2}{3}$　　② $3\frac{2}{3}-2\frac{2}{5}$

③ $3\frac{1}{4}-2\frac{1}{2}$　　④ $2\frac{7}{15}-1\frac{5}{6}$

2 次の計算をしましょう。　　月　　日

① $1\frac{1}{6}-\frac{9}{10}$　　② $4\frac{5}{6}-2\frac{1}{3}$

③ $5\frac{2}{5}-4\frac{9}{10}$　　④ $4\frac{5}{12}-1\frac{2}{3}$

30 帯分数のひき算②

★できた問題には、「た」をかこう！

1 でき　2 でき

1 次の計算をしましょう。　　月　　日

① $2\frac{1}{4}-\frac{2}{3}$

② $2\frac{3}{4}-1\frac{4}{7}$

③ $3\frac{2}{9}-2\frac{5}{6}$

④ $4\frac{4}{15}-3\frac{4}{9}$

2 次の計算をしましょう。　　月　　日

① $1\frac{1}{7}-\frac{9}{14}$

② $4\frac{3}{4}-2\frac{1}{12}$

③ $5\frac{1}{14}-4\frac{1}{6}$

④ $5\frac{5}{12}-2\frac{13}{15}$

31 帯分数のひき算③

★できた問題には、「た」をかこう！

1 でき　2 でき

1 次の計算をしましょう。

月　日

① $2\frac{6}{7}-\frac{2}{3}$

② $2\frac{2}{3}-1\frac{5}{6}$

③ $3\frac{1}{10}-1\frac{1}{4}$

④ $2\frac{1}{4}-1\frac{5}{6}$

2 次の計算をしましょう。

月　日

① $3\frac{1}{6}-\frac{1}{2}$

② $2\frac{1}{2}-1\frac{3}{14}$

③ $4\frac{1}{10}-3\frac{1}{6}$

④ $3\frac{1}{6}-1\frac{13}{15}$

32 帯分数のひき算④

★できた問題には、「た」をかこう！

1 次の計算をしましょう。　　月　日

① $2\frac{2}{3}-\frac{3}{4}$

② $2\frac{5}{7}-1\frac{1}{2}$

③ $2\frac{5}{8}-1\frac{1}{4}$

④ $3\frac{1}{6}-2\frac{5}{9}$

2 次の計算をしましょう。　　月　日

① $1\frac{3}{5}-\frac{1}{10}$

② $5\frac{1}{3}-4\frac{7}{12}$

③ $4\frac{1}{2}-2\frac{5}{6}$

④ $2\frac{3}{10}-1\frac{7}{15}$

答え

1 小数×小数 の筆算①

1 ①2.94 ②21.46 ③3.818 ④19.995
⑤3.225 ⑥6.3 ⑦0.4836 ⑧0.0372
⑨0.043 ⑩0.2037

2

```
①     7.3      ②  0.32      ③    7.8
   ×5.2          ×  5.5         ×2.01
    146             160            78
   365            160           156
   37.96          1.760         15.678
```

2 小数×小数 の筆算②

1 ①3.36 ②58.52 ③18.265 ④3.74
⑤1.975 ⑥0.6319 ⑦0.0594 ⑧0.034
⑨499.8 ⑩177.66

2

```
①     7.5      ②  0.14      ③    0.8
   ×  9.4        ×  3.3        ×6.57
     300             42           56
   675             42            40
   70.50          0.462        48
                               5.256
```

3 小数×小数 の筆算③

1 ①7.36 ②13.76 ③2.414 ④1.8
⑤12.624 ⑥4.395 ⑦0.4557 ⑧0.0472
⑨0.018 ⑩63.64

2

```
①   0.65      ②    1.8      ③    306
   ×  4.2        ×1.06         ×  5.8
     130           108          2448
   260            18           1530
   2.730          1.908        1774.8
```

4 小数×小数 の筆算④

1 ①1.44 ②41.8 ③1.222 ④7.176
⑤8.265 ⑥4.56 ⑦0.1422 ⑧0.0288
⑨0.024 ⑩50.16

2

```
①   0.25      ②    9.9      ③    1.3
   ×  3.6        ×0.42         ×2.98
     150           198           104
     75           396           117
   0.900          4.158         26
                               3.874
```

5 小数×小数 の筆算⑤

1 ①3.63 ②11.75 ③4.628 ④7.548
⑤25.728 ⑥6.3 ⑦0.4171 ⑧0.0252
⑨0.0201 ⑩0.42

2

```
①  0.64       ②    5.6      ③     81
   ×  4.3        ×0.25         ×1.09
     192           280           729
   256            112           81
   2.752          1.400         88.29
```

6 小数×小数 の筆算⑥

1 ①15.39 ②33.8 ③5.688 ④2.47
⑤23.808 ⑥0.644 ⑦0.4088 ⑧0.0416
⑨0.038 ⑩475.8

2

```
①  0.52       ②    9.4      ③    1.05
   ×  3.7        ×0.36         ×4.18
     364           564           840
   156            282           105
   1.924          3.384        420
                               4.3890
```

7 小数×小数 の筆算⑦

1 ①4.92 ②32.25 ③5.106 ④5.005
⑤0.99 ⑥0.2052 ⑦0.0147 ⑧0.015
⑨4811.4 ⑩410.8

2

```
①     5.8     ②   1.04      ③      6
   ×  4.2        ×2.06         ×2.93
     116           624            18
   232            208            54
   24.36          2.1424       12
                               17.58
```

8 小数÷小数 の筆算①

1 ①1.1 ②6.9 ③0.6 ④9.8
⑤3 ⑥5 ⑦47 ⑧12
⑨5 ⑩4

2

①
```
       6.2
3.4 ) 21.0.8
      204
       68
       68
        0
```

②
```
          4
1.42 ) 5.68
       568
         0
```

③
```
       25
3.2 ) 800
      64
      160
      160
        0
```

9 小数÷小数 の筆算②

1 ①1.3 ②1.9 ③0.7 ④3.8
⑤3 ⑥8 ⑦97 ⑧3
⑨7 ⑩56

2

①
```
       9.3
2.5 ) 23.2.5
      225
       75
       75
        0
```

②
```
         12
3.79 ) 45.48
       379
        758
        758
          0
```

③
```
          60
0.25 ) 1500
       150
          0
```

10 小数÷小数 の筆算③

1 ①2.7 ②5.9 ③0.8 ④3.4
⑤5 ⑥3 ⑦62 ⑧9
⑨8 ⑩30

2

①
```
       1.9
6.7 ) 12.7.3
      67
      603
      603
        0
```

②
```
          5
1.83 ) 9.15
       915
         0
```

③
```
       25
1.6 ) 400
      32
       80
       80
        0
```

11 小数÷小数 の筆算④

1 ①1.6 ②1.3 ③0.5 ④5.7
⑤4 ⑥8 ⑦46 ⑧8
⑨4 ⑩25

2

①
```
       3.3
6.5 ) 21.4.5
      195
       195
       195
         0
```

②
```
          15
3.17 ) 47.55
       317
       1585
       1585
          0
```

③
```
          40
1.35 ) 5400
       540
         0
```

12 小数÷小数 の筆算⑤

1 ①1.8 ②5.3 ③0.6 ④6.7
⑤4 ⑥9 ⑦55 ⑧16
⑨19 ⑩310

2

①
```
       7.7
4.3 ) 33.1.1
      301
       301
       301
         0
```

②
```
          4
1.96 ) 7.84
       784
         0
```

③
```
       15
5.6 ) 840
      56
      280
      280
        0
```

13 わり進む小数のわり算の筆算①

1 ①0.85 ②0.54 ③0.75 ④0.64
⑤2.5 ⑥6.25 ⑦2.5 ⑧7.5

2 ①
```
        0.68
1.5 ) 1.0.2
        90
       120
       120
         0
```
②
```
         3.2
7.5 ) 240
      225
       150
       150
         0
```
③
```
          1.5
2.48 ) 3.72
       248
       1240
       1240
          0
```

14 わり進む小数のわり算の筆算②

1 ①0.64 ②0.35 ③0.75 ④0.44
⑤1.25 ⑥33.6 ⑦1.5 ⑧2.5

2 ①
```
        0.25
6.8 ) 1.7.0
      136
       340
       340
         0
```
②
```
        3.75
2.4 ) 90
      72
      180
      168
       120
       120
         0
```
③
```
          7.5
1.28 ) 9.60
       896
        640
        640
          0
```

15 商をがい数で表す小数のわり算の筆算①

1 ①1.9 ②11.1 ③13.6 ④12.9
2 ①8.3 ②2.5 ③1.2 ④8.1

16 商をがい数で表す小数のわり算の筆算②

1 ①1.2 ②5.4 ③0.7 ④0.2
2 ①2.2 ②1.1 ③1.6 ④1.3

17 あまりを出す小数のわり算

1 ①9あまり0.4 ②3あまり1
③7あまり3.6 ④13あまり4.3
⑤43あまり0.9 ⑥3あまり0.65
⑦6あまり0.33 ⑧1あまり3.71

2 ①3あまり0.1 ②3あまり3.1
③25あまり1 ④11あまり6.4
⑤6あまり0.11 ⑥42あまり2.6
⑦377あまり0.2 ⑧168あまり1.8

18 分数のたし算①

1 ①$\frac{5}{6}$ ②$\frac{7}{8}$
③$\frac{13}{18}$ ④$\frac{11}{20}$
⑤$\frac{17}{12}\left(1\frac{5}{12}\right)$ ⑥$\frac{25}{24}\left(1\frac{1}{24}\right)$

2 ①$\frac{4}{5}$ ②$\frac{2}{3}$
③$\frac{17}{21}$ ④$\frac{23}{35}$
⑤$\frac{11}{10}\left(1\frac{1}{10}\right)$ ⑥$\frac{3}{2}\left(1\frac{1}{2}\right)$

19 分数のたし算②

1 ①$\frac{11}{15}$ ②$\frac{25}{42}$
③$\frac{7}{16}$ ④$\frac{29}{36}$
⑤$\frac{31}{30}\left(1\frac{1}{30}\right)$ ⑥$\frac{11}{8}\left(1\frac{3}{8}\right)$

2 ①$\frac{2}{3}$ ②$\frac{5}{6}$
③$\frac{3}{2}\left(1\frac{1}{2}\right)$ ④$\frac{6}{5}\left(1\frac{1}{5}\right)$
⑤$\frac{23}{15}\left(1\frac{8}{15}\right)$ ⑥$\frac{25}{21}\left(1\frac{4}{21}\right)$

20 分数のたし算③

1 ① $\frac{9}{10}$　② $\frac{19}{24}$

③ $\frac{9}{10}$　④ $\frac{25}{28}$

⑤ $\frac{10}{9}\left(1\frac{1}{9}\right)$　⑥ $\frac{21}{20}\left(1\frac{1}{20}\right)$

2 ① $\frac{1}{3}$　② $\frac{7}{15}$

③ $\frac{9}{10}$　④ $\frac{8}{7}\left(1\frac{1}{7}\right)$

⑤ $\frac{3}{2}\left(1\frac{1}{2}\right)$　⑥ $\frac{11}{6}\left(1\frac{5}{6}\right)$

21 分数のひき算①

1 ① $\frac{5}{36}$　② $\frac{12}{35}$

③ $\frac{1}{4}$　④ $\frac{5}{9}$

⑤ $\frac{11}{24}$　⑥ $\frac{13}{12}\left(1\frac{1}{12}\right)$

2 ① $\frac{1}{2}$　② $\frac{1}{2}$

③ $\frac{6}{7}$　④ $\frac{4}{5}$

⑤ $\frac{14}{15}$　⑥ $\frac{11}{6}\left(1\frac{5}{6}\right)$

22 分数のひき算②

1 ① $\frac{4}{15}$　② $\frac{1}{14}$

③ $\frac{3}{8}$　④ $\frac{1}{9}$

⑤ $\frac{11}{20}$　⑥ $\frac{29}{24}\left(1\frac{5}{24}\right)$

2 ① $\frac{1}{2}$　② $\frac{1}{7}$

③ $\frac{3}{10}$　④ $\frac{4}{15}$

⑤ $\frac{26}{35}$　⑥ $\frac{7}{6}\left(1\frac{1}{6}\right)$

23 分数のひき算③

1 ① $\frac{5}{12}$　② $\frac{9}{56}$

③ $\frac{1}{4}$　④ $\frac{3}{8}$

⑤ $\frac{11}{18}$　⑥ $\frac{7}{12}$

2 ① $\frac{1}{3}$　② $\frac{5}{9}$

③ $\frac{3}{4}$　④ $\frac{1}{6}$

⑤ $\frac{7}{15}$　⑥ $\frac{17}{10}\left(1\frac{7}{10}\right)$

24 3つの分数のたし算・ひき算

1 ① $\frac{13}{12}\left(1\frac{1}{12}\right)$　② $\frac{33}{20}\left(1\frac{13}{20}\right)$

③ $\frac{5}{4}\left(1\frac{1}{4}\right)$　④ $\frac{1}{12}$

⑤ $\frac{1}{3}$　⑥ $\frac{1}{15}$

2 ① $\frac{11}{20}$　② $\frac{3}{4}$

③ $\frac{11}{9}\left(1\frac{2}{9}\right)$　④ $\frac{5}{18}$

⑤ $\frac{1}{4}$　⑥ 1

25 帯分数のたし算①

1 ① $\frac{11}{6}\left(1\frac{5}{6}\right)$　② $\frac{49}{24}\left(2\frac{1}{24}\right)$

③ $\frac{53}{20}\left(2\frac{13}{20}\right)$　④ $\frac{45}{14}\left(3\frac{3}{14}\right)$

2 ① $\frac{7}{3}\left(2\frac{1}{3}\right)$　② $\frac{47}{15}\left(3\frac{2}{15}\right)$

③ $\frac{19}{5}\left(3\frac{4}{5}\right)$　④ $\frac{43}{10}\left(4\frac{3}{10}\right)$

26 帯分数のたし算②

1 ① $\frac{31}{15}\left(2\frac{1}{15}\right)$　② $\frac{65}{18}\left(3\frac{11}{18}\right)$

③ $\frac{52}{9}\left(5\frac{7}{9}\right)$　④ $\frac{43}{12}\left(3\frac{7}{12}\right)$

2 ① $\frac{16}{5}\left(3\frac{1}{5}\right)$　② $\frac{44}{21}\left(2\frac{2}{21}\right)$

③ $\frac{13}{4}\left(3\frac{1}{4}\right)$　④ $\frac{53}{15}\left(3\frac{8}{15}\right)$

27 帯分数のたし算③

1 ① $\frac{23}{10}\left(2\frac{3}{10}\right)$ ② $\frac{41}{20}\left(2\frac{1}{20}\right)$

③ $\frac{47}{14}\left(3\frac{5}{14}\right)$ ④ $\frac{55}{18}\left(3\frac{1}{18}\right)$

2 ① $\frac{17}{5}\left(3\frac{2}{5}\right)$ ② $\frac{19}{6}\left(3\frac{1}{6}\right)$

③ $\frac{27}{7}\left(3\frac{6}{7}\right)$ ④ $\frac{61}{15}\left(4\frac{1}{15}\right)$

28 帯分数のたし算④

1 ① $\frac{59}{35}\left(1\frac{24}{35}\right)$ ② $\frac{49}{24}\left(2\frac{1}{24}\right)$

③ $\frac{50}{9}\left(5\frac{5}{9}\right)$ ④ $\frac{43}{12}\left(3\frac{7}{12}\right)$

2 ① $\frac{7}{2}\left(3\frac{1}{2}\right)$ ② $\frac{19}{10}\left(1\frac{9}{10}\right)$

③ $\frac{7}{2}\left(3\frac{1}{2}\right)$ ④ $\frac{25}{6}\left(4\frac{1}{6}\right)$

29 帯分数のひき算①

1 ① $\frac{5}{6}$ ② $\frac{19}{15}\left(1\frac{4}{15}\right)$

③ $\frac{3}{4}$ ④ $\frac{19}{30}$

2 ① $\frac{4}{15}$ ② $\frac{5}{2}\left(2\frac{1}{2}\right)$

③ $\frac{1}{2}$ ④ $\frac{11}{4}\left(2\frac{3}{4}\right)$

30 帯分数のひき算②

1 ① $\frac{19}{12}\left(1\frac{7}{12}\right)$ ② $\frac{33}{28}\left(1\frac{5}{28}\right)$

③ $\frac{7}{18}$ ④ $\frac{37}{45}$

2 ① $\frac{1}{2}$ ② $\frac{8}{3}\left(2\frac{2}{3}\right)$

③ $\frac{19}{21}$ ④ $\frac{51}{20}\left(2\frac{11}{20}\right)$

31 帯分数のひき算③

1 ① $\frac{46}{21}\left(2\frac{4}{21}\right)$ ② $\frac{5}{6}$

③ $\frac{37}{20}\left(1\frac{17}{20}\right)$ ④ $\frac{5}{12}$

2 ① $\frac{8}{3}\left(2\frac{2}{3}\right)$ ② $\frac{9}{7}\left(1\frac{2}{7}\right)$

③ $\frac{14}{15}$ ④ $\frac{13}{10}\left(1\frac{3}{10}\right)$

32 帯分数のひき算④

1 ① $\frac{23}{12}\left(1\frac{11}{12}\right)$ ② $\frac{17}{14}\left(1\frac{3}{14}\right)$

③ $\frac{11}{8}\left(1\frac{3}{8}\right)$ ④ $\frac{11}{18}$

2 ① $\frac{3}{2}\left(1\frac{1}{2}\right)$ ② $\frac{3}{4}$

③ $\frac{5}{3}\left(1\frac{2}{3}\right)$ ④ $\frac{5}{6}$

教科書ぴったりトレーニング

はなまるシール

★ ふろくの「がんばり表」に使おう！
★ はじめに、キミのおとも犬を選んで、がんばり表にはろう！
★ 学習が終わったら、がんばり表に「はなまるシール」をはろう！
★ 余ったシールは自由に使ってね。

キミのおとも犬

はなまるシール

社会

ごほうびシール

教科書ぴったりトレーニング

算数５年 がんばり表

いつも見えるところに、この「がんばり表」をはっておこう。
この「ぴたトレ」を学習したら、シールをはろう！
どこまでがんばったかわかるよ。

シールの中から好きなぴた犬を選ぼう。

おうちのかたへ

がんばり表のデジタル版「デジタルがんばり表」では、デジタル端末でも学習の進捗記録をつけることができます。１冊やり終えると、抽選でプレゼントが当たります。「ぴたサポシステム」にご登録いただき、「デジタルがんばり表」をお使いください。LINE または PC・ブラウザを利用する方法があります。

ぴたサポシステムご利用ガイドはこちら
https://www.shinko-keirin.co.jp/shinko/news/pittari-support-system

スタート

1. 整数と小数	2～3ページ	ぴったり１２
	4～5ページ	ぴったり３
2. 体積	6～7ページ	ぴったり１２
	8～9ページ	ぴったり１２
	10～11ページ	ぴったり１２
	12～13ページ	ぴったり３
3. 2つの量の変わり方	14～15ページ	ぴったり１２
	16～17ページ	ぴったり３
4. 小数のかけ算	18～19ページ	ぴったり１２
	20～21ページ	ぴったり１２
	22～23ページ	ぴったり１２
	24～25ページ	ぴったり３
5. 合同と三角形、四角形	26～27ページ	ぴったり１２
	28～29ページ	ぴったり１２
	30～31ページ	ぴったり１２
	32～33ページ	ぴったり１２
	34～35ページ	ぴったり３
6. 小数のわり算	36～37ページ	ぴったり１２
	38～39ページ	ぴったり１２
	40～41ページ	ぴったり１２
	42～43ページ	ぴったり３
7. 整数の見方	44～45ページ	ぴったり１２
	46～47ページ	ぴったり１２
	48～49ページ	ぴったり１２
	50～51ページ	ぴったり３
8. 分数の大きさとたし算、ひき算	52～53ページ	ぴったり１２
	54～55ページ	ぴったり１２
	56～57ページ	ぴったり３
9. 平均	58～59ページ	ぴったり１２
	60～61ページ	ぴったり１２
	62～63ページ	ぴったり３
10. 単位量あたりの大きさ	64～65ページ	ぴったり１２
	66～67ページ	ぴったり１２
	68～69ページ	ぴったり１２
	70～71ページ	ぴったり１２
	72～73ページ	ぴったり１２
	74～75ページ	ぴったり３
11. わり算と分数	76～77ページ	ぴったり１２
	78～79ページ	ぴったり１２
	80～81ページ	ぴったり３
★九九の表を調べよう	82～83ページ	
12. 割合	84～85ページ	ぴったり１２
	86～87ページ	ぴったり１２
	88～89ページ	ぴったり３
活用 お得な買い方を考えよう！	90～91ページ	
13. 割合とグラフ	92～93ページ	ぴったり１２
	94～95ページ	ぴったり１２
	96～97ページ	ぴったり３
★四角形の関係を調べよう	98～99ページ	
14. 四角形や三角形の面積	100～101ページ	ぴったり１２
	102～103ページ	ぴったり１２
	104～105ページ	ぴったり１２
	106～107ページ	ぴったり１２
	108～109ページ	ぴったり３
15. 正多角形と円	110～111ページ	ぴったり１２
	112～113ページ	プログラミング
	114～115ページ	ぴったり１２
	116～117ページ	ぴったり３
16. 角柱と円柱	118～119ページ	ぴったり１２
	120～121ページ	ぴったり１２
	122～123ページ	ぴったり３
活用 算数を使って考えよう	124～125ページ	
5年のまとめ	126～128ページ	

（各欄）できたらシールをはろう

ゴール

最後までがんばったキミは「ごほうびシール」をはろう！

教科書ぴったりトレーニングの使い方

『ぴたトレ』は教科書にぴったり合わせて使うことができるよ。教科書も見ながら、勉強していこうね。
ぴた犬たちが勉強をサポートするよ。

ふだんの学習

ぴったり1 準備

教科書のだいじなところをまとめていくよ。
めあて でどんなことを勉強するかわかるよ。
問題に答えながら、わかっているかかくにんしよう。
QRコードから「3分でまとめ動画」が見られるよ。

※QRコードは株式会社デンソーウェーブの登録商標です。

ぴったり2 練習

「ぴったり1」で勉強したことが身についているかな？かくにんしながら、練習問題に取り組もう。

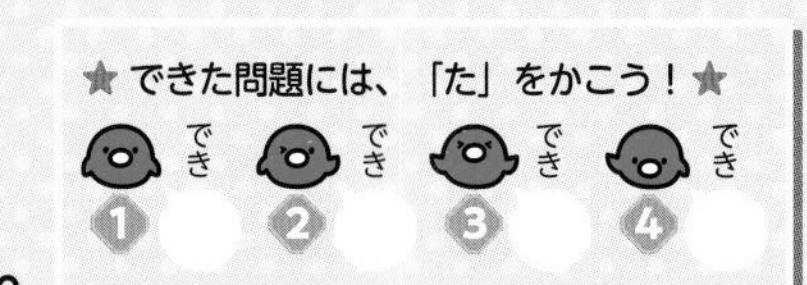

★できた問題には、「た」をかこう！★
でき
1
2
3
4

ぴったり3 確かめのテスト

「ぴったり1」「ぴったり2」が終わったら取り組んでみよう。
学校のテストの前にやってもいいね。
わからない問題は、 を見て前にもどってかくにんしよう。

実力チェック

- 夏のチャレンジテスト
- 冬のチャレンジテスト
- 春のチャレンジテスト
- 5年 算数のまとめ 学力診断テスト

夏休み、冬休み、春休み前に使いましょう。
学期の終わりや学年の終わりのテストの前にやってもいいね。

ふだんの学習が終わったら、「がんばり表」にシールをはろう。

別冊

答えとてびき

うすいピンク色のところには「答え」が書いてあるよ。取り組んだ問題の答え合わせをしてみよう。わからなかった問題やまちがえた問題は、右の「てびき」を読んだり、教科書を読み返したりして、もう一度見直そう。

おうちのかたへ

本書『教科書ぴったりトレーニング』は、教科書の要点や重要事項をつかむ「ぴったり1 準備」、おさらいをしながら問題に慣れる「ぴったり2 練習」、テスト形式で学習事項が定着したか確認する「ぴったり3 確かめのテスト」の3段階構成になっています。教科書の学習順序やねらいに完全対応していますので、日々の学習（トレーニング）にぴったりです。

「観点別学習状況の評価」について

学校の通知表は、「知識・技能」「思考・判断・表現」「主体的に学習に取り組む態度」の3つの観点による評価がもとになっています。

問題集やドリルでは、一般に知識・技能を問う問題が中心になりますが、本書『教科書ぴったりトレーニング』では、次のように、観点別学習状況の評価に基づく問題を取り入れて、成績アップに結びつくことをねらいました。

ぴったり3 確かめのテスト　**チャレンジテスト**

●「知識・技能」を問う問題か、「思考・判断・表現」を問う問題かで、それぞれに分類して出題しています。
●「知識・技能」では、主に基礎・基本の問題を、「思考・判断・表現」では、主に活用問題を取り扱っています。

発展について

はってん … 学習指導要領では示されていない「発展的な学習内容」を扱っています。

別冊『答えとてびき』について

おうちのかたへ では、次のようなものを示しています。

- 学習のねらいやポイント
- 他の学年や他の単元の学習内容とのつながり
- まちがいやすいことやつまずきやすいところ

お子様への説明や、学習内容の把握などにご活用ください。

しあげの5分レッスン では、学習の最後に取り組む内容を示しています。

しあげの5分レッスン
まちがえた問題をもう1回やってみよう。

学習をふりかえることで学力の定着を図ります。

もくじ

算数５年
教育出版版
小学算数

教科書ぴったりトレーニング

▶３分でまとめ動画

単元	内容	教科書ページ	ぴったり1 準備／ぴったり2 練習	ぴったり3 確かめのテスト
❶整数と小数		11〜17	▶ 2〜3	4〜5
❷体積	直方体や立方体の体積 大きな体積の単位 容積 体積の公式を使って	18〜35	▶ 6〜11	12〜13
❸２つの量の変わり方		36〜45	▶ 14〜15	16〜17
❹小数のかけ算	積の大きさ 面積や体積の公式 計算のきまり	48〜60	▶ 18〜23	24〜25
❺合同と三角形、四角形	合同な図形 合同な図形のかき方 三角形や四角形の角	62〜81	▶ 26〜33	34〜35
❻小数のわり算	商の大きさ 商の四捨五入 あまりのあるわり算 倍の計算	82〜98	▶ 36〜41	42〜43
❼整数の見方	偶数と奇数 倍数 約数	101〜116	▶ 44〜49	50〜51
❽分数の大きさとたし算、ひき算	分数の大きさ 約分 通分 分数のたし算とひき算	117〜129	▶ 52〜55	56〜57
❾平均	歩はばを使って長さをはかろう！	130〜140	▶ 58〜61	62〜63
❿単位量あたりの大きさ	単位量あたりの大きさ 速さ 駅で待ち合わせをしよう！	142〜162	▶ 64〜73	74〜75
⓫わり算と分数	商を表す分数 分数と小数、整数 分数倍	163〜171	▶ 76〜79	80〜81
★九九の表を調べよう		172	82〜83	
⓬割合	割合の表し方 百分率 百分率を使って	174〜189	▶ 84〜87	88〜89
活用 お得な買い方を考えよう		187	90〜91	
⓭割合とグラフ	帯グラフと円グラフのかき方	190〜201	▶ 92〜95	96〜97
★四角形の関係を調べよう		202	98〜99	
⓮四角形や三角形の面積	平行四辺形の面積 三角形の面積 高さと面積の関係 いろいろな図形の面積 およその面積	204〜227	▶ 100〜107	108〜109
⓯正多角形と円	正多角形 円周の長さ	228〜244	▶ 110〜111 114〜115	116〜117
★プログラミングにちょう戦しよう		234〜235	112〜113	
⓰角柱と円柱	見取図と展開図	246〜254	▶ 118〜121	122〜123
活用 算数を使って考えよう		256〜259	124〜125	
５年のまとめ		260〜263	126〜128	

巻末 夏のチャレンジテスト／冬のチャレンジテスト／春のチャレンジテスト／学力診断テスト
別冊 答えとてびき

とりはずしてお使いください

1 整数と小数

次の□にあてはまる数や言葉を書きましょう。

めあて 小数の表し方について調べよう。 練習 1 2 →

数の表し方のしくみ

どんな整数や小数も、0から9までの10個の数字と小数点を使って表すことができます。

10が3個で 30
1が6個で 6
0.1が8個で 0.8
0.01が7個で 0.07
0.001が4個で 0.004
あわせて 36.874

1 40.581について、位ごとの数をもとにして、1つの式に表しましょう。

40.581＝10×□＋1×□＋0.1×□＋0.01×□＋0.001×□

解き方 40.581は10を4個、1を0個、0.1を①□個、0.01を②□個、0.001を③□個あわせた数だから、

40.581＝10×④□＋1×⑤□＋0.1×⑥□＋0.01×8＋0.001×1

めあて 10倍、100倍、1000倍や$\frac{1}{10}$、$\frac{1}{100}$、$\frac{1}{1000}$にしたときの小数点の移り方を調べよう。 練習 3 4 →

10倍、100倍、1000倍の数

整数や小数を10倍、100倍、1000倍、……すると、位が上がって、小数点は、それぞれ右へ1けた、2けた、3けた、……と移ります。

$\frac{1}{10}$、$\frac{1}{100}$、$\frac{1}{1000}$の数

整数や小数を$\frac{1}{10}$、$\frac{1}{100}$、$\frac{1}{1000}$、……にすると、位が下がって、小数点は、それぞれ左へ1けた、2けた、3けた、……と移ります。

2 0.376を10倍、100倍、1000倍した数を、それぞれ書きましょう。

解き方 小数点は、それぞれ□へ1けた、2けたと移るから、10倍した数は□、100倍した数は□、1000倍した数は□となります。

1000倍　100倍　10倍　10倍　10倍
0. 3 7 6
3. 7 6
3 7. 6
3 7 6.

3 285を$\frac{1}{10}$、$\frac{1}{100}$、$\frac{1}{1000}$にした数を、それぞれ書きましょう。

解き方 小数点は、それぞれ□へ1けた、2けたと移るから、$\frac{1}{10}$にした数は□、$\frac{1}{100}$にした数は□、$\frac{1}{1000}$にした数は□となります。

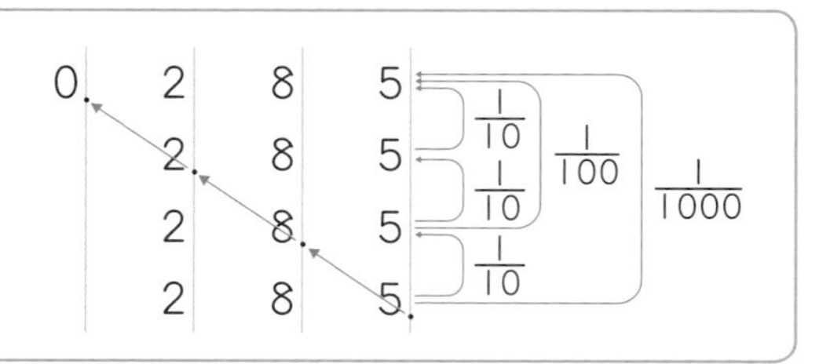

1 □にあてはまる数を書きましょう。

教科書 13ページ 1

① 14.563

$=10\times$ ㋐□ $+1\times$ ㋑□ $+0.1\times$ ㋒□ $+0.01\times$ ㋓□ $+0.001\times$ ㋔□

② $506.18=$ ㋐□ $\times5+$ ㋑□ $\times0+$ ㋒□ $\times6+$ ㋓□ $\times1+$ ㋔□ $\times8$

2 下の□に、1、2、4、6、8の数字を1回ずつあてはめて、いちばん大きい数といちばん小さい数をつくりましょう。

教科書 14ページ ②

□□.□□□

いちばん大きい数（　　　）　いちばん小さい数（　　　）

3 次の数を、(　)の中の大きさにした数を書きましょう。

教科書 15ページ 2

① 684 $\left(\frac{1}{100}\right)$（　　　）

② 7.05（1000倍）（　　　）

③ 3.92 $\left(\frac{1}{10}\right)$（　　　）

④ 0.813（100倍）（　　　）

4 計算をしましょう。

教科書 15ページ 2

① 25.4×10

② 0.019×100

③ 5.2×1000

④ $47.9\div10$

⑤ $83.17\div100$

⑥ $20.64\div1000$

左の0をわすれないようにしよう。

ヒント 4 ③ 1000倍すると、小数点は右へ3けた移ります。

ぴったり3

確かめのテスト

1 整数と小数

時間 30 分

／100

合格 80 点

教科書 11～17 ページ　答え 2 ページ

知識・技能　／80点

1 よく出る □にあてはまる数を書きましょう。　全部できて1問5点(10点)

① 36.928

=10×㋐□+1×㋑□+0.1×㋒□+0.01×㋓□+0.001×㋔□

② 704.15=㋐□×7+㋑□×0+㋒□×4+㋓□×1+㋔□×5

2 下の□に、0、1、7、8、9 の数字を1回ずつあてはめて数をつくります。右はしの□には、0ははいらないものとします。　各5点(10点)

□.□□□□

① いちばん大きい数を書きましょう。

(　　　　)

② 1にいちばん近い数を書きましょう。

(　　　　)

3 よく出る 次の数を、(　)の中の大きさにした数を書きましょう。　各5点(30点)

① 2.49 $\left(\frac{1}{10}\right)$ (　　　　)　② 51.7 $\left(\frac{1}{100}\right)$ (　　　　)

③ 182 $\left(\frac{1}{1000}\right)$ (　　　　)　④ 26.8 (10倍) (　　　　)

⑤ 0.416 (100倍) (　　　　)　⑥ 1.68 (1000倍) (　　　　)

4 よく出る 計算をしましょう。
各5点(30点)

① 16.9×10

② 4.7×100

③ 0.015×1000

④ $438\div10$

⑤ $90.34\div100$

⑥ $0.54\div1000$

思考・判断・表現 ／20点

5 0.26×3 の計算のしかたを説明します。□にあてはまる数を書きましょう。
各5点(10点)

0.26 を ㋐□ 倍して、26 とみます。

26×3 の積を求めます。

その積を ㋑□ にすると、0.26×3 の積が求められます。

6 下の数直線で、㋐、㋑のめもりが表す数はいくつでしょうか。
各5点(10点)

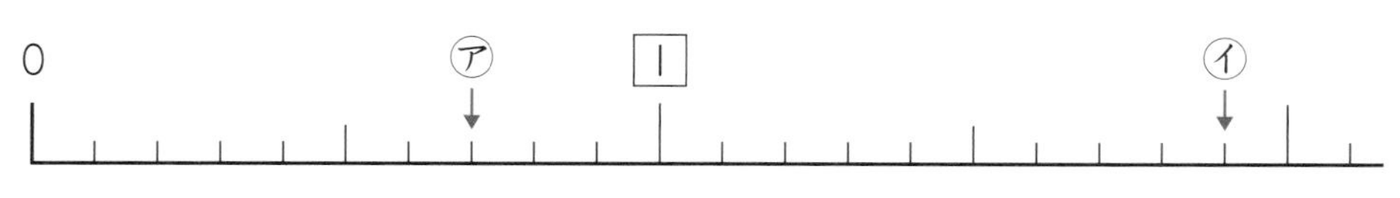

㋐（　　　）

㋑（　　　）

ふりかえり ❶がわからないときは、2ページの❶にもどって確(かく)にんしてみよう。

直方体や立方体の体積

教科書 18～24ページ　答え 2ページ

次の□にあてはまる数を書きましょう。

めあて 体積の意味、体積の単位を理解しよう。 練習 1 2 →

体積

かさのことを**体積**といいます。

体積の単位　立方センチメートル

1辺が1cmの立方体の体積を**1立方センチメートル**といい、**1cm³**と書きます。

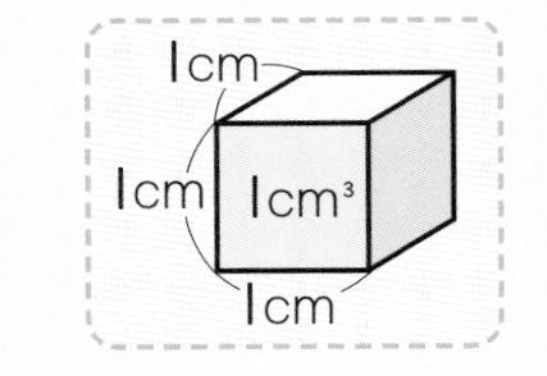

1 1辺が1cmの立方体の積み木で、右のような立体を作りました。体積は何cm³でしょうか。

(1)

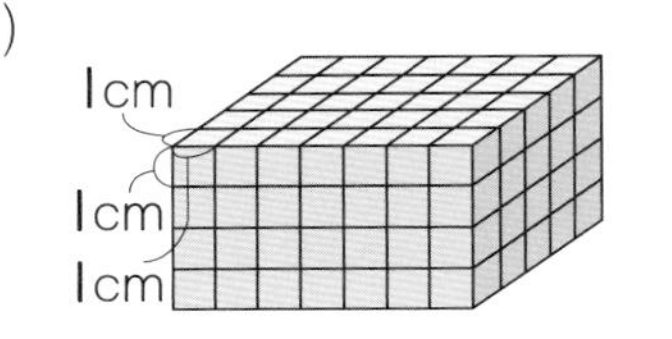

(2)

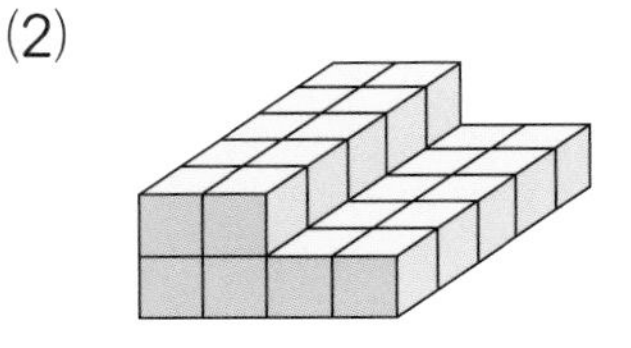

解き方 体積は、1辺が1cmの立方体を単位として、何個分あるかで表すことができます。

(1) 1だんには、たて ①□ 個、横 ②□ 個の立方体があるから、

1だんは、5×7= ③□　4だんあるから、35× ④□ =140　答え 140cm³

(2) 1cm³の立方体 ①□ 個分で、②□ cm³　答え ③□ cm³

めあて 直方体や立方体の体積が求められるようにしよう。 練習 3 4 →

直方体、立方体の体積の公式

直方体の体積＝たて×横×高さ

立方体の体積＝1辺×1辺×1辺

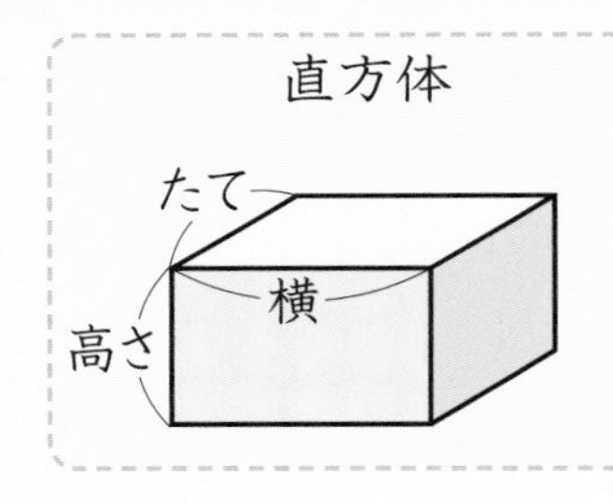

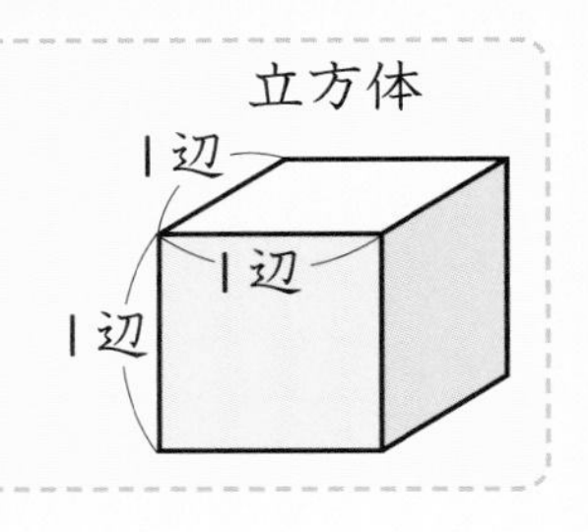

2 右のような直方体や立方体の体積を求めましょう。

解き方 (1) 直方体の体積の公式にあてはめます。

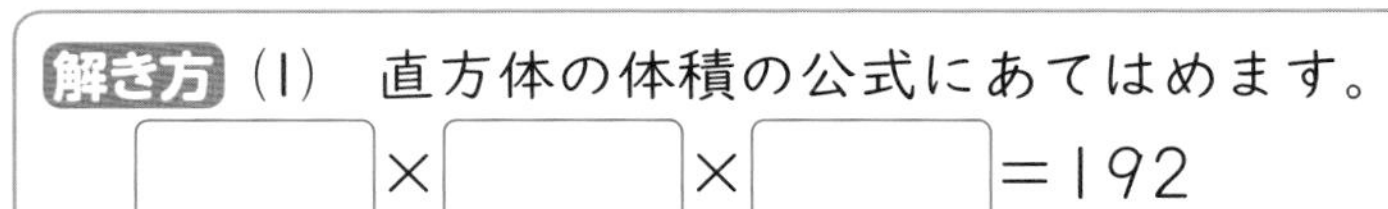

□(たて)×□(横)×□(高さ)=192

答え 192cm³

(2) 立方体の体積の公式にあてはめます。

□(1辺)×□(1辺)×□(1辺)=64

答え 64cm³

(1)

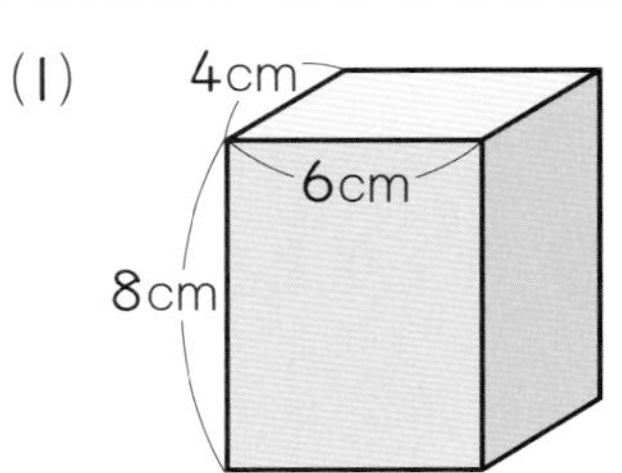

(2)

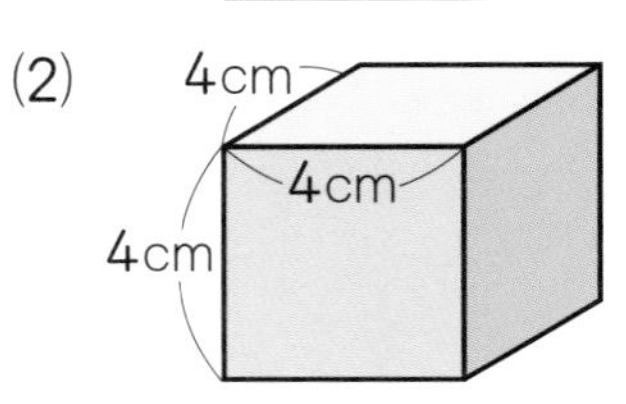

ぴったり2

練習

★できた問題には、「た」をかこう！★

できた 1　できた 2　できた 3　できた 4

学習日　月　日

教科書 18～24ページ　答え 2ページ

1 1辺が1cmの立方体の積み木で、次のような立体を作りました。体積は何cm^3でしょうか。　教科書 21ページ①

①

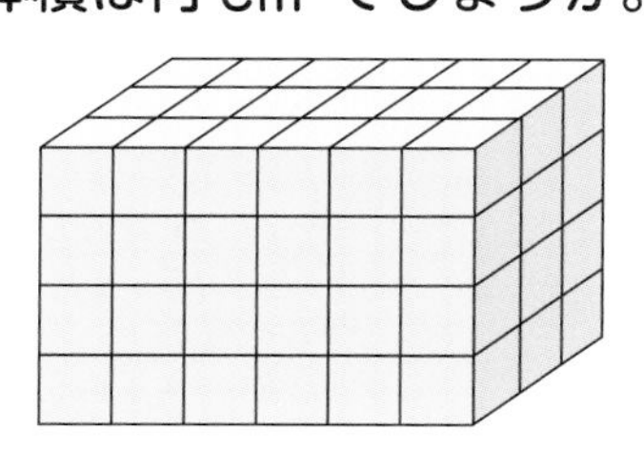

（　　　）

②

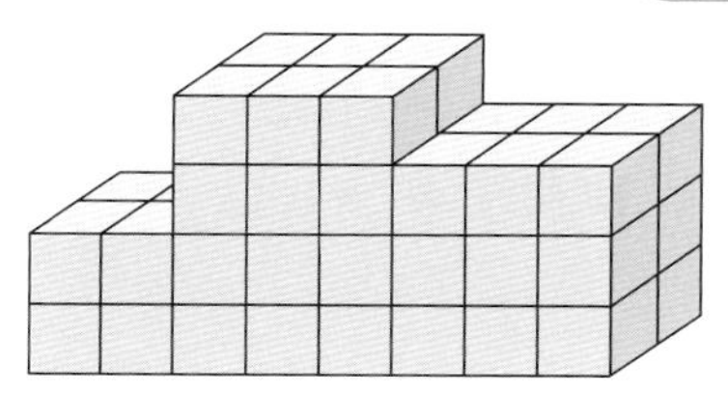

（　　　）

②は、正面から見える立方体の何倍の数になると考えればいいかな。

2 次のような立体の体積は何cm^3でしょうか。　教科書 21ページ②

①

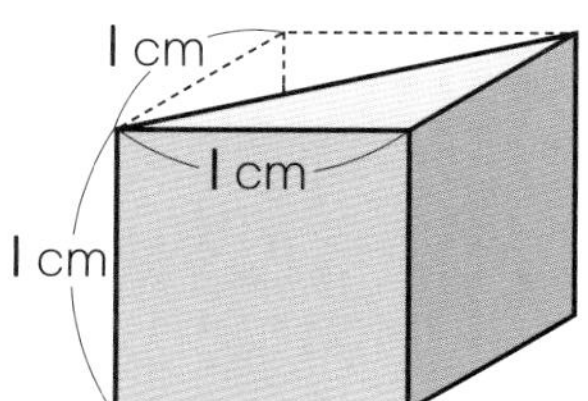

（　　　）

②

（　　　）

3 次のような直方体や立方体の体積を求めましょう。　教科書 24ページ3

①

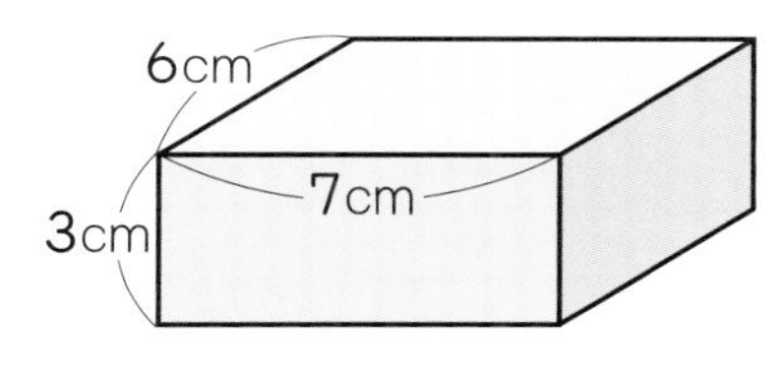

（　　　）

②

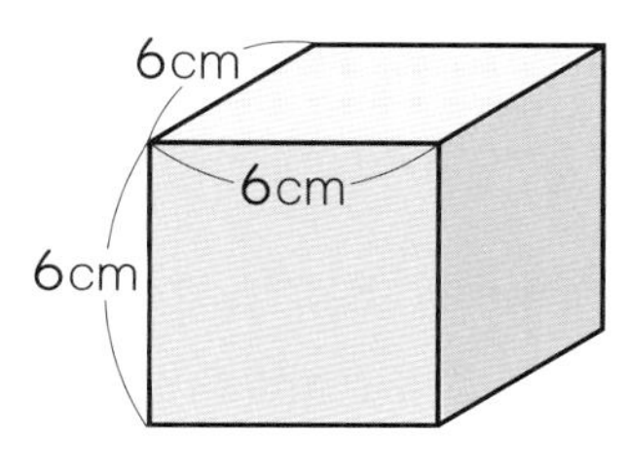

（　　　）

4 たて3cm、横7cmで、体積が84 cm^3の直方体があります。この直方体の高さは何cmでしょうか。　教科書 24ページ④

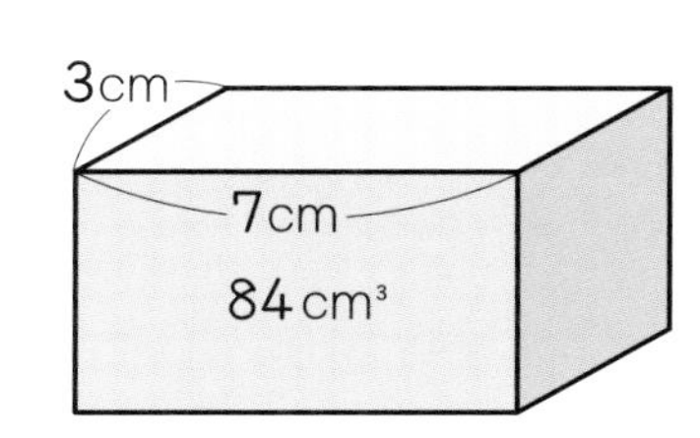

（　　　）

ヒント

4 高さを□cmとして、公式にあてはめると、3×7×□＝84の式ができます。

大きな体積の単位
容積

学習日 月 日

教科書 25～28ページ　答え 3ページ

次の□にあてはまる数を書きましょう。

めあて 大きな体積の単位 m^3 がわかるようにしよう。 練習 1 2 →

体積の単位 立方(りっぽう)メートル

大きなものの体積を表すには、1辺が1mの立方体の体積を単位にします。

1辺が1mの立方体の体積を**1立方メートル**といい、**$1\,m^3$** と書きます。

$1\,m^3 = 1000000\,cm^3$

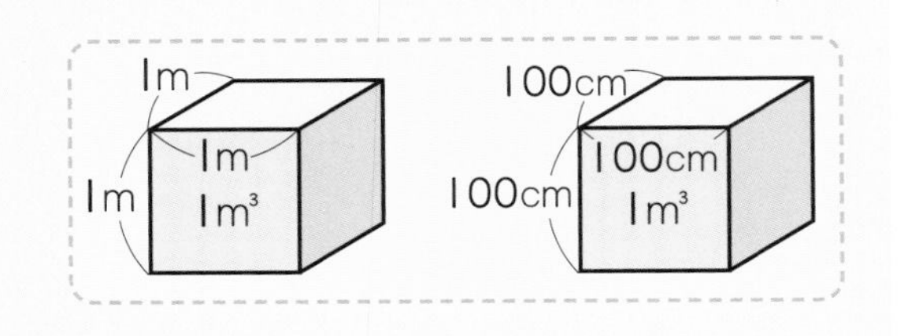

1 右のような直方体の体積を求めましょう。

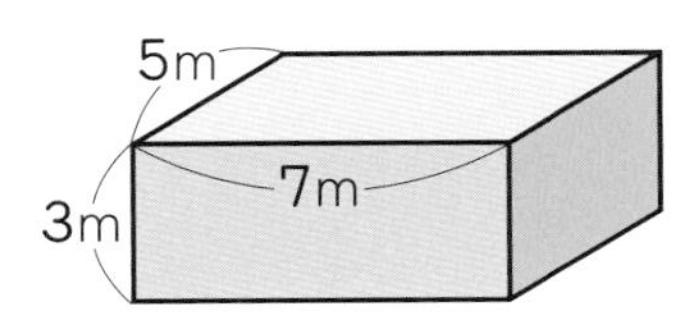

解き方 大きな直方体の体積も、公式にあてはめて求めます。

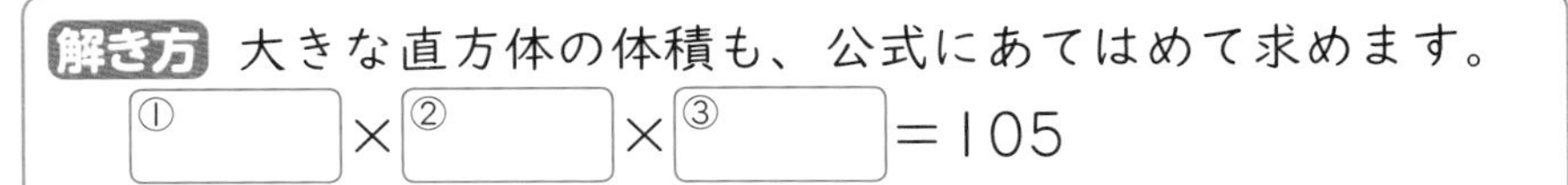

①□(たて) × ②□(横) × ③□(高さ) ＝105

答え ④□ m^3

めあて 容積(ようせき)の意味、容積と体積の単位の関係を理解(りかい)しよう。 練習 3 4 →

容積

入れ物などの内側のたて、横、深さのことを**内(うち)のり**といいます。

入れ物の内側いっぱいの体積を、その入れ物の**容積**といいます。

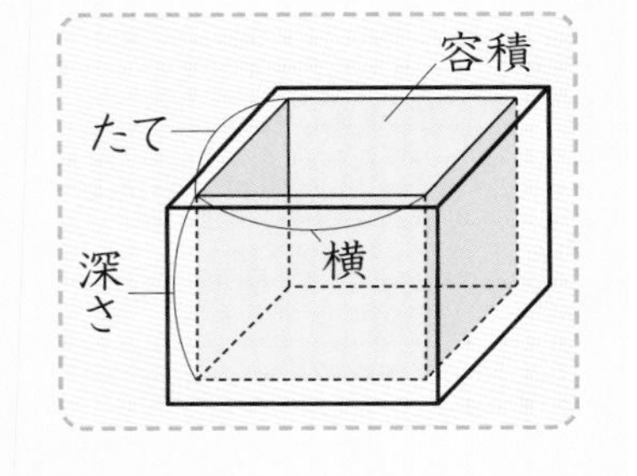

体積の単位と水のかさの単位の関係

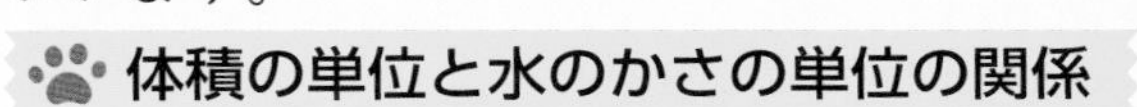

$1\,L = 1000\,cm^3$　　$1\,m^3 = 1000\,L$　　$1\,mL = 1\,cm^3$

2 右のような直方体の形をした水そうがあります。

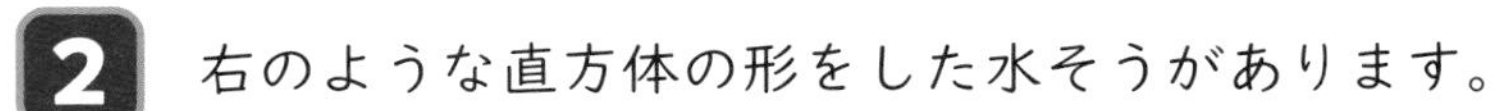

(1) この水そうの容積は何 cm^3 でしょうか。

(2) この水そうには何Lの水が入るでしょうか。

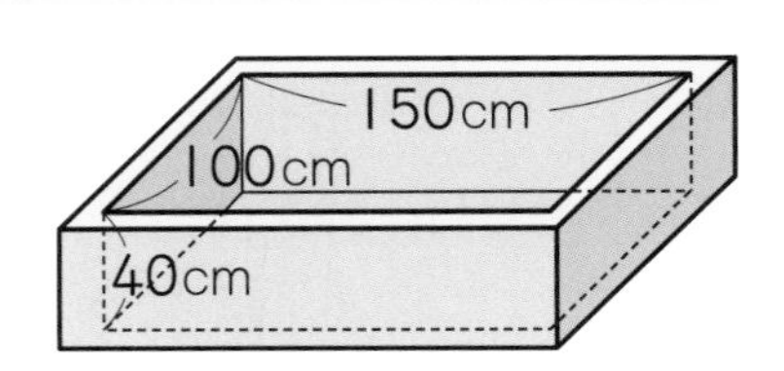

解き方 (1) 容積は、たて 100 cm、横 150 cm、高さ 40 cm の直方体の体積と等しくなります。

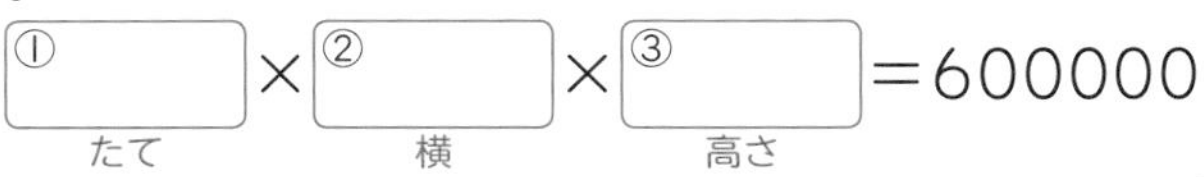

①□(たて) × ②□(横) × ③□(高さ) ＝600000　　答え 600000 cm^3

(2) $1\,L = 1000\,cm^3$ だから、$600000\,cm^3$ ＝①□Lです。　　答え ②□L

★できた問題には、「た」をかこう！★

できた 1　できた 2　できた 3　できた 4

学習日　月　日

教科書 25～28ページ　答え 3ページ

1 次の立体の体積を求めましょう。

教科書 25ページ 4

① たて4m、横6m、高さ2mの直方体

(　　　　)

② 1辺が7mの立方体

(　　　　)

！まちがい注意

2 □にあてはまる数を書きましょう。

教科書 26ページ 5

① $3\,m^3=$□cm^3　　② $17000000\,cm^3=$□m^3

3 右のような直方体の形をした水そうがあります。

教科書 27ページ 6、28ページ 7

① この水そうの容積は何cm^3でしょうか。

(　　　　)

② この水そうには何Lの水が入るでしょうか。

(　　　　)

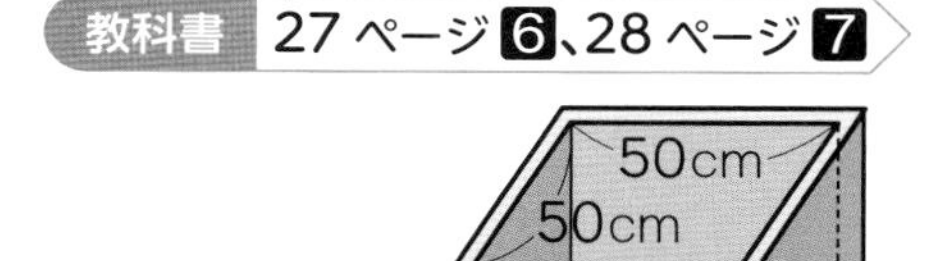

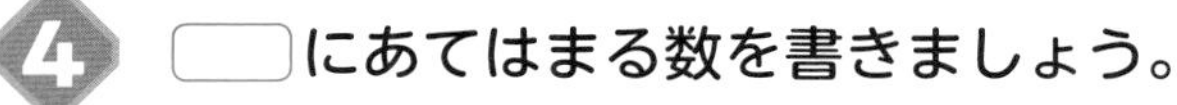

！まちがい注意

4 □にあてはまる数を書きましょう。

教科書 28ページ 7

① $8\,L=$□cm^3　　② $450000\,cm^3=$□L

③ $2\,m^3=$□L　　④ $10\,mL=$□cm^3

ヒント
4 ③ 1辺が1mの立方体には、1辺が10cmの立方体が$10\times10\times10=1000$で1000個入るので、$1\,m^3=1000\,L$です。　④ $1\,mL=1\,cm^3$です。

ぴったり1 **準備**

2 体積
(体積と水のかさの単位の関係)
体積の公式を使って

学習日　月　日

教科書 29〜30ページ　答え 3ページ

次の□にあてはまる数や単位を書きましょう。

めあて 体積の単位についてわかるようにしよう。 練習 1→

体積の単位

| 立方（りっぽう）センチメートル　$1\,cm^3$

| 立方メートル　$1\,m^3$

$1\,m^3 = 1000000\,cm^3$

1 長さや面積の単位をもとに、体積の単位をまとめましょう。

解き方 右の表のあてはまるところに、$1\,m^3$、$1\,cm^3$、1 kL、1 mL を入れます。

立方体の1辺の長さ	1 cm	10 cm	1 m
正方形の面積	$1\,cm^2$	$100\,cm^2$	$1\,m^2$
立方体の体積	①	$1000\,cm^3$	③
	②	1 L	④

めあて 直方体や立方体を組み合わせた形の体積を求められるようにしよう。 練習 2→

組み合わせた立体の体積

直方体や立方体を組み合わせた立体の体積は、いくつかの立体の和や差で求めることができます。

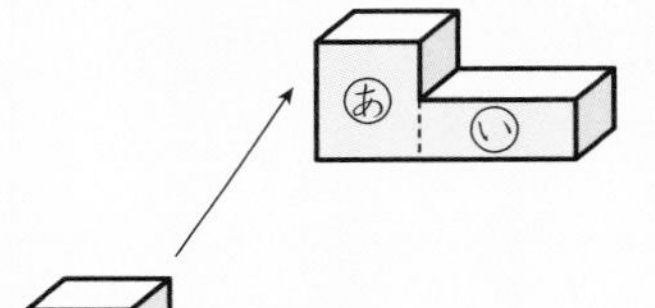

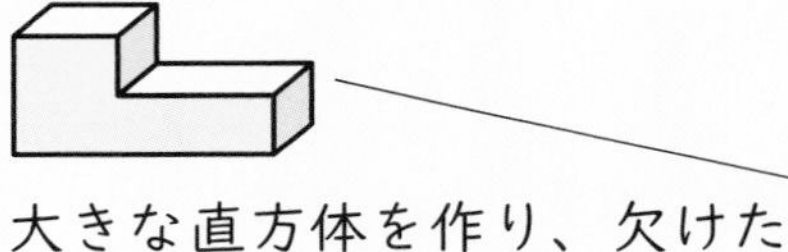

2つの直方体(あ、い)に分けて、それぞれの体積をたす。

大きな直方体を作り、欠けた部分の体積をひく。

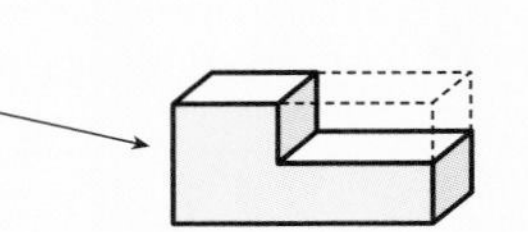

2 右のような立体の体積の求め方を考えましょう。

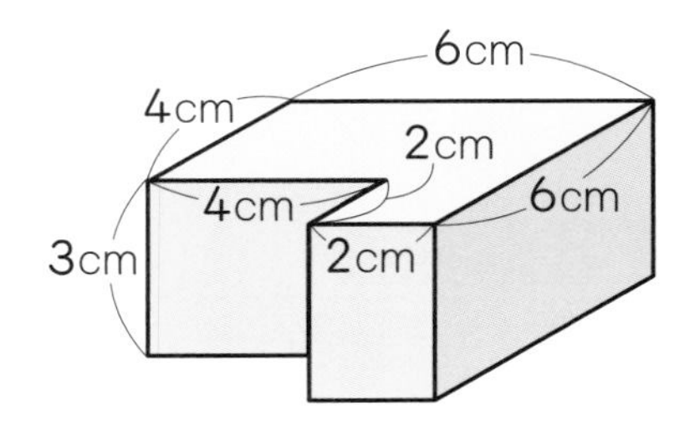

解き方 **解き方1**　2つの直方体に分けて、それぞれの体積をたして求めます。

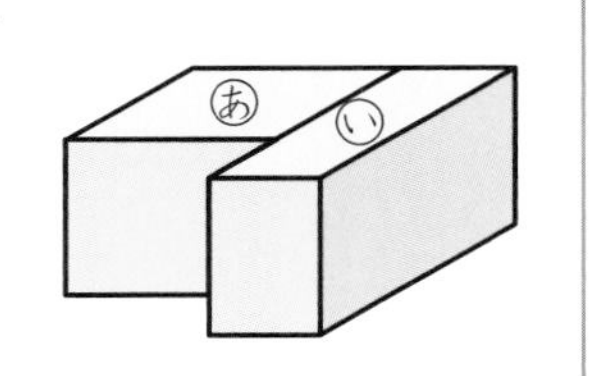

あ　4×4×□＝48

い　□×2×3＝36

もとの立体　48＋36＝□　　答え　$84\,cm^3$

解き方2　欠けた部分をおぎなって直方体を作り、欠けた部分の体積をひいて求めます。

大きな直方体　6×6×□＝108

欠けた部分　2×□×3＝24

もとの立体　108－24＝□　　答え　$84\,cm^3$

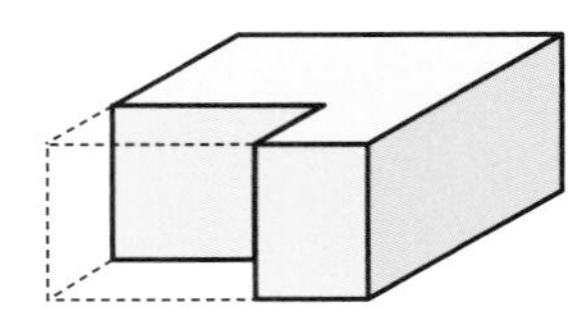

★できた問題には、「た」をかこう！★

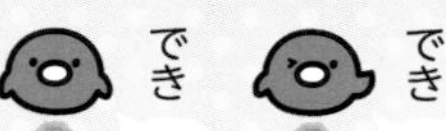

1 □にあてはまる数を書きましょう。

教科書 29ページ 8

① 1 kL＝□L　　② 1 L＝□mL

③ 80 L＝□cm^3　　④ 280 m^3＝□kL

⑤ 4 m^3＝□cm^3　　⑥ 350 L＝□kL

2 次のような立体の体積を求めましょう。

教科書 30ページ 9

①

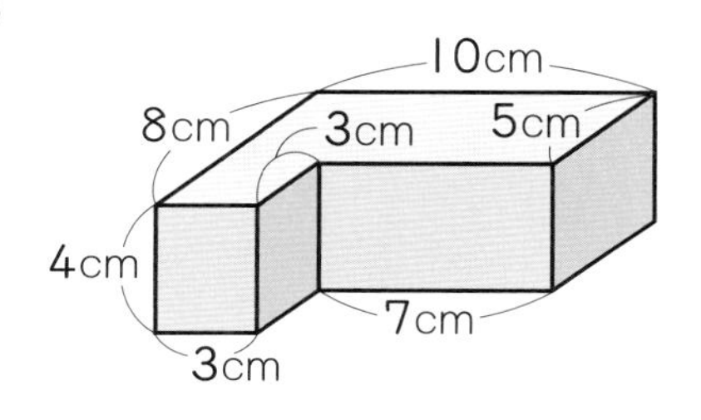

（　　　　）

②

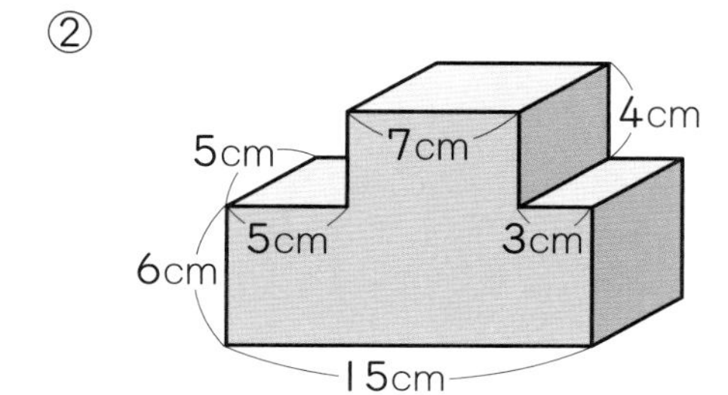

（　　　　）

③

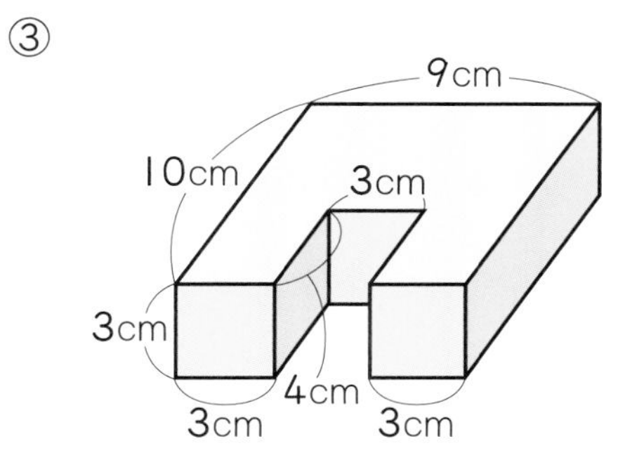

（　　　　）

④

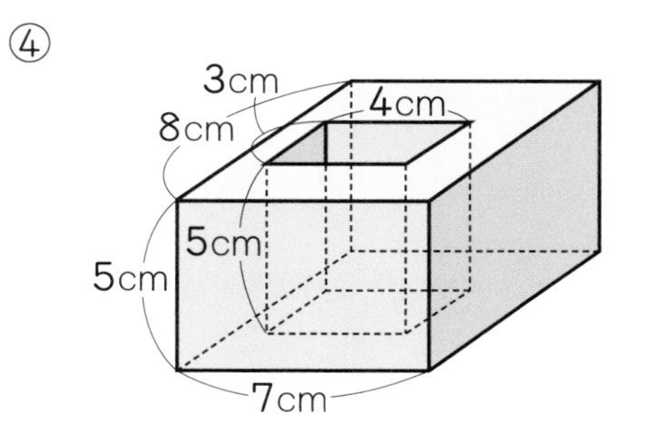

（　　　　）

ヒント

2 ③　欠けているところをおぎなって直方体を作り、体積の差で求めると、簡単（かんたん）に求められます。

ぴったり3 確かめのテスト

2 体積

教科書 18～35 ページ　答え 4 ページ

知識・技能　／73点

1 １辺が１cm の立方体の積み木で、右のような立体を作りました。体積は何 cm^3 でしょうか。（5点）

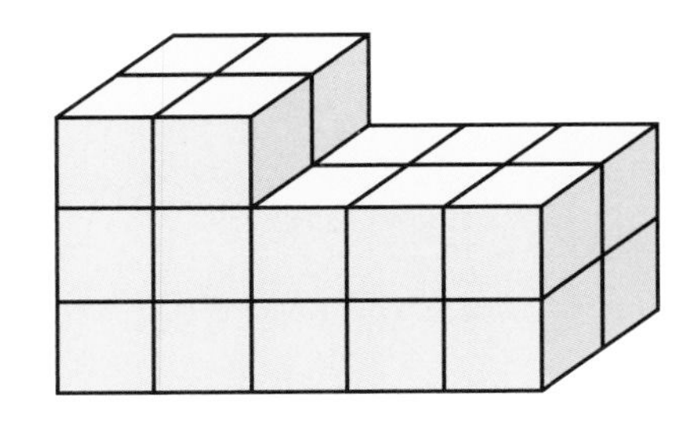

（　　　　　）

2 よく出る □にあてはまる数を書きましょう。　各5点（30点）

① $7m^3$＝□cm^3　② 4L＝□cm^3

③ $9m^3$＝□L　④ $15cm^3$＝□mL

⑤ 500L＝□m^3　⑥ 200mL＝□cm^3

3 よく出る 次の立体の体積を求めましょう。　式・答え 各5点（20点）

① たて4cm、横8cm、高さ7cm の直方体

式

答え（　　　　　）

② １辺が9m の立方体

式

答え（　　　　　）

4 よく出る 下のような立体の体積を求めましょう。

各6点(18点)

①

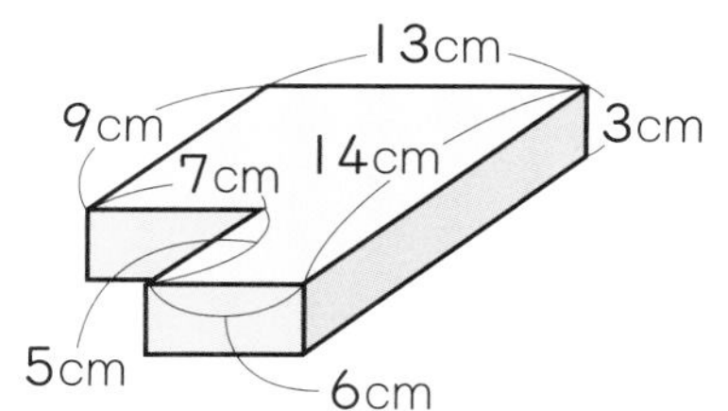

(　　　　)

②

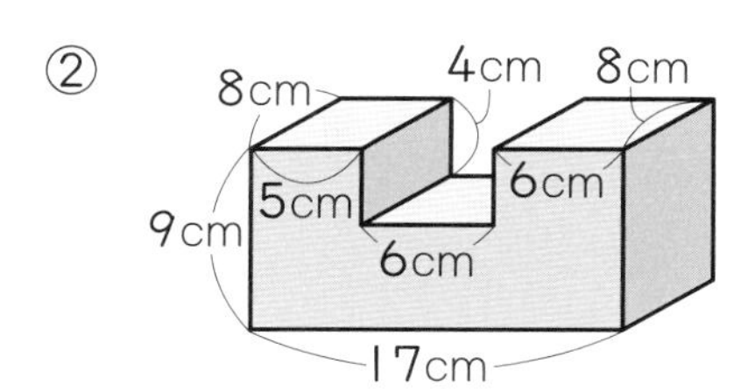

(　　　　)

③

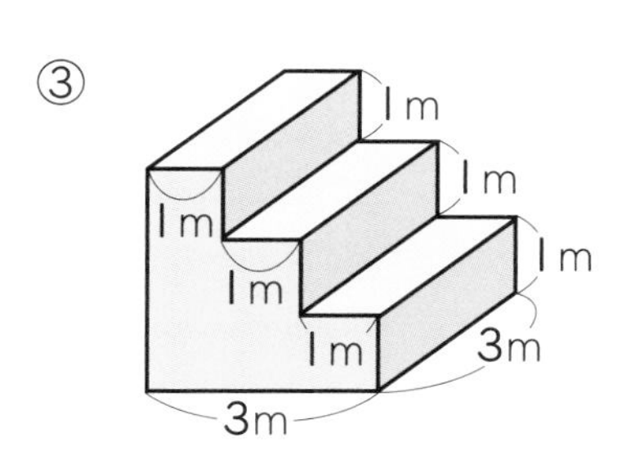

(　　　　)

思考・判断・表現　／27点

5 右のような立体の体積を求めます。次の式に合う図を、下のあからうの中から選びましょう。

各6点(12点)

① $2\times9\times4+4\times6\times4$　(　　　　)

② $6\times9\times4-4\times3\times4$　(　　　　)

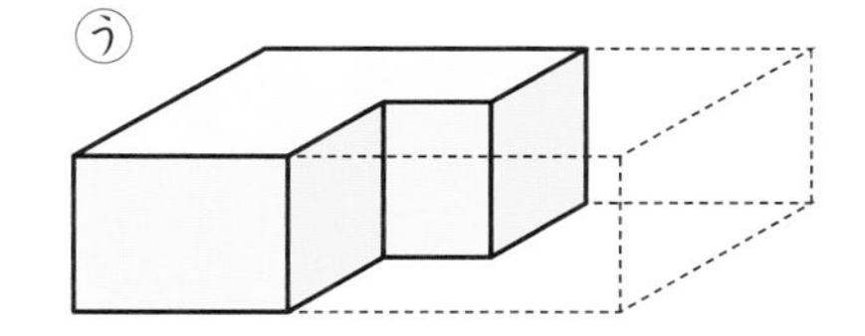

あ
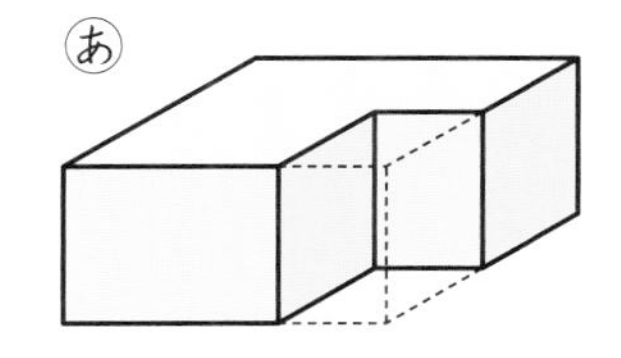

い
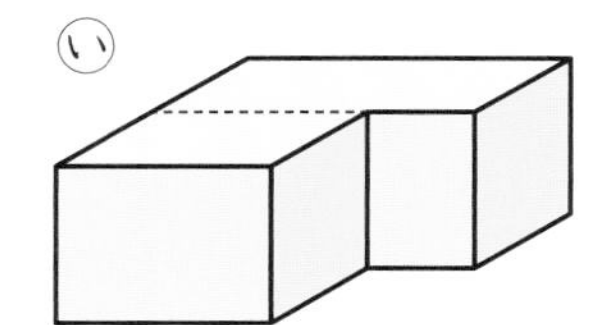

う

6 右のような直方体の形をした水そうがあります。

式・答え 各5点(15点)

① この水そうの容積(ようせき)は何 cm^3 でしょうか。

式

答え (　　　　)

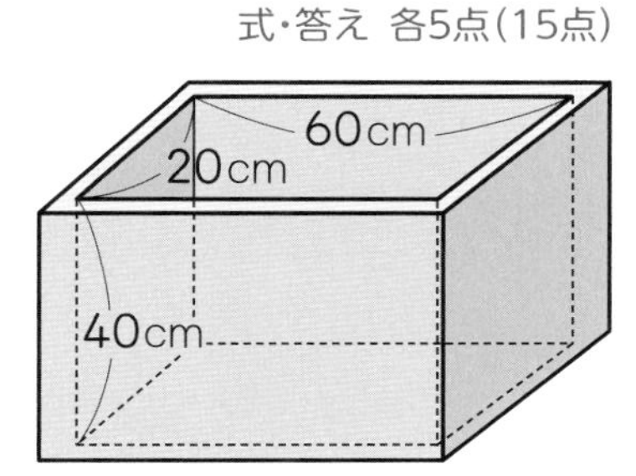

できたらスゴイ!

② この水そうに 18L の水を入れると、水の深さは何 cm になるでしょうか。

(　　　　)

1がわからないときは、6ページの1にもどって確(かく)にんしてみよう。

ぴったり1 準備

③ 2つの量の変わり方

学習日　　月　　日

教科書 36〜43ページ　答え 5ページ

 次の[　]にあてはまる数や言葉を書きましょう。

めあて 比例(ひれい)の意味、高さと体積の関係を理解しよう。　練習 1 2 3 →

比例

２つの量があって、一方の値(あたい)が２倍、３倍、……になると、それにともなってもう一方の値も２倍、３倍、……になるとき、この２つの量は**比例**の関係にあります。

1 たて４cm、横６cm の直方体の高さと体積の関係を考えましょう。

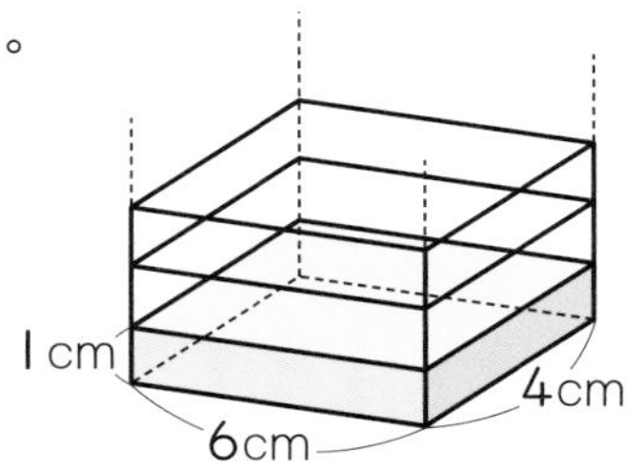

解き方 表を使って調べます。

高さ(cm)	1	2	②	4	5	6
体積(cm³)	24	①	72	96	③	144

高さが２倍、３倍、……になると、体積も④[　]、⑤[　]、……になるので、たてと横の長さが決まっているとき、直方体の体積は高さに⑥[　]します。

2 １個(こ)90円のおかしを50円の箱に入れてもらいます。

(1) おかしの個数○個と代金△円の関係を式に表しましょう。

(2) 式をもとにして、○と△の変わり方を表に整理しましょう。

解き方 (1) 代金は、おかしの代金と箱の代金の和になるので、

[　]×○＋50＝△　(50＋90×○＝△)　となります。

(2) おかしの個数○個が増えると、代金△円は90ずつ増えていきます。

おかしの個数○(個)	1	2	3	4	5
代金　△(円)	140	①	320	②	500

おかしの個数が２倍、３倍、……になっても、代金は２倍、３倍、……にならないので、おかしの個数と代金は比例していません。

表にすると、
○と△の関係が
よくわかるね。

学習日　月　日

★できた問題には、「た」をかこう！★

できる ❶　できる ❷　できる ❸

教科書 36～43ページ　答え 5ページ

1 たて3cm、高さ7cmの直方体の横の長さと体積の関係を考えます。　教科書 37ページ❷

① 表を作って、関係を調べます。
表のあいているところに、あてはまる数を書きましょう。

横の長さ(cm)	1	2	3	4	5	6	
体積　(cm³)	21			84	105		

1cm　3cm　7cm

② 横の長さが2倍、3倍、……になると、体積はどのように変わるでしょうか。

(　　　　　　)

③ たての長さと高さが決まっているとき、直方体の体積と横の長さは比例の関係にあるといえるでしょうか。

(　　　　　　)

2 1mの重さが15gの針金(はりがね)の、長さと重さの関係を調べます。　教科書 42ページ❸

① 下の表は、針金の長さと重さの関係を表したものです。
表のあいているところに、あてはまる数を書きましょう。

針金の長さ(m)	1	2	3	4	5	6	
重さ　(g)	15	㋐	45	㋑	75	㋒	

② 針金の長さを○m、重さを△gとして、○と△の関係を式に表しましょう。

(　　　　　　)

3 下の表は、80gの箱に1個15gの消しゴムを入れるときの、消しゴムの個数○個と全体の重さ△gの関係を調べたものです。　教科書 42ページ❸

消しゴムの個数○(個)	1	2	3	4	5	
全体の重さ　△(g)	95	110	125	140	155	

① ○と△の関係を式に表しましょう。

(　　　　　　)

② 2つの量は比例の関係にあるといえるでしょうか。

(　　　　　　)

③ 消しゴムの数が20個のときの全体の重さを求めましょう。

(　　　　　　)

3 2つの量の変わり方

時間 30分

／100

合格 80点

教科書 36～45ページ　答え 6ページ

知識・技能

／50点

1 よく出る 次の①から④について、2つの量○と△の関係を調べて、表と式に表しましょう。また、2つの量は比例(ひれい)の関係にあるといえるでしょうか。それぞれ答えましょう。

各10点(40点)

① 100gの箱に1個(こ)20gのビー玉を入れるときの、ビー玉の個数○個と全体の重さ△g

ビー玉の個数○(個)	1	2	3	4	5	
全体の重さ　△(g)	120					

式（　　　　　）（　　　　　）

② 16まいのクッキーを姉妹で分けるときの、姉のまい数○まいと妹のまい数△まい

姉のまい数○(まい)	1	2	3	4	5	
妹のまい数△(まい)						

式（　　　　　）（　　　　　）

③ ガソリン1Lあたり25km走る自動車が、○Lのガソリンで進む道のり△km

ガソリン○　(L)	1	2	3	4	5	
道のり　△(km)						

式（　　　　　）（　　　　　）

④ 1mの重さが60gのひもの長さ○mと重さ△g

長さ　○(m)	1	2	3	4	5	
重さ　△(g)						

式（　　　　　）（　　　　　）

❷ 下のように、マッチぼうで正三角形をつなげた形をつくります。

各5点(10点)

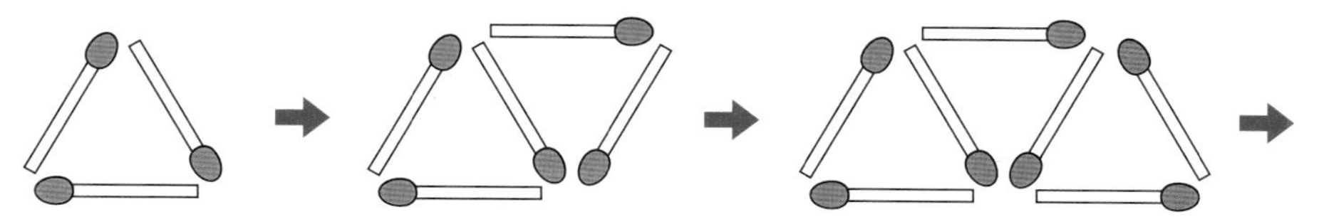

下の表は、正三角形の数とマッチぼうの数の関係を調べたものです。

正三角形の数　(個)	1	2	3	4	
マッチぼうの数(本)	3	5	7		

① 正三角形の数を○個、マッチぼうの数を△本として、○と△の関係を式に表しましょう。

(　　　　　　)

② 正三角形の数が10個のときのマッチぼうの数を求めましょう。

(　　　　　　)

思考・判断・表現　／50点

❸ 下の表は、ある油のかさと重さの関係を調べたものです。

各10点(30点)

かさ(mL)	100	200	300	400	500	600	
重さ　(g)	80	160	240	320	400	480	

① かさを○mL、重さを△gとして、○と△の関係を式に表しましょう。

(　　　　　　)

② かさが900mLのとき、重さは何gになるでしょうか。

(　　　　　　)

③ 重さが2.8kgのとき、かさは何Lになるでしょうか。

(　　　　　　)

❹ たて2m、横7m、高さ5mの直方体があります。

各10点(20点)

① 右のように、直方体の横の長さと高さは変えないで、たての長さを2倍、3倍、……にすると、体積はどのように変わるでしょうか。

(　　　　　　)

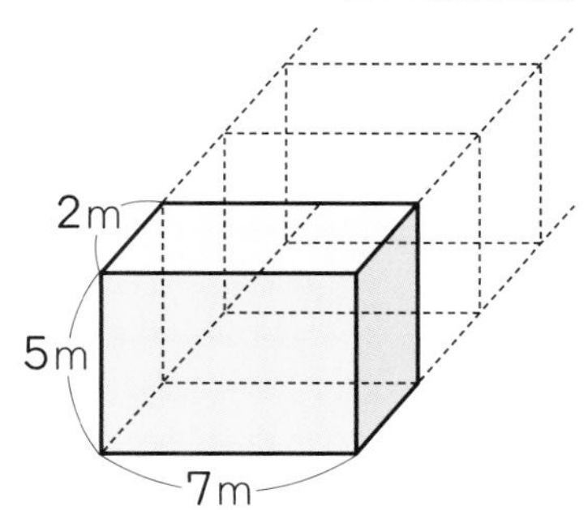

② 直方体の横の長さと高さは変えずに、体積を420 m^3 にするには、たての長さを何倍にすればよいでしょうか。

(　　　　　　)

❶③④がわからないときは、14ページの❶にもどって確(かく)にんしてみよう。

(計算のしかたー(1))

次の□にあてはまる数を書きましょう。

めあて 小数をかけるかけ算のしかたがわかるようにしよう。

練習 1→

小数をかける計算

整数に小数をかける計算は、かける数を10倍して整数にしてから計算し、その積を整数になおしたときの数(10)でわります。

50×1.8＝ 90
↓10倍　↑$\frac{1}{10}$
50× 18 ＝900

1 1mの重さが7.2gの針金(はりがね)があります。
この針金1.3mの重さは何gでしょうか。

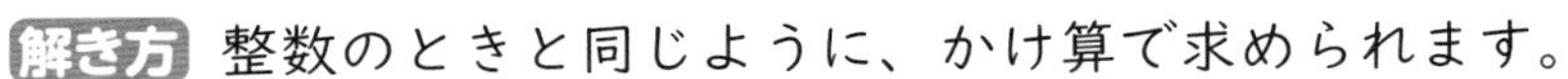

解き方 整数のときと同じように、かけ算で求められます。

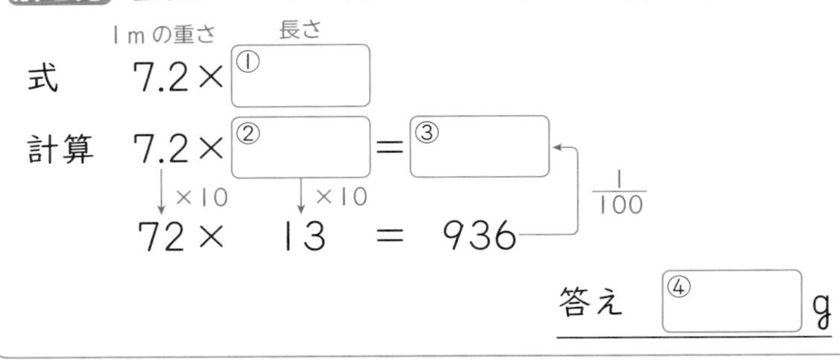

式　7.2×①□ （1mの重さ × 長さ）

計算　7.2×②□＝③□
↓×10　↓×10　↑$\frac{1}{100}$
72× 13 ＝ 936

答え ④□g

かけられる数、
かける数をそれぞれ
10倍したから、
積は 10×10＝100(倍)
になってるね。

めあて 小数のかけ算の筆算ができるようにしよう。

練習 2 3 4→

3.8×2.4 の筆算のしかた

```
  3.8  —10倍→   38
×2.4  —10倍→  ×24
 152            152
 76             76
9.12  ←1/100—  912
```

整数のかけ算とみて計算して、
あとで3.8×2.4の積の大きさにもどす。

2 計算をしましょう。

(1) 4.5×1.6　　(2) 1.3×0.7

解き方 積の小数点をどこにうつかに気をつけます。

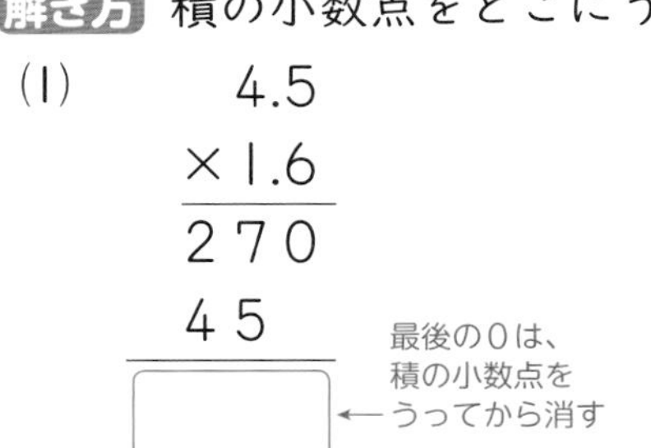

(1)
```
  4.5
×1.6
 270
 45
 □
```
最後の0は、積の小数点をうってから消す

(2)
```
  1.3
×0.7
 □
```
積の一の位に、0を書きたす

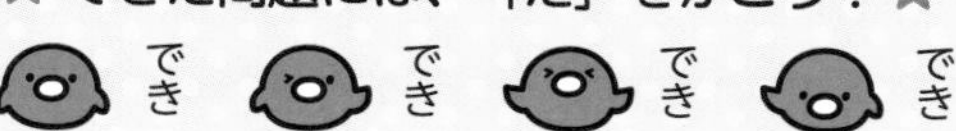

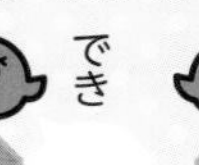

ぴったり2

練習

学習日　　月　　日

★できた問題には、「た」をかこう！★

1 でき　2 でき　3 でき　4 でき

教科書 48～53ページ　答え 7ページ

1 計算をしましょう。

教科書 48ページ1、51ページ2

① 20×4.8　② 60×0.7　③ 120×0.5

2 計算をしましょう。

教科書 53ページ④

① 3.2×2.6　② 6.3×1.4　③ 3.4×2.8

④ 8.4×0.7　⑤ 9.3×0.6　⑥ 5×0.9

⑦ 0.8×0.5　⑧ 5.5×0.4　⑨ 0.7×9.8

3 43×21＝903 をもとにして、次の積を求めましょう。

教科書 53ページ3

① 43×2.1　② 4.3×2.1

(　　　)　(　　　)

！まちがい注意

4 1Lの重さが 1.2kg の油があります。この油 2.5Lの重さは何kgでしょうか。

教科書 53ページ3

(　　　)

(計算のしかたー(2))
積の大きさ

教科書 54〜56ページ　答え 7ページ

 次の□にあてはまる数や記号を書きましょう。

めあて かけられる数、かける数が $\frac{1}{100}$ の位までの計算ができるようにしよう。 練習 ❶❷→

小数のかけ算の筆算のしかた

2.6×3.2

```
   2.6   1けた
 ×3.2   1けた
   52
  78
  8.32   2けた
```

5.48×2.7

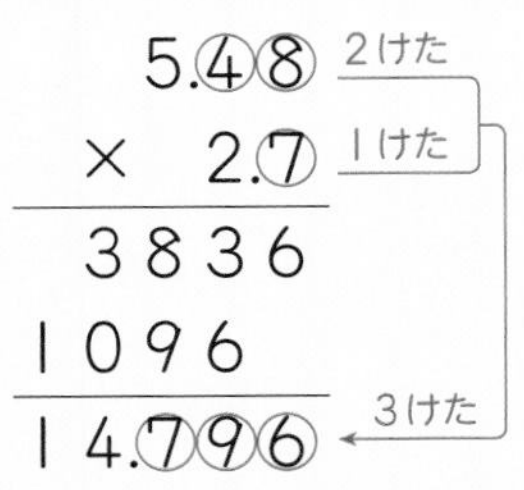

0.46×0.83

```
   0.46   2けた
 ×0.83   2けた
    138
   368
 0.3818   4けた
```

❶ 小数点がないものとして、整数のかけ算とみて計算する。

❷ 積の小数部分のけた数が、かけられる数とかける数の小数部分のけた数の和になるように、小数点をうつ。

1 計算をしましょう。

(1) 1.86×2.93　　(2) 0.74×0.05

解き方 積の小数点をどこにうつかに気をつけます。

(1)

```
   1.86
 ×2.93
    558
  1674
 372
 □
```

↑小数点をうつ

(2)

```
  0.74
 ×0.05
```

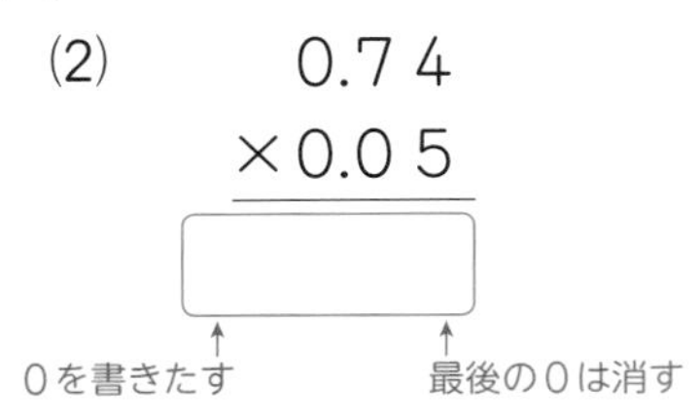

めあて 計算する前に、積の大きさがわかるようにしよう。 練習 ❸→

積の大きさ

かけ算では、1より小さい数をかけると、積はかけられる数より小さくなります。

36×1.2＝43.2　43.2は36より大きい。

36×0.9＝32.4　32.4は36より小さい。

2 積がかけられる数より小さくなる式を選びましょう。

㋐ 45×1.8　　㋑ 45×1　　㋒ 45×0.7

解き方 かけられる数と積の大小は、かける数の大きさで決まります。

㋐、㋑、㋒のうちで、かける数が□より小さいものが答えです。　答え □

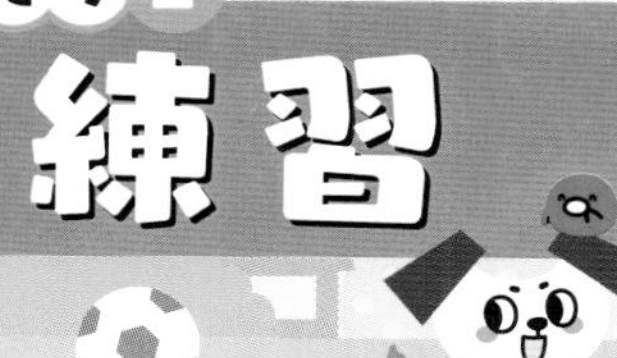

月　日

教科書 54～56ページ　答え 8ページ

1 計算をしましょう。

教科書 54ページ 4・5

① $\begin{array}{r} 4.3 \\ \times 2.9 \\ \hline \end{array}$

② $\begin{array}{r} 3.6 \\ \times 0.7 \\ \hline \end{array}$

③ $\begin{array}{r} 0.8 \\ \times 6.4 \\ \hline \end{array}$

④ $\begin{array}{r} 5.84 \\ \times 1.9 \\ \hline \end{array}$

⑤ $\begin{array}{r} 9.68 \\ \times 7.6 \\ \hline \end{array}$

⑥ $\begin{array}{r} 4.69 \\ \times 2.83 \\ \hline \end{array}$

⑦ $\begin{array}{r} 0.27 \\ \times 0.94 \\ \hline \end{array}$

⑧ $\begin{array}{r} 0.69 \\ \times 0.72 \\ \hline \end{array}$

⑨ $\begin{array}{r} 3.16 \\ \times 0.5 \\ \hline \end{array}$

2 1mの重さが 1.25kg のぼうがあります。
このぼう 2.04mの重さは、何kgになるでしょうか。

教科書 55ページ ⑨

（　　　　）

3 積がかけられる数より小さくなる式を、すべて選びましょう。

教科書 56ページ 6

Ⓐ 48×1.2　　Ⓘ 0.9×2.8

Ⓤ 0.3×0.06　　Ⓔ 1.3×0.6

（　　　　）

面積や体積の公式
計算のきまり

教科書 57〜58ページ　答え 8ページ

 次の□にあてはまる数を書きましょう。

めあて 辺の長さが小数でも面積や体積を求められるようにしよう。

長さが小数で表された面積や体積の公式

面積や体積は、辺の長さが小数で表されていても、公式を使って求められます。

1 長方形㋐の面積と、直方体㋑の体積を、それぞれ求めましょう。

㋐

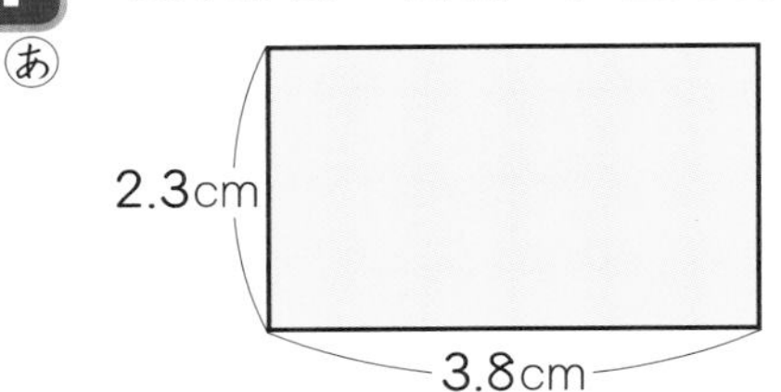

㋑

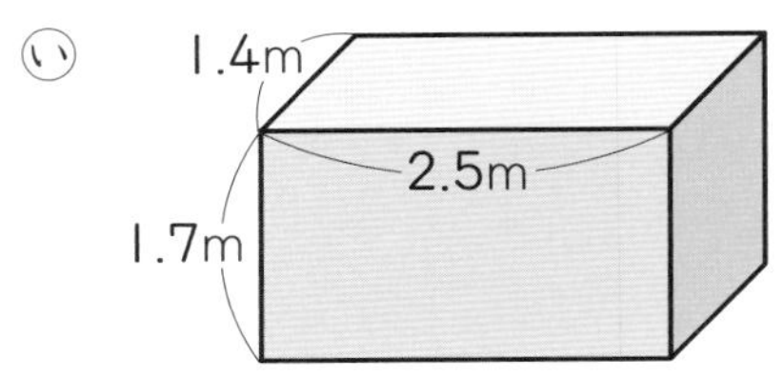

解き方 面積や体積の公式にあてはめて求めます。

㋐ **長方形の面積＝たて×横**

2.3（たて）×①□（横）＝②□　　答え ③□ cm^2

㋑ **直方体の体積＝たて×横×高さ**

1.4（たて）×①□（横）×②□（高さ）＝③□　　答え ④□ m^3

めあて 小数のかけ算でも計算のきまりが成り立つことを理解（りかい）しよう。

小数のかけ算についても、次の計算のきまりが成り立ちます。

① ○×△＝△×○
② (○×△)×□＝○×(△×□)
③ (○＋△)×□＝○×□＋△×□
④ (○－△)×□＝○×□－△×□

2 くふうして計算をしましょう。

(1) 3×0.8×0.5　　(2) 1.4×0.9＋0.6×0.9

解き方 (1)は上の②のきまり、(2)は上の③のきまりを使います。

(1) 3×0.8×0.5＝3×(0.8×0.5)
＝3×□＝□

(2) 1.4×0.9＋0.6×0.9＝(1.4＋0.6)×0.9
＝□×0.9＝□

ぴったり2

練習

★できた問題には、「た」をかこう！★

でき ① でき ② でき ③

学習日　月　日

教科書 57〜58ページ　答え 8ページ

1 次の面積や体積を求めましょう。　教科書 57ページ⑬

① 1辺が 2.4 cm の正方形の面積

（　　　）

② 1辺が 0.6 m の立方体の体積

（　　　）

2 右のような長方形の花だんがあります。この花だん全体の面積を①、②の考え方でそれぞれ1つの式に表して求めましょう。　教科書 58ページ8

3.2m　1.8m
1.6m　チューリップ　ヒマワリ

① チューリップとヒマワリの花だんのそれぞれの面積の和として求める。

式

答え（　　　）

② チューリップとヒマワリの花だんの横の長さをたしてから、花だん全体の面積を求める。

式

答え（　　　）

! まちがい注意

3 くふうして計算をしましょう。　教科書 58ページ9

① 9×2.5×0.8

② 3.5×7.7＋6.5×7.7

③ 8.1×5.4

④ 76×0.9

8.1 や 0.9 を
どのような式で
表せばいいかな？

3 ③④ 最後の位の数字が1や9のときは、(○＋1)や(□−1)のような形の式になおすと計算しやすくなります。

④ 小数のかけ算

教科書 48～60 ページ　答え 8 ページ

知識・技能　／76点

1 よく出る 計算をしましょう。　各4点(36点)

① 4.8×1.3　② 7.5×0.8　③ 2.1×4.2

④ 2.9×3.4　⑤ 9.5×0.5　⑥ 0.4×1.5

⑦ 3.82×2.6　⑧ 0.8×6.35　⑨ 5.04×0.32

2 24×35＝840 をもとにして、次の積を求めましょう。　各5点(10点)

① 2.4×0.35　(　　　)

② 0.24×0.35　(　　　)

3 積がかけられる数より大きくなる式を、すべて選びましょう。　(6点)

㋐ 7.9×0.8　㋑ 24×1.2　㋒ 0.3×4.9　㋓ 0.6×0.07

(　　　)

4 よく出る　1Lのガソリンで7.52 km走る自動車があります。
この自動車は、1.3Lのガソリンで何km走れるでしょうか。　式・答え 各6点(12点)

式

答え（　　　　）

5 あきらさんの住んでいる町は、およそたて1.7 km、横2.08 kmの長方形の形をしています。
町の面積は、およそ何km^2でしょうか。　式・答え 各6点(12点)

式

答え（　　　　）

思考・判断・表現　　／24点

6 次のような図形の面積と立体の体積を求めましょう。　各6点(12点)

①

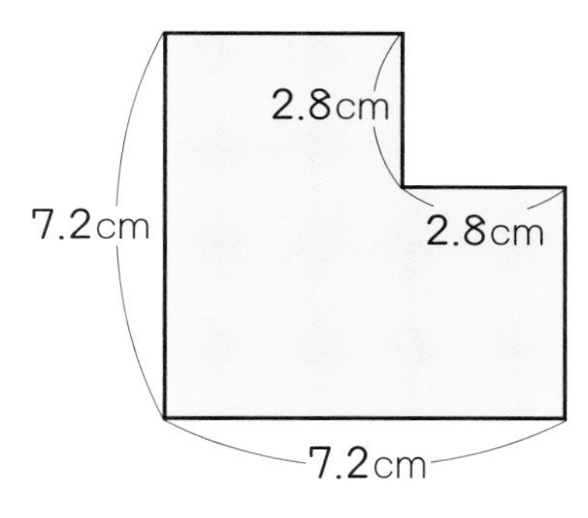

②

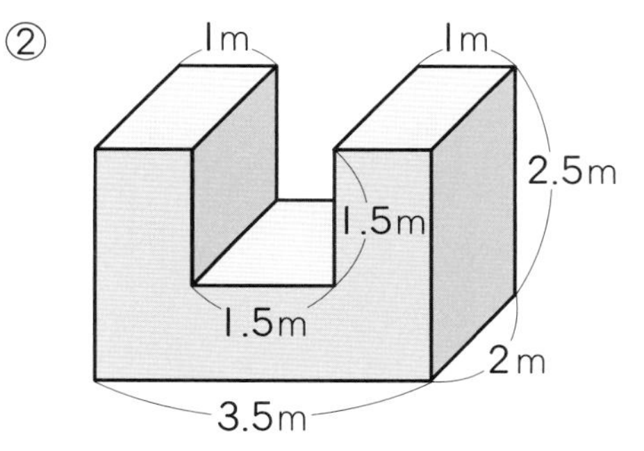

（　　　　）　（　　　　）

7 くふうして計算をしましょう。　各6点(12点)

① $63\times5.8+63\times4.2$　② $45\times7.9-45\times5.9$

付録の「計算せんもんドリル」1～7もやってみよう！

ふりかえり　1①～⑥がわからないときは、18ページの2にもどって確(かく)にんしてみよう。

合同な図形

学習日　月　日

教科書 62～66ページ　答え 9ページ

次の□にあてはまる記号や数を書きましょう。

めあて 合同(ごうどう)な図形について調べよう。　練習 1→

合同

ぴったり重ねることのできる2つの図形は、**合同**であるといいます。

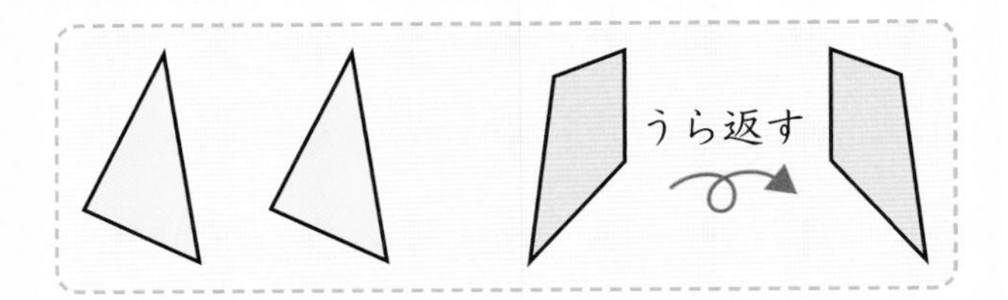

1 右の図で、三角形㋐と合同な三角形はどれとどれでしょうか。

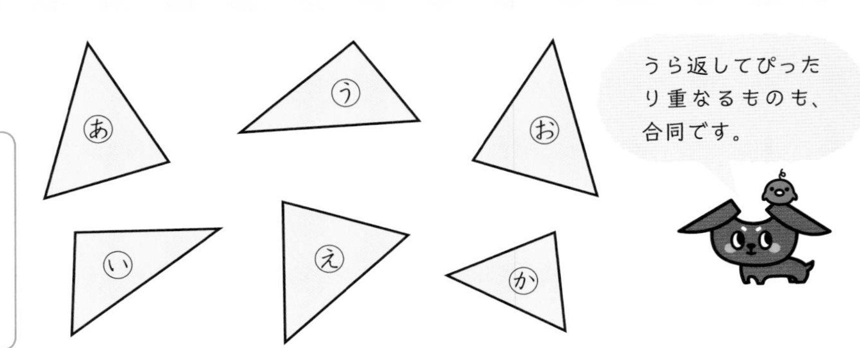

解き方 三角形㋐をうす紙に写し取って、三角形㋑から㋕に重ねて調べると、ぴったり重なるのは、□と□の三角形です。

めあて 対応(たいおう)する頂点(ちょうてん)、対応する辺、対応する角について調べよう。　練習 2 3→

合同な図形では、重なる頂点を**対応する頂点**、重なる辺を**対応する辺**、重なる角を**対応する角**といいます。

合同な図形では、対応する辺の長さは等しくなっています。また、対応する角の大きさも等しくなっています。

2 右の2つの四角形は合同です。
辺EHの長さは何cmでしょうか。
また、角Gの角度は何度でしょうか。

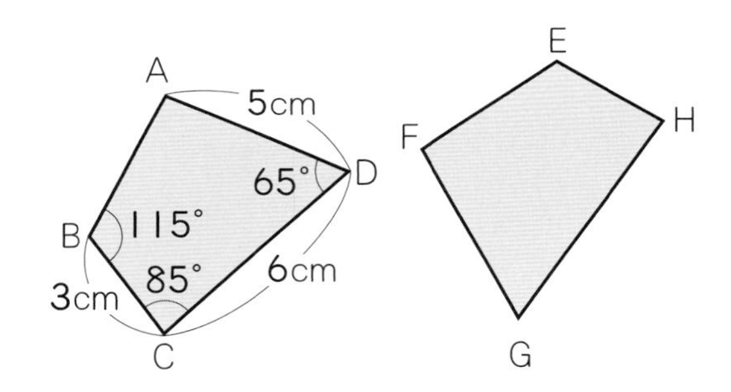

解き方 辺EHに対応する辺は①□、角Gに対応する角は②□だから、辺EHの長さは③□cm、角Gの角度は④□°です。

3 右の図のひし形ABCDに2本の対角線をかきました。
三角形ABEと合同な三角形をすべて答えましょう。

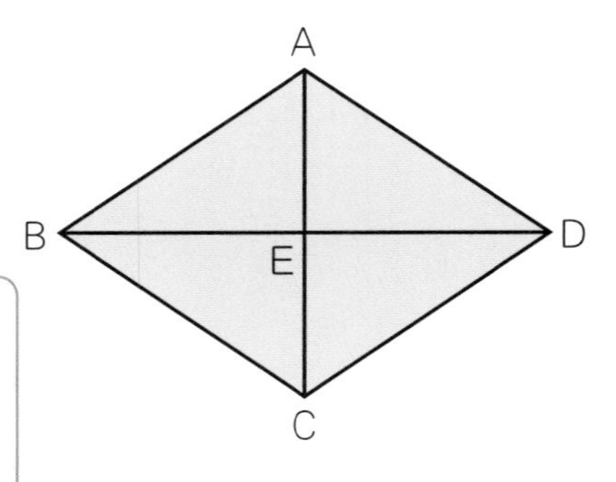

解き方 ひし形は4つの辺がすべて等しい四角形です。ひし形ABCDを対角線で折って重ねてみると、三角形ABEにぴったり重なるのは、□、□、□です。

★できた問題には、「た」をかこう！★

でき 1 でき 2 でき 3

学習日 月 日

教科書 62〜66ページ 答え 9ページ

1 下の図で合同な四角形の組を見つけましょう。

教科書 63ページ 1

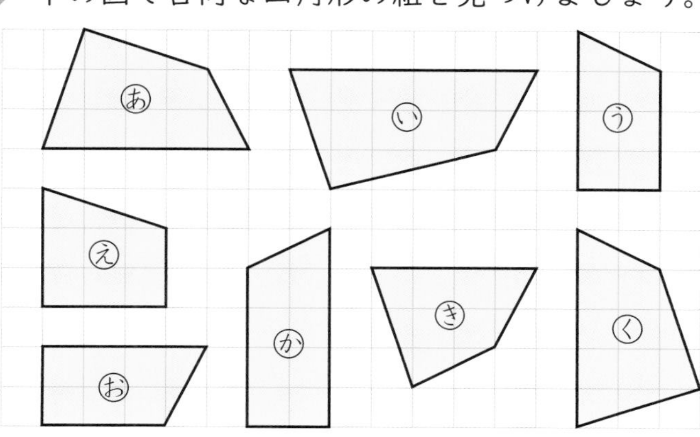

（ と ）
（ と ）

2 右の２つの図形は合同です。

教科書 64ページ 2

① 点Bに対応する頂点はどれでしょうか。

（ ）

② 辺GHの長さは何cmでしょうか。

（ ）

③ 角Eの角度は何度でしょうか。

（ ）

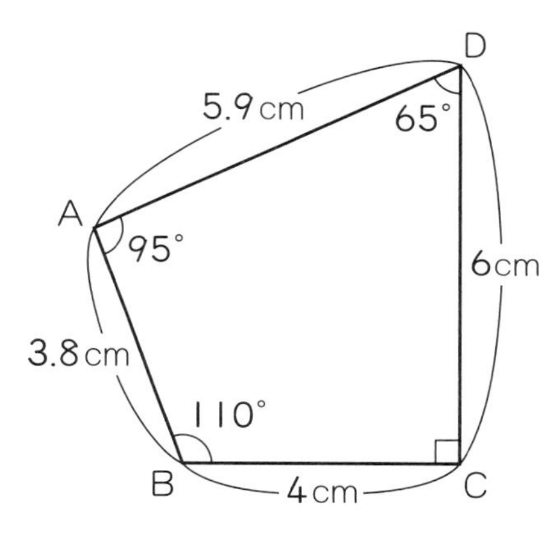

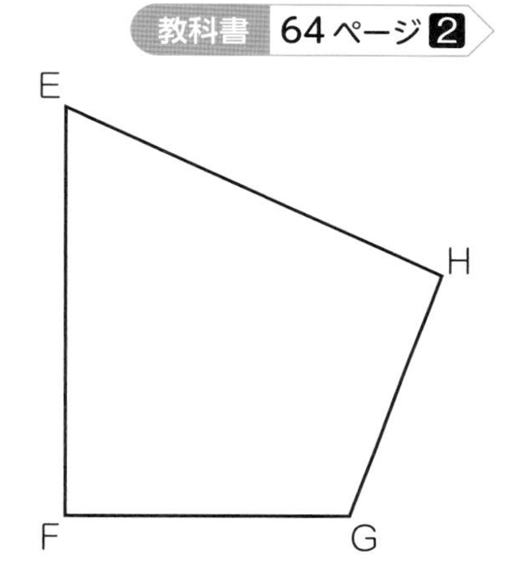

同じ向きになるように動かしてみるとわかりやすくなるよ。

よくみて

3 右の長方形ABCDに２本の対角線をかきました。次の三角形と合同な三角形をすべて答えましょう。

教科書 66ページ 3

① 三角形ABE

（ ）

② 三角形BCE

（ ）

③ 三角形ABD

（ ）

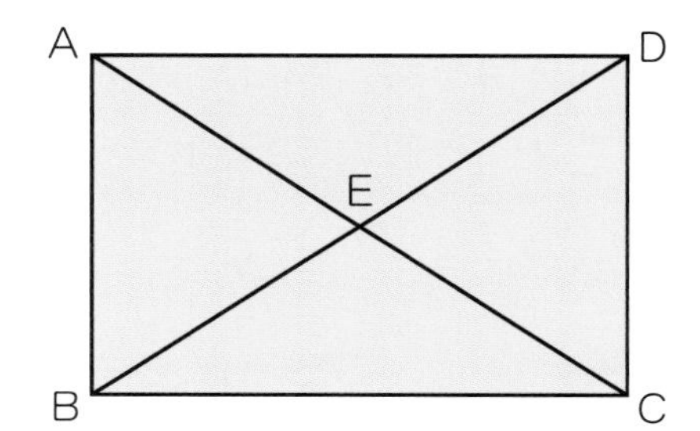

5 合同と三角形、四角形

合同な図形のかき方

教科書 67~71ページ　答え 10ページ

次の□にあてはまる記号を書きましょう。

めあて 合同(ごうどう)な三角形をかいてみよう。 練習 1→

合同な三角形のかき方

合同な三角形は、3つの辺の長さと3つの角の大きさのうち、下のあ、い、うのどれかがわかれば、かくことができます。

あ
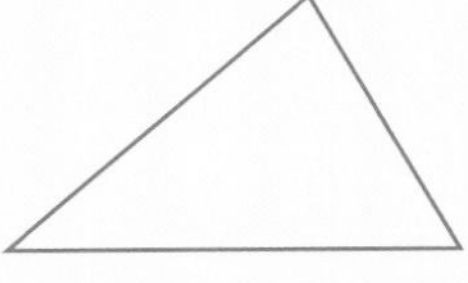
3つの辺の長さ

い
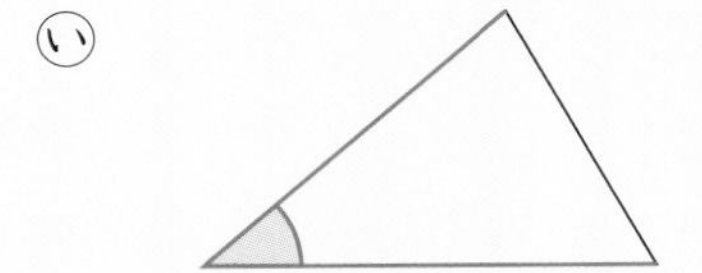
2つの辺の長さと
その間の角の大きさ

う
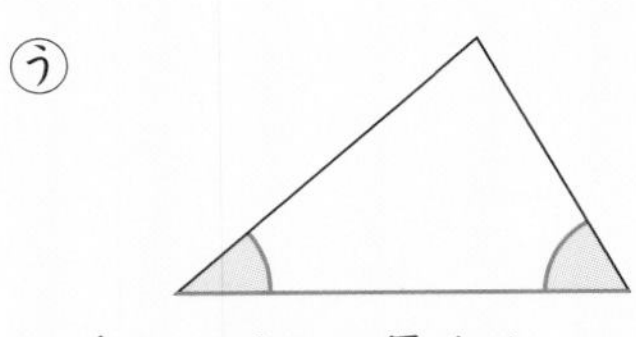
1つの辺の長さと
その両はしの角の大きさ

1 右の三角形ABCと合同な三角形DEFをかきます。辺BCと等しい長さの辺EFと、角Bの大きさと等しい大きさの角Eをかきました。

あと何がわかればかけるでしょうか。

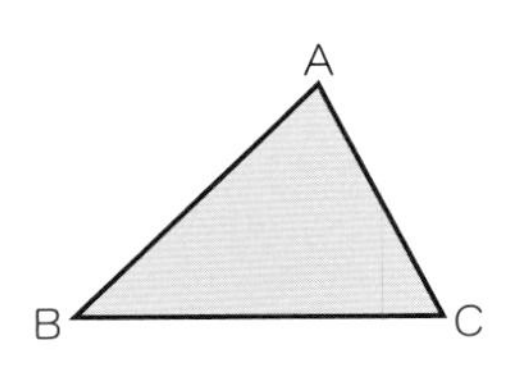

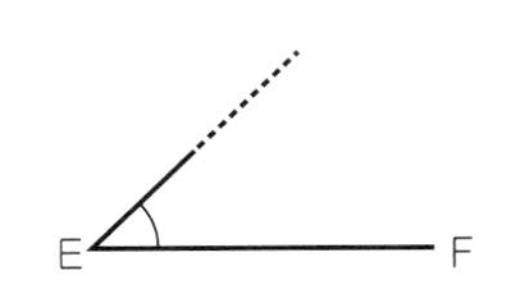

解き方 角Eをつくる2つの辺の長さか、辺EFのもう1つのはしの角の大きさがわかればよいので、辺□の長さか、角□の大きさ。

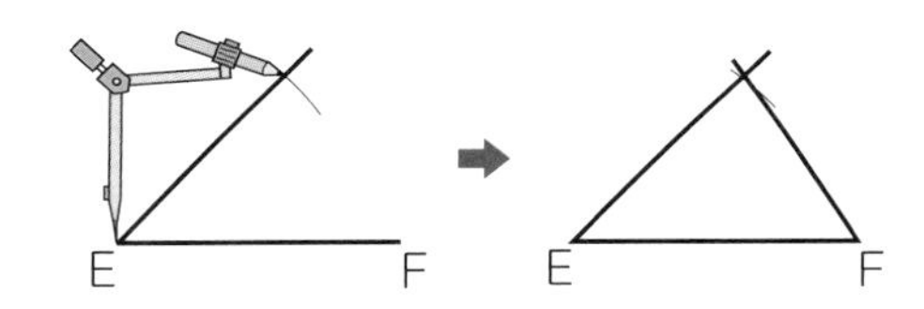

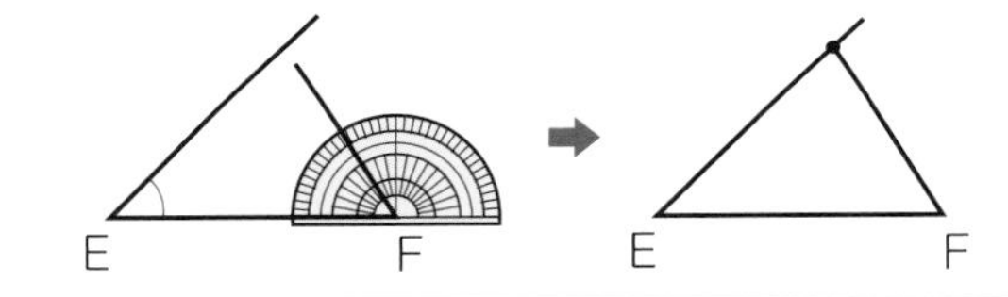

めあて 合同な四角形をかいてみよう。 練習 2→

合同な四角形のかき方

合同な四角形は、対角線をひいて2つの三角形に分けることにより、合同な三角形のかき方を使ってかくことができます。

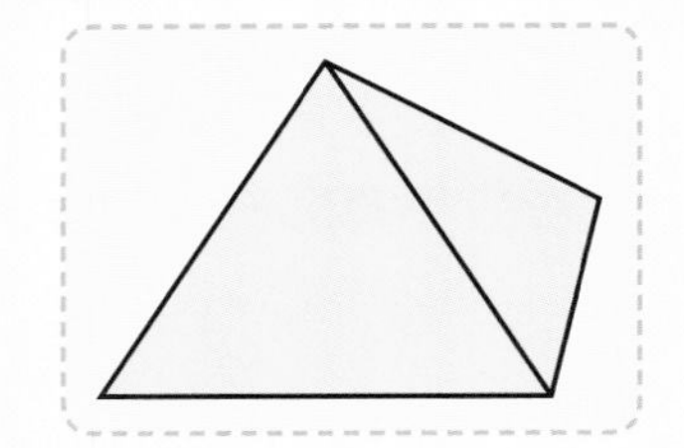

2 右の四角形ABCDと合同な四角形をかきます。

2つの三角形に分けてかくには、あとどの長さを調べればよいでしょうか。

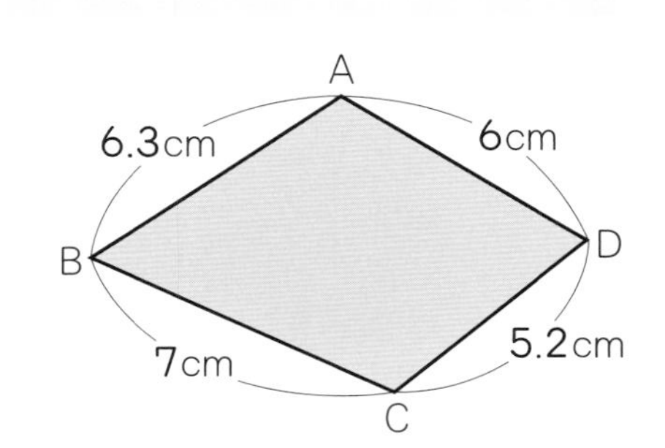

解き方 対角線□の長さか、対角線□の長さを調べて、2つの三角形に分けます。

★できた問題には、「た」をかこう！★

できる 1　できる 2

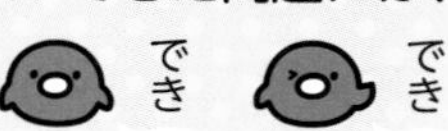

学習日　月　日

教科書 67～71ページ　答え 10ページ

1 右の三角形ABCと合同な三角形を、次のしかたでかきましょう。 教科書 67ページ 4

① 3つの辺の長さをはかってかく。

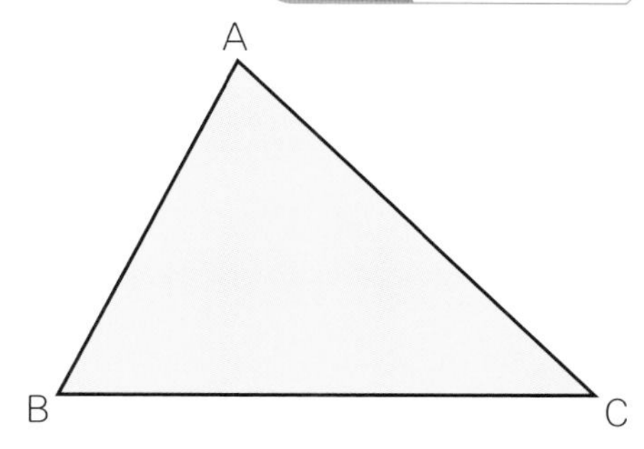

② 辺ABと辺BCの長さと、角Bの大きさをはかってかく。

③ 辺BCの長さと角B、角Cの大きさをはかってかく。

2 右の四角形ABCDと合同な四角形を、次のしかたでかきましょう。 教科書 71ページ 6

① 4つの辺の長さと角Cの大きさをはかってかく。

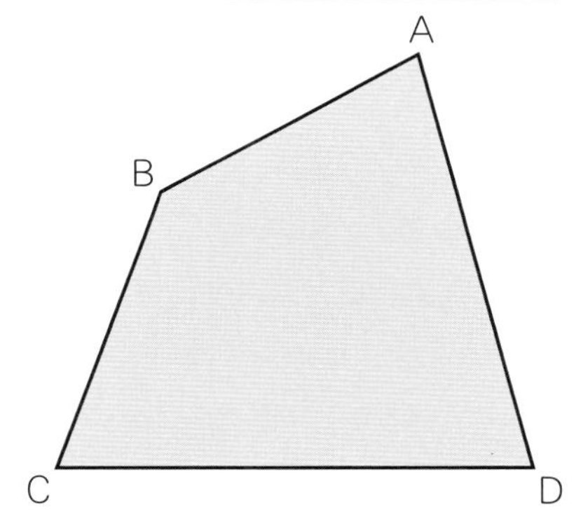

② 4つの辺の長さと対角線BDの長さをはかってかく。

四角形は、4つの辺の長さと、
㋐ 1つの対角線の長さ
㋑ 1つの角の大きさ
がわかればかけるんだね。

三角形や四角形の角

次の□にあてはまる数を書きましょう。

めあて 三角形の3つの角の大きさの和を理解しよう。 練習 1→

三角形の角の大きさの和

三角形の3つの角の大きさの和は180°です。

あ＋い＋う＝180°

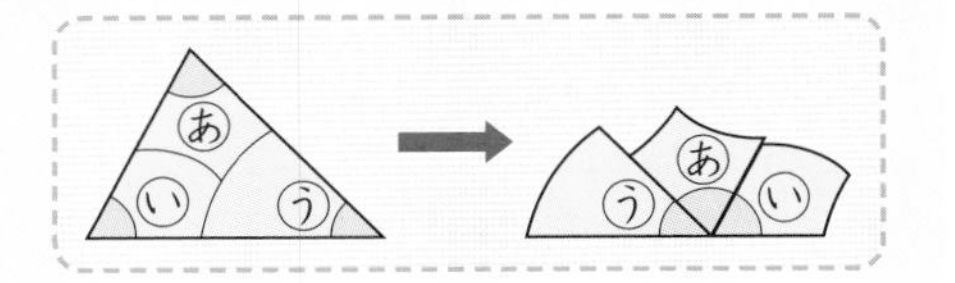

1 右のあ、いの角度を求めましょう。

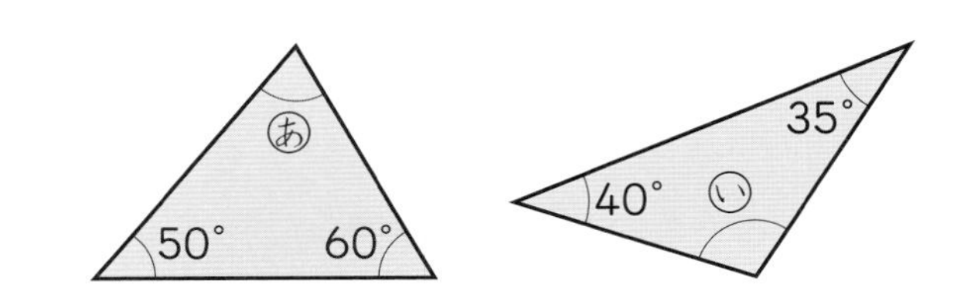

解き方 180°から、わかっている2つの角の大きさの和をひきます。

あ　180−(50＋□)＝70

い　180−(40＋□)＝□

答え　あ70°　い105°

三角定規の3つの角は

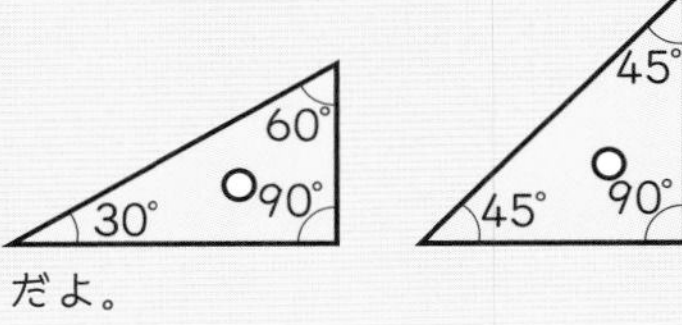

だよ。

めあて 四角形の4つの角の大きさの和を理解しよう。 練習 2→

四角形の角の大きさの和

四角形の4つの角の大きさの和は360°です。

三角形ABCと三角形ACDに分けると、三角形の3つの角の大きさの和は180°なので、四角形ABCDの4つの角の和は、180×2＝360で、360°です。

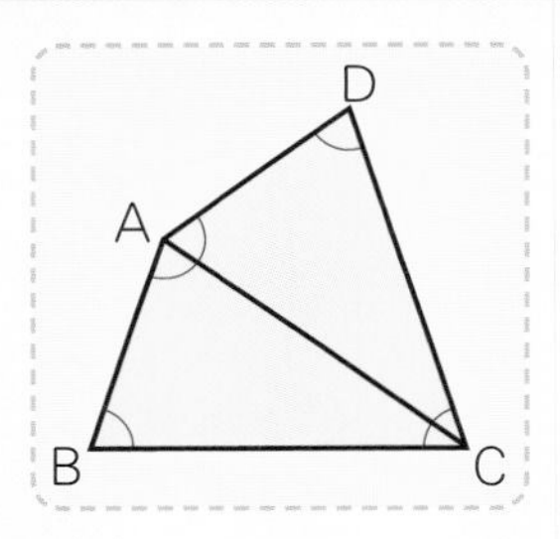

四角形は、対角線で2つの三角形に分けられるね。

2 右のあ、いの角度を求めましょう。

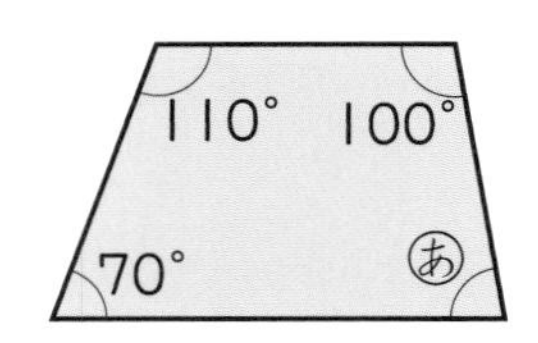

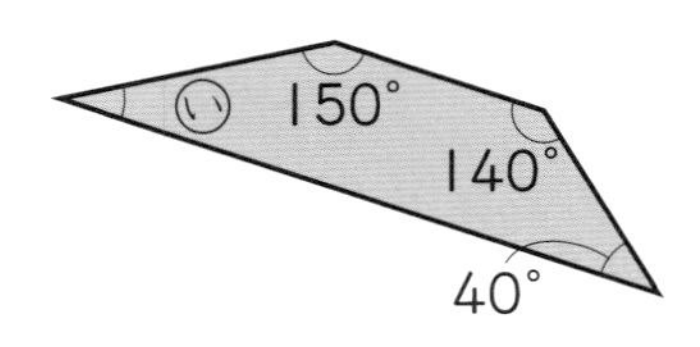

解き方 360°から、わかっている3つの角の大きさの和をひきます。

あ　360−(110＋100＋□)＝□

い　360−(150＋140＋□)＝□

答え　あ80°　い30°

ぴったり2

練習

★できた問題には、「た」をかこう！★

学習日　月　日

教科書 72～76ページ　答え 11ページ

1 下のⓐからⓚの角度を求めましょう。

教科書 73ページ 7

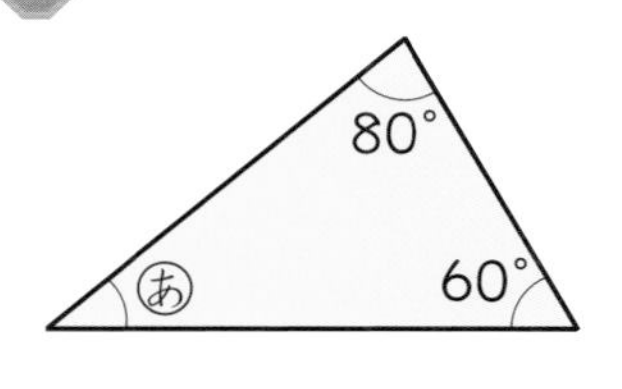

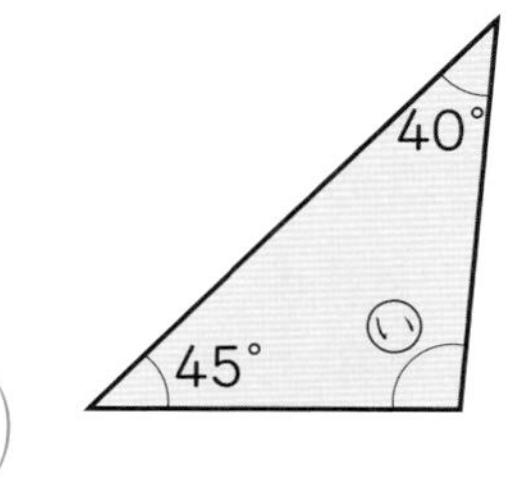

ⓐ（　　　）　ⓘ（　　　）

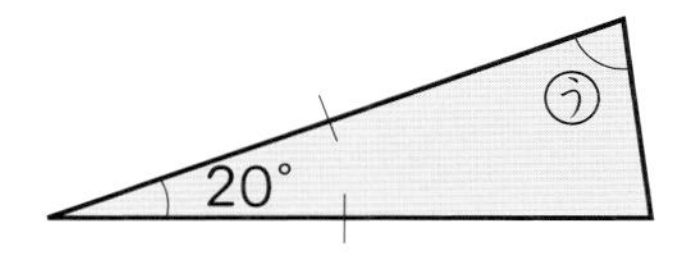

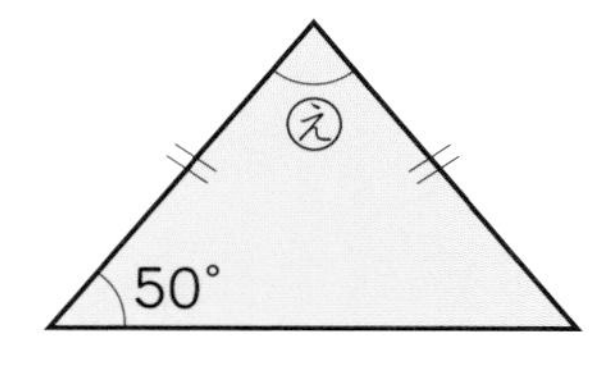

ⓤ（　　　）　ⓔ（　　　）

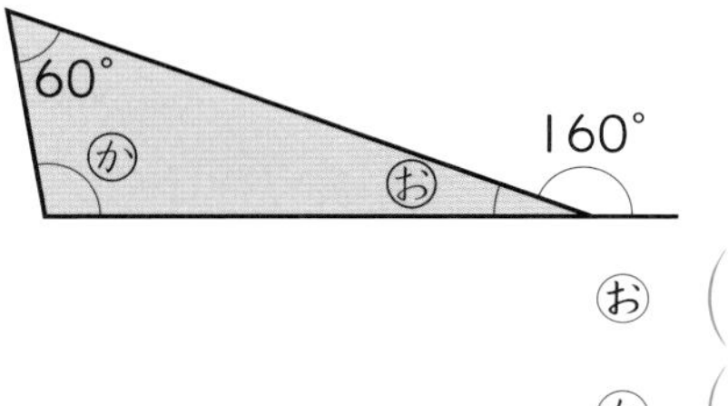

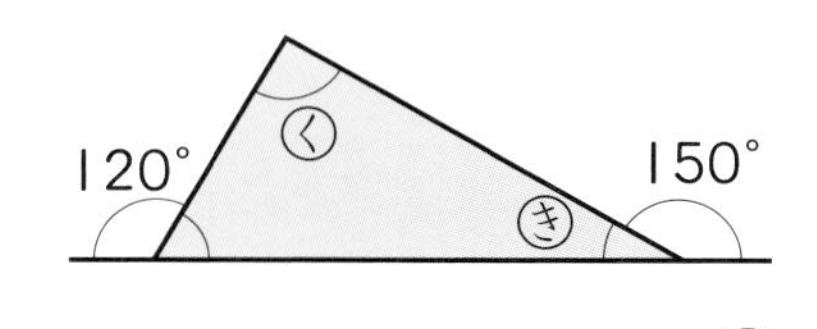

ⓞ（　　　）　ⓚ（　　　）

ⓐ（　　　）　ⓚ（　　　）

2 下のⓐからⓞの角度を求めましょう。

教科書 75ページ 8

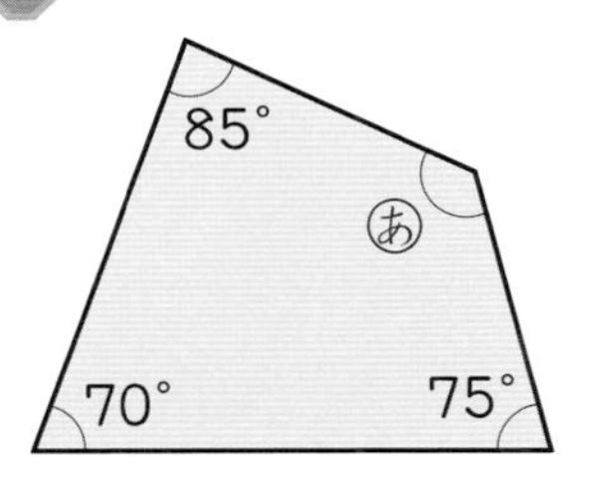

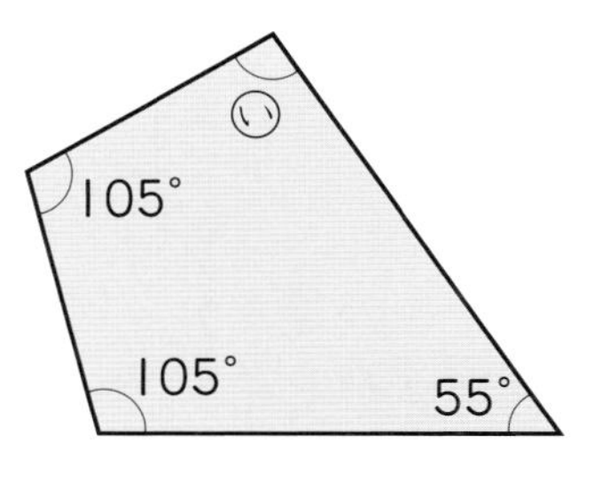

ⓐ（　　　）　ⓘ（　　　）

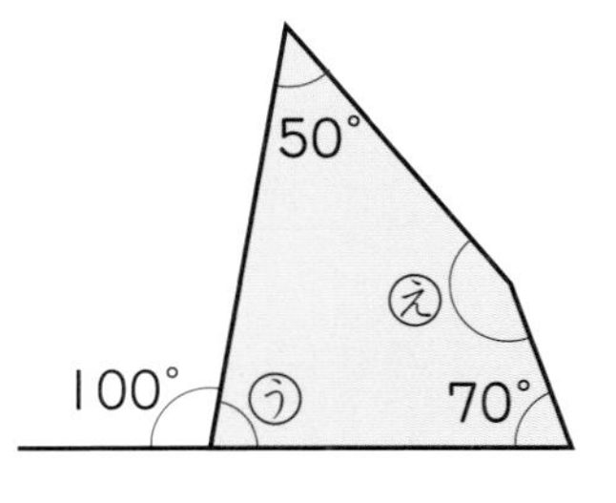

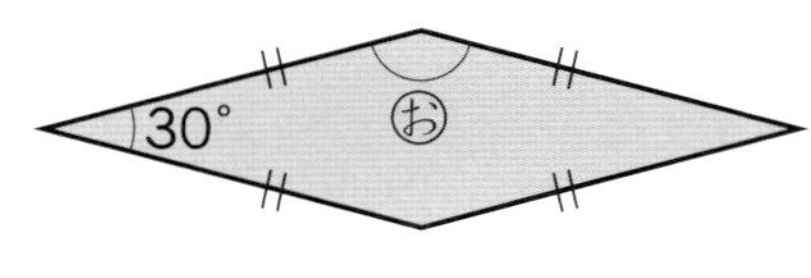

ⓤ（　　　）

ⓔ（　　　）　ⓞ（　　　）

ヒント

1 ⓤⓔ　二等辺三角形は、2つの角の大きさが等しくなっています。

2 ⓞ　ひし形は、向かい合った角の大きさが等しくなっています。

5 合同と三角形、四角形 (多角形の角の大きさの和)

教科書 77～78ページ　答え 12ページ

次の□にあてはまる数を書きましょう。

めあて 多角形の角の大きさの和を理解しよう。　練習 1 2 3→

多角形と多角形の角の大きさの和

三角形、四角形、五角形、……のように、直線だけで囲まれた図形を**多角形**といいます。多角形の角の大きさの和は、１つの頂点から対角線をかいてできる三角形の数から求めることができます。

どんな多角形の角の大きさの和も三角形をもとにして求められるね。

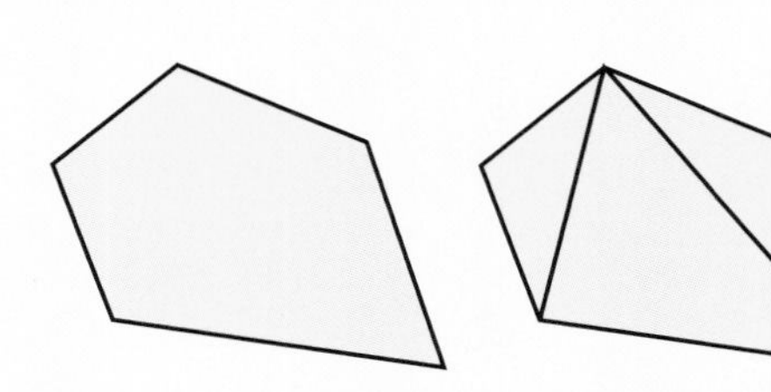

１つの頂点から対角線をかくと３つの三角形ができます。五角形の角の大きさの和は 180×3＝540 で、540°になります。

	三角形	四角形	五角形	六角形	七角形	八角形
辺の数	3	4	5	6	7	8
三角形の数	1	2	3	4	5	6
角の大きさの和	180°	360°	540°	720°	900°	1080°

1 下のような多角形の角の大きさの和を求めましょう。

(1)

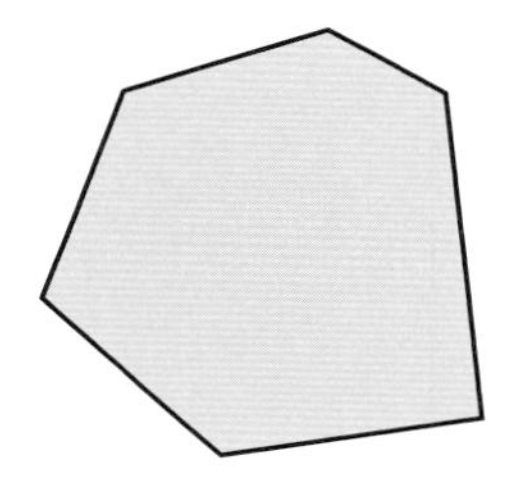

(2)

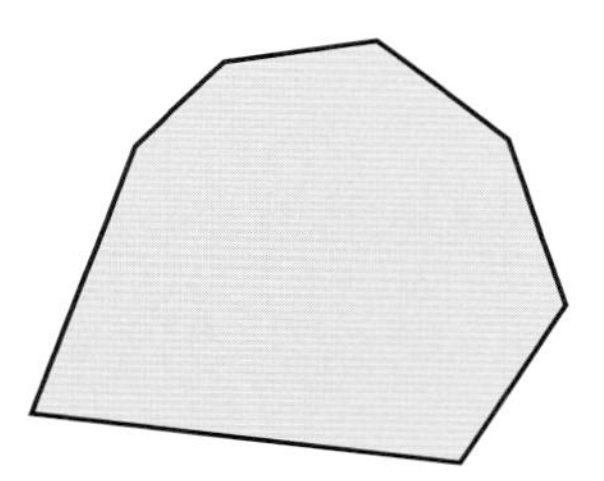

解き方 (1)、(2)どちらも、１つの頂点から対角線をかいて考えます。

(1)　１つの頂点から対角線をかくと ①□ 個の三角形ができます。

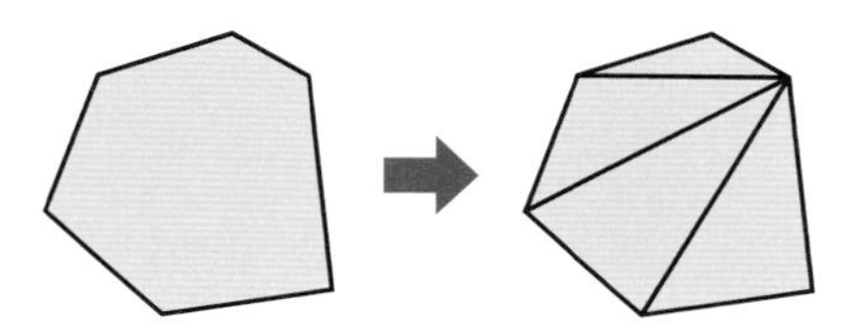

この六角形の角の大きさの和は

180×②□＝③□

答え ④□°

(2)　１つの頂点から対角線をかくと ①□ 個の三角形ができます。

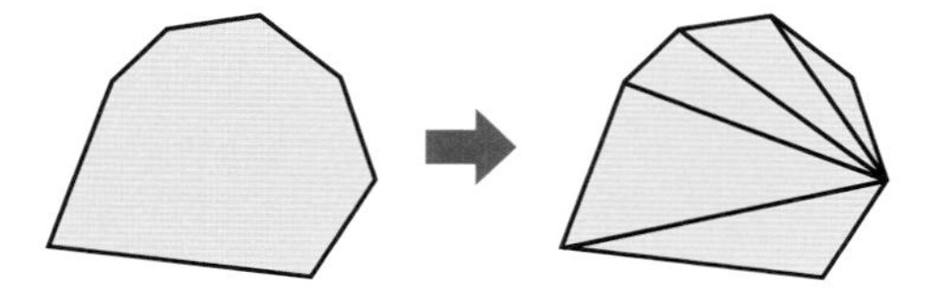

この七角形の角の大きさの和は

180×②□＝③□

答え ④□°

★できた問題には、「た」をかこう！★

学習日　月　日

教科書 77～78ページ　答え 12ページ

1 右の図は九角形です。 教科書 77ページ9

① 1つの頂点から対角線をかくと、いくつの三角形ができるでしょうか。

（　　　）

② 九角形の角の大きさの和を求めましょう。

（　　　）

2 次の多角形の名前を書きましょう。
また、角の大きさの和を求めましょう。 教科書 77ページ9

①

名前（　　　）
角の大きさの和（　　　）

②

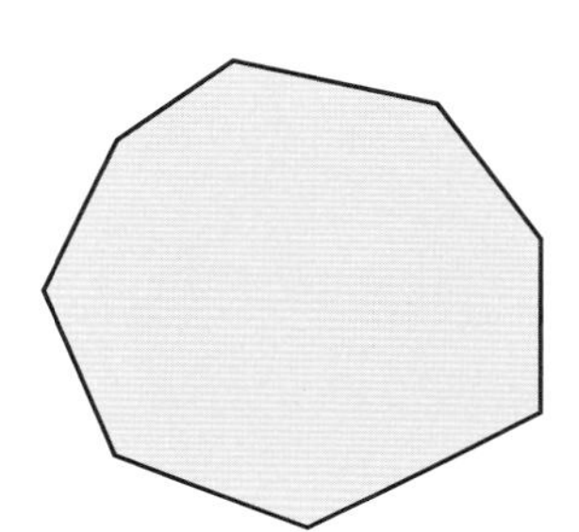

名前（　　　）
角の大きさの和（　　　）

よくみて

3 下のあ、いの角度を求めましょう。 教科書 78ページ10

①

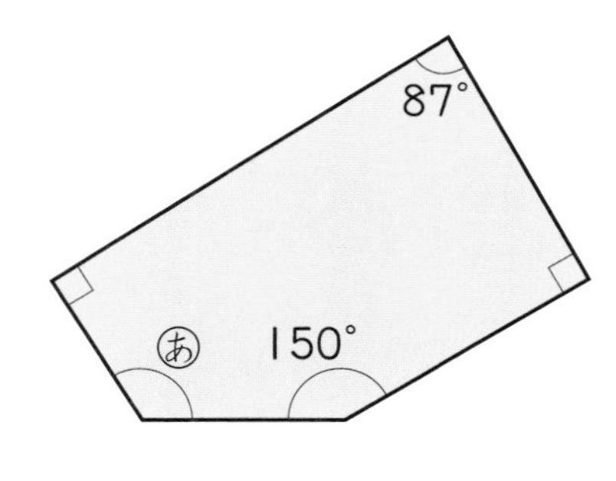

（　　　）

②

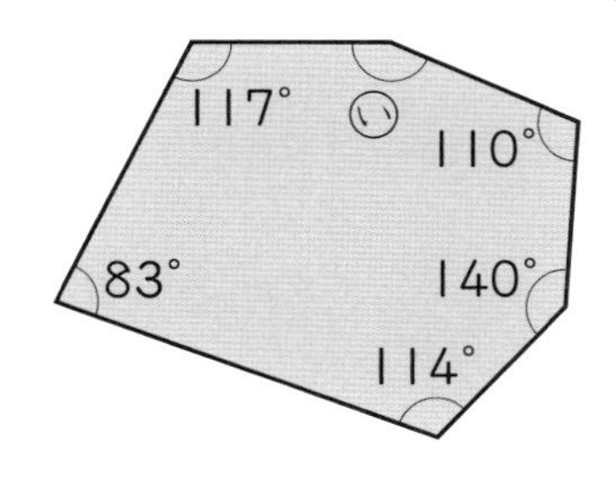

（　　　）

ヒント
3 それぞれの多角形の角の大きさの和を求めてから、あ、いの角度を求めます。

5 合同と三角形、四角形

時間 30 分

／100

合格 80 点

教科書 62～81ページ　答え 12ページ

知識・技能　／90点

1 よく出る 合同な図形はどれとどれでしょうか。　各5点(15点)

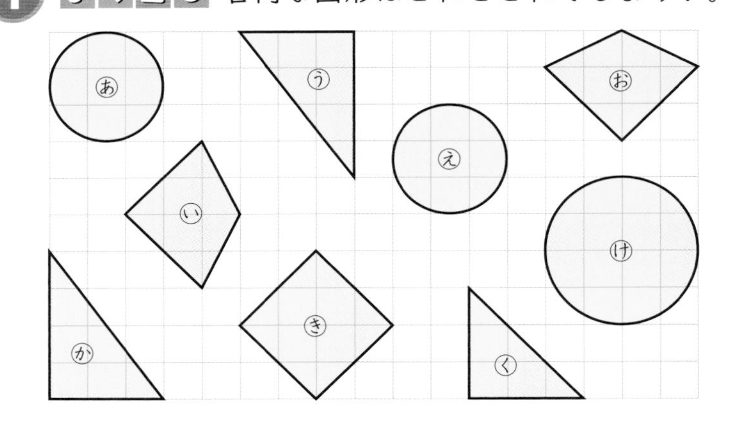

(　　と　　)

(　　と　　)

(　　と　　)

2 よく出る 右の2つの四角形は合同です。　各5点(15点)

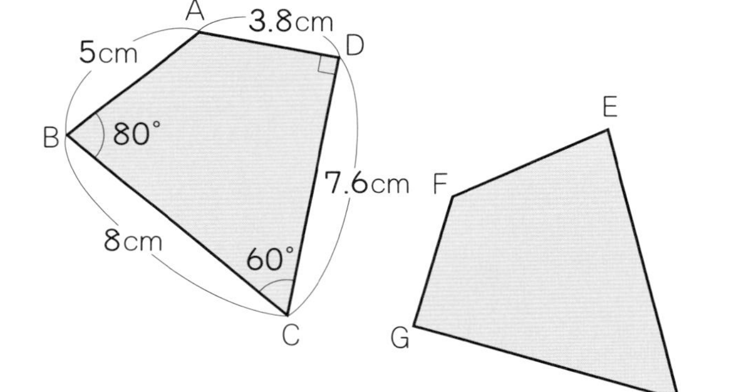

① 頂点Cに対応する頂点はどれでしょうか。

(　　)

② 辺EHの長さは何cmでしょうか。

(　　)

③ 角Gの角度は何度でしょうか。

(　　)

3 よく出る 下のあからうの角度を求めましょう。　各5点(15点)

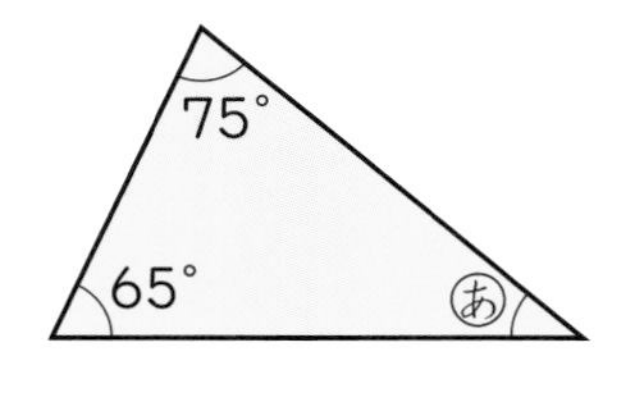

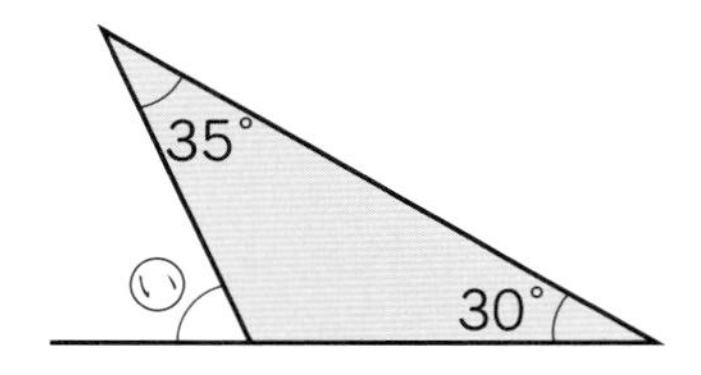

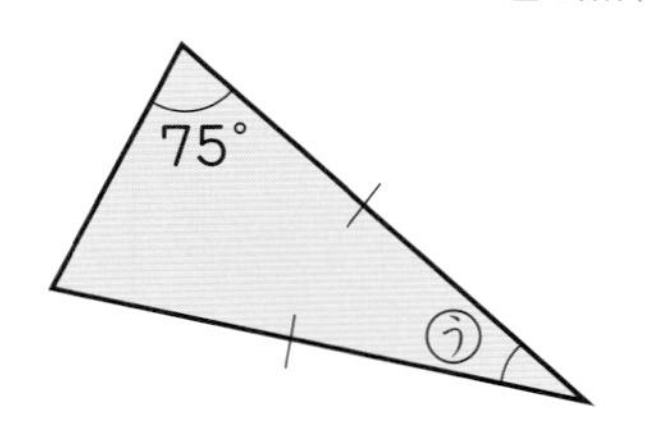

あ(　　)　い(　　)　う(　　)

学習日　　月　　日

4 よく出る 下のあからうの角度を求めましょう。　各5点(15点)

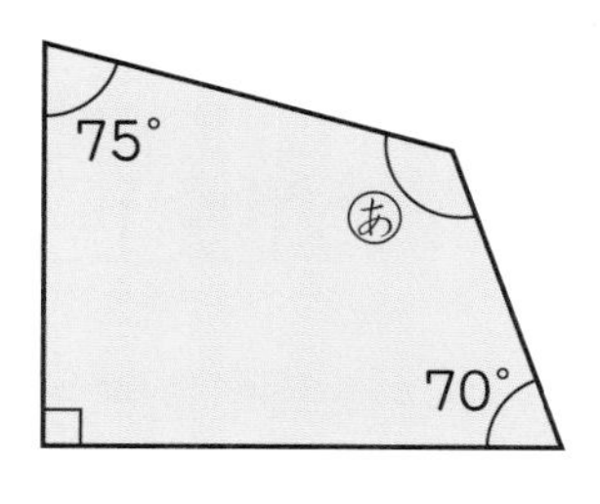

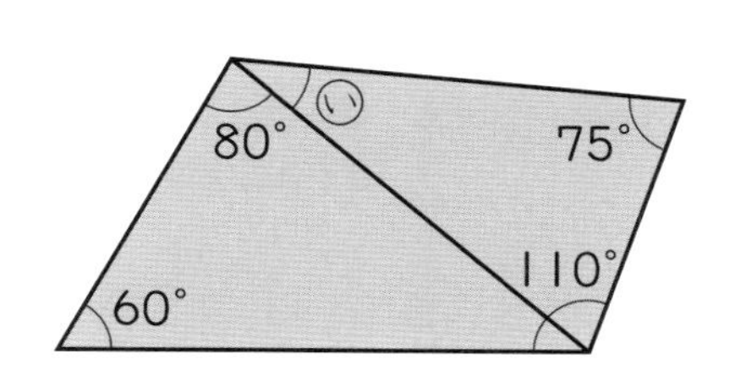

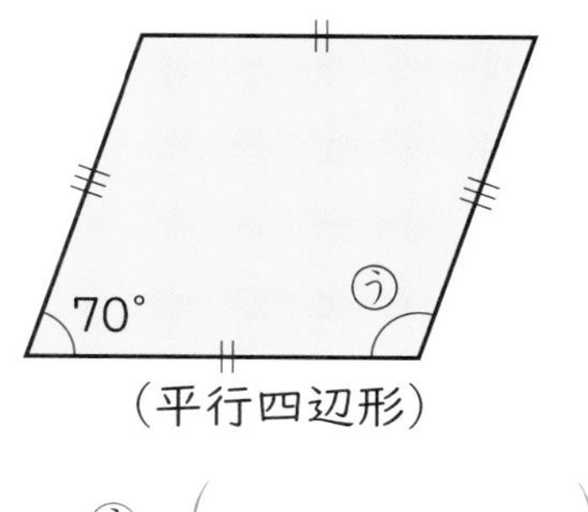

あ(　　　)　い(　　　)　う(　　　)

5 よく出る **次の三角形と合同な三角形をかきましょう。**　各10点(20点)

① 3つの辺の長さが4cm、5cm、6cmの三角形

② 2つの辺の長さが3.5cmと4cmで、その間の角の大きさが50°の三角形

6 次の四角形ABCDと合同な四角形をかきましょう。　(10点)

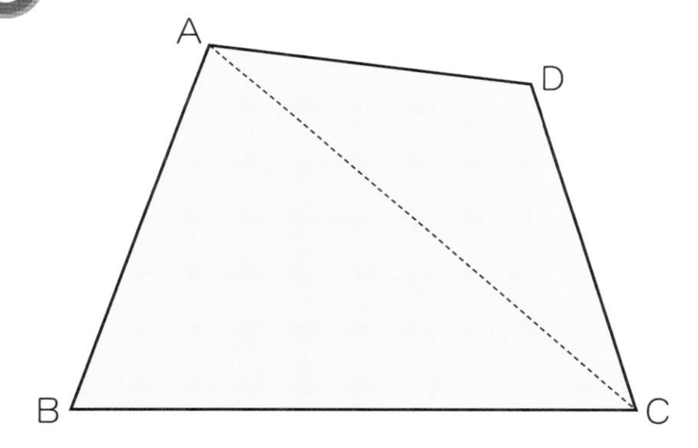

思考・判断・表現　／10点

7 **右のひし形に1本の対角線BDをひきました。そして、対角線BD上に点Eをとり、AとE、CとEを結びました。**
次の三角形と合同な三角形はどれでしょうか。　各5点(10点)

① 三角形ABE　② 三角形CDE

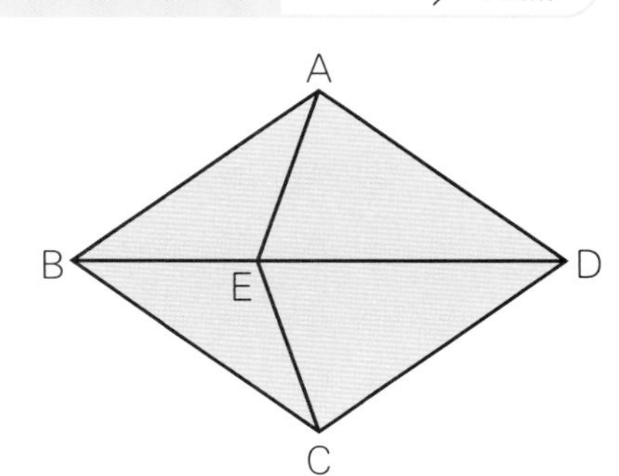

(　　　)　(　　　)

ふりかえり　1がわからないときは、26ページの1にもどって確にんしてみよう。

6 小数のわり算 (計算のしかた)

教科書 82～90ページ　答え 14ページ

次の□にあてはまる数を書きましょう。

めあて 小数でわる計算がわかるようにしよう。

練習 1→

整数÷小数、小数÷小数

整数や小数を小数でわる計算は、わられる数とわる数を10倍、100倍、……してわる数を整数にして計算します。

9.5÷2.5＝3.8
↓10倍 ↓10倍　等しい
95÷25＝3.8

1 計算をしましょう。

(1) 72÷1.8　　(2) 16.1÷4.6

解き方 わられる数とわる数を10倍して計算します。

(1) 72÷1.8
＝(72×10)÷(1.8×10)
＝720÷□
＝□

(2) 16.1÷4.6
＝(16.1×10)÷(4.6×10)
＝□÷□
＝□

わられる数と
わる数に同じ数を
かけても商は
変わらないね。

めあて 小数のわり算の筆算ができるようにしよう。

練習 2 3→

筆算のしかた

3.6)9.72 → 3.6)9.72（10倍 10倍）→ 3.6)9.7.2

```
       2.7
3.6 ) 9.7.2
      7 2
      2 5 2
      2 5 2
          0
```

97.2÷36の計算➡

❶ わる数が整数になるように、小数点を右へ移(うつ)す。
❷ わられる数の小数点も、❶で移した分だけ右へ移す。
❸ 商の小数点は、わられる数の移した小数点にそろえてうつ。

2 計算をしましょう。

(1) 9.66÷4.2　　(2) 6.246÷3.47

解き方 (1) わる数を□倍して整数にし、わられる数も□倍します。

```
       □
4.2 ) 9.6.6
      8 4
      1 2 6
      1 2 6
          0
```

(2) わる数を□倍して整数にし、わられる数も□倍します。

```
          □
3.4 7 ) 6.2 4.6
        3 4 7
        2 7 7 6
        2 7 7 6
              0
```

練習

★できた問題には、「た」をかこう！★

学習日　月　日

教科書 82〜90ページ　答え 14ページ

1 計算をしましょう。 教科書 82ページ1、85ページ2

① 39÷2.6　② 180÷1.5　③ 78÷0.3

2 計算をしましょう。 教科書 87ページ3、88ページ4・5

① 1.5)2.4　② 0.6)8.7　③ 0.4)11.8

④ 3.5)28.7　⑤ 4.8)3.12　⑥ 9.5)0.76

3 計算をしましょう。 教科書 89ページ6、90ページ7・8

① 2.73)5.187　② 0.56)0.252　③ 3.64)9.1

④ 7.25)5.8　⑤ 2.5)6　⑥ 0.8)38

ヒント　**3** ①〜④　わる数が $\frac{1}{100}$ の位までの小数のわり算は、わる数を100倍して整数にして、わられる数を100倍します。

ぴったり1 準備

6 小数のわり算

商の大きさ　商の四捨五入　あまりのあるわり算

教科書 91〜93ページ　答え 15ページ

次の□にあてはまる数や言葉を書きましょう。

めあて 計算する前に、商の大きさがわかるようにしよう。 練習 1→

商の大きさ

わり算では、1より小さい数でわると、商はわられる数より大きくなります。

36÷1.2＝30　30は36より小さい。
36÷0.9＝40　40は36より大きい。

1 商がわられる数より大きくなる式を選びましょう。

あ 56÷1.4　　い 56÷1　　う 56÷0.7

解き方 わられる数と商の大小は、わる数の大きさで決まります。
あ、い、うのうちで、わる数が□より小さいものが答えです。　答え う

めあて 商を四捨五入(ししゃごにゅう)して求めてみよう。 練習 2 4→

商を上から2けたのがい数で求めるには、上から3けためまで計算し、その位を四捨五入します。

2 7.2÷8.3の商を四捨五入して、上から2けたのがい数で求めましょう。

解き方 上から3けためまで計算し、3けためを四捨五入します。

```
      0.867
8.3 ) 7.2.0
      6 6 4
        5 6 0
        4 9 8
          6 2 0
          5 8 1
            3 9
```

0.867の□の位を四捨五入します。

答え □

めあて 小数÷小数であまりのある計算ができるようにしよう。 練習 3 5→

小数のわり算であまりを求めるとき、あまりの小数点は、わられる数のもとの小数点にそろえてうちます。

```
6.8÷1.6 ➡        4
          1.6 ) 6.8
                6 4
                0.4
```

3 21.8mのひもから1.8mのひもは何本とれて、何mあまるでしょうか。

解き方 商を①□の位まで求め、あまりを出します。

21.8÷1.8＝③□ あまり0.2

答え ④□本とれて、0.2mあまる。

```
        ②□
1.8 ) 2 1.8
      1 8
        3 8
        3 6
        0.2
```

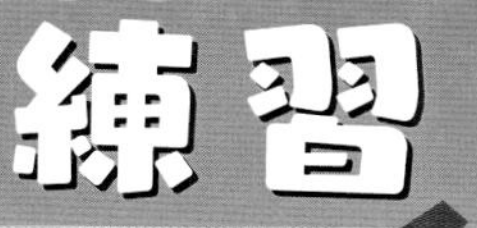

★できた問題には、「た」をかこう！★

できた 1　できた 2　できた 3　できた 4　できた 5

学習日　月　日

教科書 91～93ページ　答え 15ページ

1 商がわられる数より大きくなる式を、すべて選びましょう。 教科書 91ページ 9

あ　42÷2.5　　い　7.2÷0.8　　う　0.8÷16　　え　0.3÷0.06

（　　　）

2 商は四捨五入して、上から2けたのがい数で求めましょう。 教科書 92ページ 10

① $2.7 \overline{) 1.37}$　　② $8.4 \overline{) 6}$　　③ $1.7 \overline{) 3.92}$

3 商は一の位まで求め、あまりも出しましょう。 教科書 93ページ 11

① $5.1 \overline{) 4.3}$　　② $1.6 \overline{) 6.52}$　　③ $1.45 \overline{) 4.79}$

4 6.9 L の重さが 8.27 kg の油があります。
この油 1 L の重さは約何 kg でしょうか。商は四捨五入して、上から2けたのがい数で求めましょう。 教科書 92ページ 10

（　　　）

5 42.5 cm のテープから 3.5 cm のテープは何本とれて、何 cm あまるでしょうか。 教科書 93ページ 11

（　　　）

ヒント　3 5 答えの確(たし)かめは、わる数×商＋あまり＝わられる数　でします。

倍の計算

学習日　月　日

教科書 94～96ページ　答え 16ページ

次の□にあてはまる数を書きましょう。

めあて 何倍かを表す数が小数のときでも、倍を使った計算ができるようにしよう。 練習 1 2 3 →

小数の倍

何倍かを表す数は小数で表すこともできます。

また、何倍かを表す数が小数のときも、何倍かにあたる大きさは、もとにする大きさに倍を表す数をかけると求められます。

1 マラソン大会で、6年生は 3.6 km、5年生は 2.4 km、4年生は 1.2 km 走りました。
6年生は5年生の何倍の道のりを走ったでしょうか。
また、4年生は5年生の何倍の道のりを走ったでしょうか。

解き方 どちらももとにする大きさは 2.4 km です。

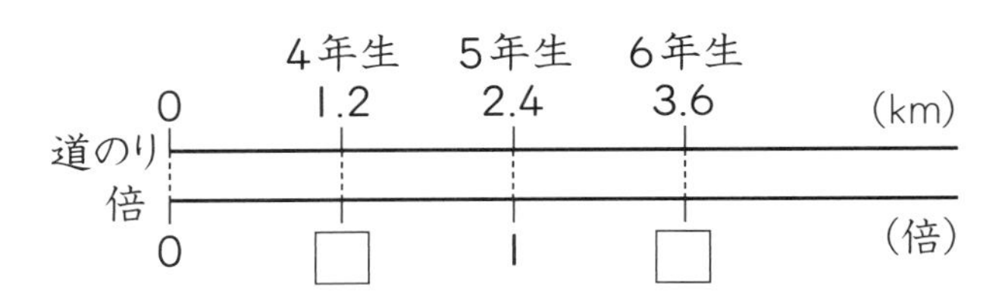

2.4 km を 1 とみたとき、
3.6 km と 1.2 km が
どれだけにあたるかを求めるよ。

6年生　3.6÷2.4= ①□　　答え ②□ 倍

4年生　1.2÷2.4= ③□　　答え ④□ 倍

2 こうじさんの体重は 35 kg で、これは弟の体重の 1.4 倍だそうです。
弟の体重は何 kg でしょうか。

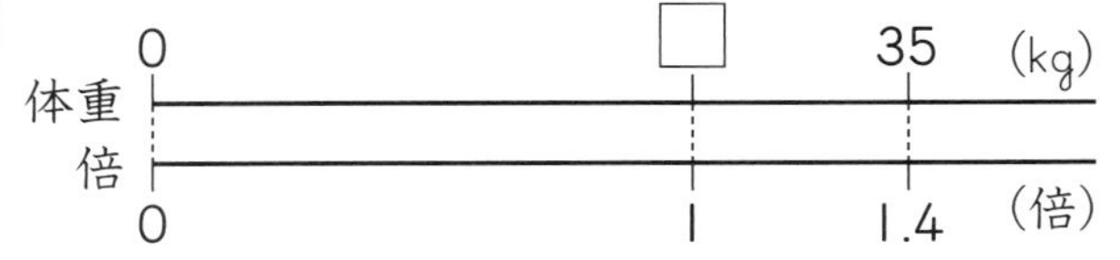

弟の体重を□kg としてかけ算の式に表し、□にあてはまる数を求めます。

□×1.4=35
　□=35÷□
　　=□

答え □ kg

弟の体重を 1 とみたとき、
こうじさんの体重 35 kg が
1.4 にあたるんだね。

1 ゆみさんの家から駅までの道のりは 1.5 km で、市役所までの道のりは駅までの道のりの 1.8 倍です。また、学校までの道のりは駅までの道のりの 0.4 倍です。 教科書 94ページ 12

① ゆみさんの家から市役所までの道のりは何 km でしょうか。

(　　　　)

② ゆみさんの家から学校までの道のりは何 km でしょうか。

(　　　　)

よくよんで

2 あずきが 2.4 kg、米が 6 kg、だいずが 1.8 kg あります。 教科書 94ページ 13

① 米の重さはあずきの重さの何倍でしょうか。

(　　　　)

② だいずの重さはあずきの重さの何倍でしょうか。

(　　　　)

3 みさきさんの学校の 5 年生の人数は 91 人です。これは、2 年生の人数の 1.3 倍だそうです。みさきさんの学校の 2 年生は何人でしょうか。 教科書 96ページ 14

まず、□を使って
かけ算の式に表そう。

(　　　　)

ヒント ❸ 2年生の人数を□人とすると、□×1.3＝91 という式で表せます。

6 小数のわり算

教科書 82〜98ページ　答え 16ページ

知識・技能 ／84点

1 よく出る 計算をしましょう。　各4点(36点)

① $56\div1.6$　② $9.8\div2.8$　③ $9.9\div4.5$

④ $48.1\div3.7$　⑤ $6\div2.4$　⑥ $4.92\div0.6$

⑦ $16.2\div2.16$　⑧ $8.4\div0.28$　⑨ $8.194\div4.82$

2 商がわられる数より大きくなる式を、すべて選びましょう。　(4点)

㋐ $1\div0.8$　㋑ $1.4\div2.5$　㋒ $8.4\div1.2$　㋓ $0.2\div0.04$

(　　　　)

3 商は四捨五入(ししゃごにゅう)して、上から2けたのがい数で求めましょう。　各6点(18点)

① $9.7\overline{)8}$　② $2.2\overline{)4.1}$　③ $3.8\overline{)2.69}$

(　　　　)　(　　　　)　(　　　　)

4 よく出る 商は一の位まで求め、あまりも出しましょう。　各3点(18点)

① $2.4\overline{)\,67}$　(　　)

② $1.9\overline{)\,48}$　(　　)

③ $3.7\overline{)\,40.9}$　(　　)

④ $9.3\overline{)\,35.1}$　(　　)

⑤ $0.7\overline{)\,4.31}$　(　　)

⑥ $0.9\overline{)\,8.45}$　(　　)

この本の終わりにある「夏のチャレンジテスト」をやってみよう！

5 8.69 m のテープを 1.4 m ずつ切っていきます。
1.4 m のテープは何本できて、何 m あまるでしょうか。　式・答え 各4点(8点)

式

答え (　　)

思考・判断・表現　／16点

6 よく出る A、B、Cのマラソンコースがあります。Aのコースの長さは 3.6 km、Cのコースの長さは 1.5 km です。　式・答え 各4点(16点)

① Aのコースは、Cのコースの何倍の長さでしょうか。

式

答え (　　)

② BのコースはCのコースの 1.8 倍の長さです。
Bのコースは何 km でしょうか。

式

答え (　　)

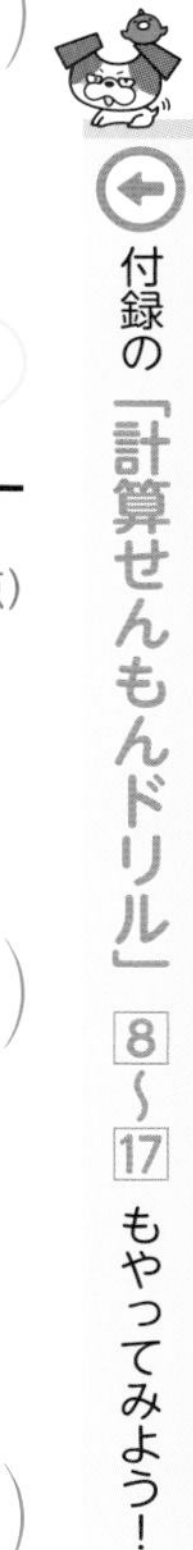

ふりかえり　**1**①～⑤がわからないときは、36 ページの**1**にもどって確にんしてみよう。

ぴったり1 準備 3分でまとめ

7 整数の見方

偶数と奇数

学習日 月 日

教科書 101～104ページ 答え 17ページ

次の□にあてはまる言葉や数を書きましょう。

めあて 偶数(ぐうすう)、奇数(きすう)がどんな数かを整理しよう。 練習 1 2

偶数、奇数

2でわったとき、わりきれる整数を**偶数**といい、あまりが1になる整数を**奇数**といいます。

偶数と奇数は、それぞれ次のような式に表すことができます。

偶数　2×□　　奇数　2×□＋1

偶数は
8＝2×4、10＝2×5
奇数は
9＝2×4＋1、11＝2×5＋1
などと表せるよ。

1 この本では、いちばん下にページの数が書いてあります。
左ページの数は偶数、奇数のどちらでしょうか。また、右ページの数はどちらでしょうか。

解き方 ページの数を2でわって調べます。

● 左ページの数は、2、4、6、8、10、12、14、……
これらは、わりきれる整数だから、□です。

● 右ページの数は、3、5、7、9、11、13、15、……
これらは、あまりが1になる整数だから、□です。

めあて 整数を、偶数と奇数に分けられるようにしよう。 練習 3 4

数直線の上では、偶数と奇数は1つおきにならんでいます。
0は偶数です。
すべての整数は、偶数か奇数のどちらかに分けることができます。

0 1 2 3 4 5 6 7 8 9 10 11 12 13 14 15 16 17 18 19 20 21 22

2 19、32、81、150を偶数と奇数に分けましょう。

解き方 一の位の数字で見分けます。

一の位の数字が0、2、4、6、8→偶数
一の位の数字が1、3、5、7、9→奇数

● 19……一の位の数字が9だから、奇数
● 32……一の位の数字が2だから、①□
● 81……一の位の数字が1だから、②□
● 150…一の位の数字が0だから、③□

答え　偶数…32、④□　　奇数…19、⑤□

偶数は、一の位が
0、2、4、6、8の
どれかだね。

練習

★できた問題には、「た」をかこう！★

でき 1 でき 2 でき 3 でき 4

学習日 月 日

教科書 101～104ページ　答え 17ページ

1 □にあてはまる言葉を書きましょう。　教科書 101ページ 1

① 2でわったとき、わりきれる整数を□、あまりが1になる整数を□といいます。

② 12＝2×6と表せるので、12は□です。

また、17＝2×8＋1と表せるので、17は□です。

2 運動会で、1歩めは左足からふみ出して、2歩めは右足、3歩めは左足、……のように行進します。　教科書 101ページ 1

① 左足の歩数は偶数、奇数のどちらでしょうか。

また、右足の歩数は偶数、奇数のどちらでしょうか。

左足（　　）　右足（　　）

② 7歩めは、どちらの足になるでしょうか。

（　　）

③ 50歩めは、どちらの足になるでしょうか。

（　　）

3 次の整数を、偶数と奇数に分けましょう。　教科書 103ページ ◇2

0　26　47　104　283　1569

偶数（　　）　奇数（　　）

4 偶数と奇数の和は、偶数になりますか。奇数になりますか。　教科書 104ページ 2

（　　）

ヒント　3 一の位の数字で見分けます。

倍数

学習日　月　日

教科書 105～110ページ　答え 17ページ

次の□にあてはまる数を書きましょう。

めあて 倍数(ばいすう)がどんな数かを理解(りかい)しよう。　練習 1→

倍数

ある整数を整数倍してできる数を、もとの整数の**倍数**といいます。

3×1＝3 ←3の倍数
3×2＝6
3×3＝9
3×4＝12
⋮　⋮

ある整数の倍数は
いくつもあるよ。

0は倍数には
入れないよ。

1　7の倍数を、小さい順に5つ書きましょう。

解き方　7を1倍、2倍、3倍、4倍、5倍します。
（→0倍は考えない）

7×1＝7、7×2＝14、7×3＝21、7×4＝28、7×5＝35 だから、
7、□、□、□、35 です。

めあて 公倍数(こうばいすう)と最小公倍数(さいしょうこうばいすう)を理解しよう。　練習 2 3 4→

公倍数と最小公倍数

いくつかの整数に共通な倍数を、それらの整数の**公倍数**といいます。

2の倍数　2、4、6、8、10、12、14、16、18、20、22、24、26、28、……
3の倍数　3、6、9、12、15、18、21、24、27、……

2と3の公倍数は6、12、18、24、……

公倍数のうち、いちばん小さい公倍数を**最小公倍数**といいます。

2　3と4の公倍数を、小さい順に3つ書きましょう。

解き方　3の倍数　3、6、9、12、15、18、21、24、27、30、33、36、39、……
4の倍数　4、8、12、16、20、24、28、32、36、40、……

となりますから、公倍数は、12、①□、②□です。

また、4の倍数を3でわって、わりきれるものをさがす方法もあります。
（→大きいほうの倍数）

4、8、12、16、20、24、28、32、36、40、……
×　×　○　×　×　○　×　×　○　×　　○わりきれる　×わりきれない

答え　12、③□、④□

1 次の数の倍数を、小さい順に3つずつ書きましょう。 教科書 105ページ 3

① 6 （　　　）

② 8 （　　　）

③ 10 （　　　）

④ 11 （　　　）

2 （　）の中の数の公倍数を、小さい順に3つずつ書きましょう。 教科書 107ページ 4

① （3、5） （　　　）

② （4、10） （　　　）

③ （3、4、8） （　　　）

④ （5、6、10） （　　　）

3 （　）の中の数の最小公倍数を求めましょう。 教科書 107ページ 4、108ページ 5

① （5、8） （　　　）

② （9、12） （　　　）

③ （10、12、15） （　　　）

4 たて9cm、横6cmの長方形のタイルを同じ向きにすき間なくならべて、できるだけ小さい正方形を作ります。

正方形の1辺の長さは何cmになるでしょうか。 教科書 109ページ 6

（　　　）

ヒント 2 3でわりきれる数が3の倍数、4でわりきれる数が4の倍数です。

学習日　月　日

約数

教科書 111～114ページ　答え 18ページ

次の□にあてはまる数を書きましょう。

めあて 約数とはどんな数か理解しよう。

練習 1→

約数　ある整数をわりきることのできる整数を、もとの整数の**約数**といいます。
8は、1、2、4、8でわりきれるので、8の約数は、1、2、4、8の4つです。
8は、1、2、4、8の倍数になっています。

1　15の約数をすべて書きましょう。

解き方　15がどんな数でわりきれるかを調べます。15は、1、①□、②□、15でわりきれるから、15の約数は1、③□、④□、15です。

めあて 公約数と最大公約数を理解しよう。

練習 2 3→

いくつかの整数に共通な約数を、それらの整数の**公約数**といいます。

12の約数　1、2、3、4、6、12
18の約数　1、2、3、6、9、18

12と18の公約数は、1、2、3、6

公約数のうち、いちばん大きい公約数を**最大公約数**といいます。

2　16と20の公約数をすべて書きましょう。

解き方　16の約数と20の約数を順に調べて、共通な数を見つけます。
16の約数　1、2、①□、②□、16
20の約数　1、2、③□、④□、10、20　　公約数は1、2、⑤□です。

めあて 約数を使って問題を解けるようにしよう。

練習 4→

長方形の紙などを切り分けて正方形をつくる問題は、長方形のたての長さと横の長さの公約数を利用します。

3　右のような、たて18 cm、横24 cmの長方形の工作用紙を線にそって、すべて同じ大きさの正方形に切り分けます。あまりがないようできるだけ大きい正方形に切り分けるには、1辺の長さは何cmにすればよいでしょうか。

1cm
1cm

解き方　できるだけ大きい正方形に切り分けるには、1辺の長さを18 cmと24 cmの公約数にします。
18と24の最大公約数を求めると、□cmになります。

ぴったり2

練習

★できた問題には、「た」をかこう！★

① でき ② でき ③ でき ④ でき

学習日 月 日

教科書 111～114ページ　答え 18ページ

1 次の数の約数をすべて書きましょう。 教科書 111ページ7

① 9　② 21　③ 32

(　　) (　　) (　　)

2 (　)の中の数の公約数をすべて書きましょう。 教科書 113ページ8

① (7、14)　② (16、28)

(　　) (　　)

③ (15、25)　④ (14、35)

(　　) (　　)

3 (　)の中の数の最大公約数を求めましょう。 教科書 113ページ8

① (6、21)　② (16、18)

(　　) (　　)

4 お茶が28本とおにぎりが42個(こ)あります。それぞれあまりがないように、同じ数ずつ分けて、お茶とおにぎりが入ったふくろを作ります。

できるだけ多くのふくろに分けるには、ふくろの数をいくつにすればよいでしょうか。

教科書 114ページ9

(　　)

ヒント

4 あまりがないように分けるには、28と42の公約数にする必要があります。

ぴったり3 確かめのテスト

7 整数の見方

時間 30 分

／100

合格 80 点

教科書 101～116 ページ　答え 19 ページ

知識・技能

／61点

1 よく出る 偶数(ぐうすう)には○、奇数(きすう)には×をつけましょう。　各3点(9点)

① 30　② 205　③ 778

(　　)　(　　)　(　　)

2 次の数の倍数(ばいすう)を、小さい順に5つずつ書きましょう。　各5点(10点)

① 9　② 13

(　　)　(　　)

3 次の数の約数(やくすう)を、すべて書きましょう。　各5点(10点)

① 30　② 42

(　　)　(　　)

4 よく出る (　)の中の数の公倍数(こうばいすう)を、小さい順に3つずつ書きましょう。
また、最小公倍数(さいしょうこうばいすう)を求めましょう。　各4点(16点)

① (5、7)

公倍数 (　　)

最小公倍数 (　　)

② (8、10)

公倍数 (　　)

最小公倍数 (　　)

5 よく出る (　)の中の数の公約数(こうやくすう)をすべて書きましょう。
また、最大公約数(さいだいこうやくすう)を求めましょう。　各4点(16点)

① (16、40)

公約数 (　　)

最大公約数 (　　)

② (18、45)

公約数 (　　)

最大公約数 (　　)

学習日　　月　　日

思考・判断・表現

／39点

できたらスゴイ！

6 西山駅から電車とバスが発車しています。電車は6分ごと、バスは10分ごとに駅を発車します。

午前9時に、電車とバスが同時に発車した後、次に同時に発車するのは、何時何分でしょうか。

(9点)

(　　　　)

できたらスゴイ！

7 **たて 24 cm、横 42 cm の長方形の紙を同じ大きさの正方形に切り分け、紙があまらないようにします。**

各5点(10点)

① できるだけ大きい正方形に切り分けるには、1辺の長さを何 cm にすればよいでしょうか。

(　　　　)

② ①のとき、切り分けた正方形は全部で何まいになるでしょうか。

(　　　　)

8 下のあからうのうち、必ず偶数になるものを選びましょう。

(10点)

あ　5の倍数　　い　6の倍数　　う　18 の約数

(　　　　)

9 8(偶数)と3(奇数)の和が奇数になるわけを説明します。

□にあてはまる数や言葉を書きましょう。

全部できて10点(10点)

8＝2×4

3＝2×1＋□

8＋3＝2×4＋2×1＋□

　＝2×(4＋1)＋□

　＝2×□＋□

2×5は偶数になるので、2×5＋1は□になります。

1がわからないときは、44 ページの2にもどって確にんしてみよう。

学習日　月　日

分数の大きさ／約分／通分

教科書 117～122ページ　答え 20ページ

次の□にあてはまる数を書きましょう。

めあて 大きさの等しい分数がわかるようにしよう。　練習 1→

分数の性質

分数の分母と分子に同じ数をかけても、分母と分子を同じ数でわっても、分数の大きさは変わりません。

$\frac{○}{△}=\frac{○×□}{△×□}$　$\frac{○}{△}=\frac{○÷□}{△÷□}$

1 $\frac{3}{7}$と大きさの等しい分数を、分母の小さい順に3つ書きましょう。

解き方 分母と分子に2、3、4を、それぞれかけます。

$\frac{3}{7}\underset{×2}{\overset{×2}{=}}\frac{□}{14}=\frac{9}{□}=\frac{□}{28}$（×3、×4）

答え $\frac{6}{14}$、$\frac{9}{21}$、$\frac{12}{28}$

めあて 約分や通分ができるようにしよう。　練習 2 3 4→

約分

分数の分母と分子をそれらの公約数でわって、分母の小さい分数にすることを、**約分**するといいます。

約分するときは、ふつう、分母と分子をできるだけ小さい整数にします。

通分

分母のちがう分数を、大きさを変えないで共通な分母の分数にすることを、**通分**するといいます。

2 $\frac{18}{24}$を約分しましょう。

解き方 分母24と分子18の公約数は、1、2、3、6

$\frac{18}{24}\underset{÷2}{\overset{÷2}{=}}\frac{9}{□}\underset{÷3}{\overset{÷3}{=}}\frac{3}{□}$

最大公約数でわる

$\frac{18}{24}\underset{÷6}{\overset{÷6}{=}}\frac{□}{4}$　答え $\frac{3}{4}$

最大公約数でわると
1回ですむね。

3 $\frac{5}{6}$と$\frac{13}{15}$を通分しましょう。

解き方 まず、6と15の公倍数を見つけ、共通な分母を求めます。

共通な分母を最小公倍数にすると、分母の最も小さい分数になります。

$\frac{5}{6}\underset{×5}{\overset{×5}{=}}\frac{□}{30}$　$\frac{13}{15}\underset{×2}{\overset{×2}{=}}\frac{26}{□}$

答え $\frac{25}{30}$、$\frac{26}{30}$

★できた問題には、「た」をかこう！★

できた ❶ できた ❷ できた ❸ できた ❹

学習日　月　日

教科書 117〜122 ページ　答え 20 ページ

1 次の分数はそれぞれ大きさの等しい分数です。□にあてはまる数を書きましょう。

教科書 118 ページ 1

① $\frac{4}{5}=\frac{8}{\square}=\frac{\square}{15}=\frac{\square}{20}$

② $\frac{2}{\square}=\frac{\square}{18}=\frac{6}{\square}=\frac{10}{45}$

2 約分しましょう。

教科書 120 ページ 2

① $\frac{4}{28}$　(　　)

② $\frac{6}{27}$　(　　)

③ $\frac{25}{30}$　(　　)

④ $\frac{32}{56}$　(　　)

⑤ $\frac{35}{21}$　(　　)

⑥ $2\frac{42}{54}$　(　　)

3 数の大小を比(くら)べて、□にあてはまる不等号を書きましょう。

教科書 121 ページ 3

① $\frac{2}{3}\ \square\ \frac{5}{7}$

② $\frac{3}{4}\ \square\ \frac{5}{6}$

③ $\frac{11}{10}\ \square\ \frac{16}{15}$

4 通分しましょう。

教科書 122 ページ 4

① $\left(\frac{1}{2}、\frac{2}{5}\right)$　(　　)

② $\left(\frac{1}{3}、\frac{2}{9}\right)$　(　　)

③ $\left(1\frac{1}{4}、1\frac{9}{10}\right)$　(　　)

④ $\left(\frac{3}{8}、\frac{5}{12}、\frac{7}{16}\right)$　(　　)

ヒント

2 ⑥　帯分数を約分するときには、整数部分はそのままにして、分数部分を約分します。

ぴったり1 準備

分数のたし算とひき算

学習日 月 日

教科書 123〜127ページ　答え 20ページ

次の□にあてはまる数を書きましょう。

めあて 分母のちがう分数のたし算ができるようにしよう。

練習 1 2 →

分数のたし算

分母のちがう分数のたし算は、通分（つうぶん）してから計算します。

$$\frac{1}{3}+\frac{1}{5}=\frac{5}{15}+\frac{3}{15}=\frac{8}{15}$$

3と5の最小公倍数は15

1 計算をしましょう。

(1) $\frac{1}{4}+\frac{1}{6}$　(2) $\frac{2}{3}+\frac{8}{15}$　(3) $1\frac{3}{8}+2\frac{5}{12}$

解き方 まず、通分して分母をそろえてから計算します。

(1) $\frac{1}{4}+\frac{1}{6}$

$=\frac{3}{\square}+\frac{2}{\square}$

$=\frac{5}{\square}$

(2) $\frac{2}{3}+\frac{8}{15}$

$=\frac{\square}{15}+\frac{8}{15}$

$=\frac{\cancel{18}^{6}}{\cancel{15}_{5}}=1\frac{\square}{\square}$

(3) $1\frac{3}{8}+2\frac{5}{12}$

$=1\frac{9}{\square}+2\frac{10}{\square}$

$=3\frac{19}{\square}$

めあて 分母のちがう分数のひき算ができるようにしよう。

練習 3 4 5 →

分数のひき算

分母のちがう分数のひき算も、通分してから計算します。

また、3つ以上の分数のたし算、ひき算も、すべての分数を通分してから計算します。

$$\frac{1}{3}-\frac{1}{9}=\frac{3}{9}-\frac{1}{9}=\frac{2}{9}$$

3と9の最小公倍数は9

$$\frac{1}{3}+\frac{7}{9}-\frac{5}{6}=\frac{6}{18}+\frac{14}{18}-\frac{15}{18}=\frac{5}{18}$$

3と9と6の最小公倍数は18

2 計算をしましょう。

(1) $\frac{5}{8}-\frac{7}{12}$　(2) $3\frac{1}{3}-1\frac{5}{6}$　(3) $\frac{3}{4}-\frac{2}{3}+\frac{5}{6}$

解き方 まず、通分して分母をそろえてから計算します。

(1) $\frac{5}{8}-\frac{7}{12}$

$=\frac{15}{\square}-\frac{14}{\square}$

$=\frac{1}{\square}$

(2) $3\frac{1}{3}-1\frac{5}{6}=3\frac{2}{6}-1\frac{5}{6}$

$=2\frac{\square}{6}-1\frac{5}{6}$

$=1\frac{\cancel{3}^{1}}{\cancel{6}_{2}}=1\frac{\square}{\square}$

(3) $\frac{3}{4}-\frac{2}{3}+\frac{5}{6}$

$=\frac{9}{12}-\frac{8}{\square}+\frac{\square}{12}$

$=\frac{11}{\square}$

ぴったり2

練習

★できた問題には、「た」をかこう！★

でき 1　でき 2　でき 3　でき 4　でき 5

学習日　月　日

教科書 123～127ページ　答え 21ページ

1 計算をしましょう。
教科書 123ページ 5

① $\frac{1}{2}+\frac{1}{5}$　② $\frac{1}{6}+\frac{3}{8}$　③ $\frac{2}{3}+\frac{8}{5}$

2 計算をしましょう。
教科書 125ページ 6・7

① $\frac{3}{4}+\frac{1}{12}$　② $\frac{3}{20}+\frac{1}{10}$　③ $\frac{9}{5}+\frac{13}{15}$

④ $1\frac{5}{6}+\frac{4}{9}$　⑤ $1\frac{3}{10}+1\frac{1}{5}$　⑥ $2\frac{3}{14}+1\frac{13}{21}$

3 計算をしましょう。
教科書 126ページ 8

① $\frac{1}{3}-\frac{1}{7}$　② $\frac{7}{10}-\frac{1}{2}$　③ $\frac{7}{6}-\frac{4}{9}$

4 計算をしましょう。
教科書 127ページ 9

① $1\frac{2}{15}-\frac{7}{12}$　② $2\frac{1}{5}-1\frac{3}{10}$　③ $3\frac{1}{4}-1\frac{5}{12}$

5 計算をしましょう。
教科書 127ページ 10

① $\frac{5}{6}+\frac{7}{10}-\frac{4}{5}$　② $\frac{7}{9}-\frac{1}{6}+\frac{11}{12}$　③ $1\frac{3}{4}-\frac{2}{3}-\frac{1}{2}$

ヒント

4 帯分数のひき算で、分数部分がひけないときは、ひかれる数の分数の整数部分を1だけ分数になおし、仮分数（かぶんすう）にして計算します。

8 分数の大きさと たし算、ひき算

教科書 117～129ページ　答え 22ページ

知識・技能　／84点

1 大きさの等しい分数を分母の小さい順に３つずつ書きましょう。　各4点(8点)

① $\frac{1}{6}$　(　　　)

② $\frac{4}{9}$　(　　　)

2 よく出る 約分（やくぶん）しましょう。　各4点(12点)

① $\frac{7}{56}$　(　　　)

② $\frac{12}{44}$　(　　　)

③ $\frac{24}{54}$　(　　　)

3 よく出る 数の大小を比（くら）べて、□にあてはまる不等号を書きましょう。　各4点(8点)

① $\frac{2}{3}$ □ $\frac{5}{8}$

② $\frac{5}{7}$ □ $\frac{3}{4}$

4 よく出る (　)の中の分数を通分（つうぶん）しましょう。　各4点(16点)

① $\left(\frac{1}{3}、\frac{2}{5}\right)$　(　　　)

② $\left(\frac{5}{8}、\frac{7}{12}\right)$　(　　　)

③ $\left(\frac{5}{6}、\frac{7}{9}\right)$　(　　　)

④ $\left(\frac{7}{18}、\frac{4}{9}\right)$　(　　　)

5 よく出る 計算をしましょう。

各4点(16点)

① $\frac{1}{4}+\frac{2}{3}$

② $\frac{7}{12}+\frac{2}{3}$

③ $1\frac{3}{8}+\frac{5}{6}$

④ $1\frac{1}{15}+2\frac{1}{3}$

6 よく出る 計算をしましょう。

各4点(24点)

① $\frac{7}{10}-\frac{5}{8}$

② $\frac{13}{14}-\frac{3}{7}$

③ $1\frac{7}{15}-\frac{9}{10}$

④ $3\frac{2}{7}-2\frac{8}{21}$

⑤ $\frac{7}{12}+\frac{5}{9}-\frac{13}{18}$

⑥ $1\frac{3}{4}-\frac{7}{12}-\frac{5}{9}$

思考・判断・表現　／16点

7 水が大きいコップに $\frac{17}{20}$ L、小さいコップに $\frac{5}{6}$ L入っています。

式・答え 各4点(16点)

① 2つのコップの水はあわせて何Lでしょうか。

式

答え（　　　）

② ちがいは何Lでしょうか。

式

答え（　　　）

付録の「計算せんもんドリル」18～32もやってみよう！

ふりかえり 1がわからないときは、52ページの1にもどって確(かく)にんしてみよう。

次の□にあてはまる数を書きましょう。

めあて 平均が求められるようにしよう。 練習 1 2→

平均

いくつかの数や量を等しい大きさになるようにならしたものを、もとの数や量の**平均**といいます。

平均＝合計÷個数

1 下の表は、みきさんの家で｜週間に飲んだ牛乳の量を表しています。
｜日に平均何 mL の牛乳を飲んだでしょうか。

飲んだ牛乳の量

曜日	日	月	火	水	木	金	土
牛乳の量(mL)	1000	700	600	750	700	900	950

解き方 牛乳の量の合計を求めます。

1000＋700＋600＋750＋700＋900＋950＝□

7日間なので、7でわります。

□÷7＝□

答え　800 mL

めあて 平均を使って合計を求めることができるようにしよう。 練習 3 4→

平均から合計を求める

平均と個数がわかっていれば、次の式で全体の量の見当をつけることができます。

合計＝平均×個数

2 あつしさんは、ある本を｜日平均｜2ページずつ読んでいたら、｜6日間で読み終わりました。
この本は全部で何ページでしょうか。

解き方 平均のページ数に日数をかけて、

｜2×□＝□

答え　□ページ

｜日平均｜2ページ読んだ
ということは、毎日｜2ページ
ずつ読んだと考えて
式が立てられるね。

1 下のような重さのりんごが6個あります。
りんご1個の重さは、平均何gでしょうか。

教科書 131ページ 1

(　　　　)

2 さりなさんは、6回目の計算テストで94点をとりました。
計算テストの5回目までの平均は、85点でした。
6回目のテストの点数を合わせて、さりなさんの6回の計算テストの平均を求めましょう。

教科書 134ページ 2

(　　　　)

3 ミニトマトが40個あります。そのうち何個かの重さをはかって平均を調べたら21gでした。
ミニトマト全部では、何gになると考えられるでしょうか。

教科書 133ページ ②

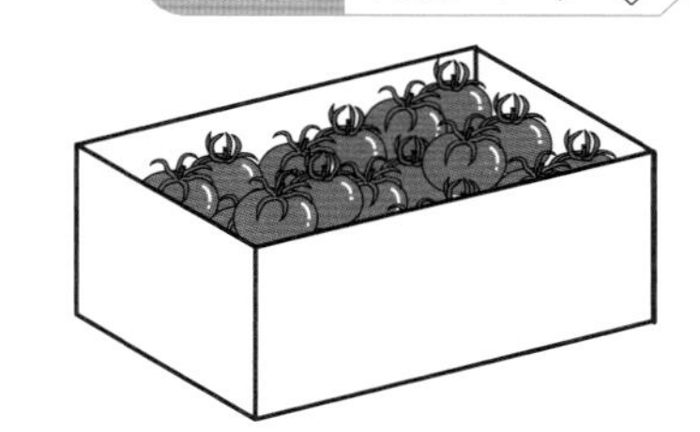

(　　　　)

4 **下の表は、まさきさんの家で1日に食べる米の量を調べたものです。**

教科書 133ページ ③

食べる米の量調べ

曜日	月	火	水	木	金	土	日
米の量(kg)	1.4	1.7	1.4	1.8	1.6	1.9	1.5

① 1日に食べる米の量は、平均何kgでしょうか。四捨五入(ししゃごにゅう)して、$\frac{1}{10}$の位までのがい数で求めましょう。

(　　　　)

② ①の答えを使うと、30日間では何kgの米を食べると考えられるでしょうか。

(　　　　)

ヒント　4 ① $\frac{1}{10}$の位までのがい数で求めるから、$\frac{1}{100}$の位を四捨五入します。

ぴったり1 準備

学習日　月　日

9 平均
(平均ー(2))
歩はばを使って長さをはかろう！

教科書 135〜138ページ　答え 23ページ

次の□にあてはまる数を書きましょう。

めあて とびぬけた数があるときの平均（へいきん）の求め方を考えよう。　練習 1→

50mを走るのにかかる時間を知りたいときなど、目的によっては、とびぬけて大きかったり小さかったりする数をふくめないで平均を求める場合があります。

50m走の記録

回数	1回め	2回め	3回め	4回め
記録(秒)	9.26	9.51	19.03	9.38

3回めは転んでしまったよ。

めあて 0がふくまれるときや、平均が小数になる場合も求められるようにしよう。　練習 2→

全体の平均を求めるときは、0の場合もふくめて計算します。

また、サッカーの得点や人数などのようにふつうは小数で表せないものも、平均では小数で表すことがあります。

1 下の表は、ある日の5年生の組ごとの欠席した人の数を表しています。
1つの組で欠席した人の数は、平均何人でしょうか。

5年生の欠席した人の数

組	1組	2組	3組	4組
欠席者(人)	5	4	0	1

解き方 3組の0人もたして、4組分の平均を求めます。

(5＋①□＋②□＋③□)÷4＝④□

1組　2組　3組　4組

人数でも小数

答え　2.5人

式は、(5＋4＋1)÷3になるのかな。

めあて 平均の歩はばを求めて、およその道のりがわかるようにしよう。　練習 3→

歩はばを使った長さ調べ

10歩（ぽ）歩いた長さを調べ、10歩分でわると、歩はばの平均が求められます。

歩はばの平均の何歩分かで、およその歩いた道のりがわかります。

34歩歩いた長さは、0.5×34＝17で約17mだね。

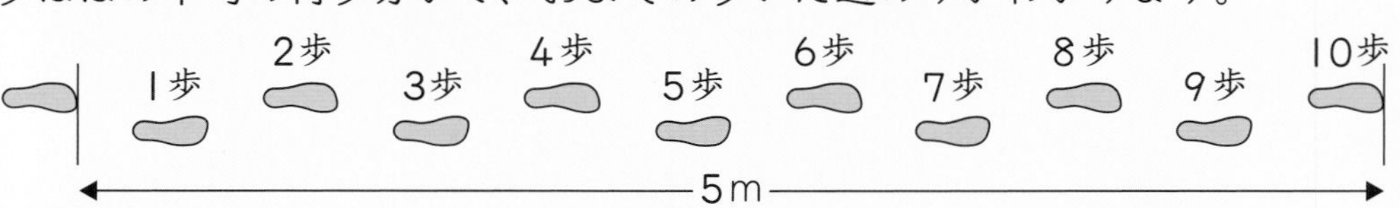

5÷10＝0.5

10歩歩いた長さ5m　歩数　歩はばの平均

★できた問題には、「た」をかこう！★

できる 1 できる 2 できる 3

学習日 月 日

教科書 135〜138ページ 答え 23ページ

1 下の表は、りえさんが平熱を調べるために測った体温を表しています。りえさんの平熱は、平均何度といえるでしょうか。

教科書 135ページ 3

曜日	月	火	水	木	金
体温(度)	36.3	36.0	36.1	38.8	36.4

木曜日は
かぜをひいているよ。

(　　　　)

よくよんで

2 玉入れゲームをしました。しんやさんのチームは4回玉入れをして、平均が3.5個でした。5回めのゲームをしたところ、玉は1つも入らず0個でした。
5回のゲームの平均は、何個になったでしょうか。

教科書 136ページ 4

(　　　　)

3 まさるさんが10歩歩いた長さは5.5mでした。

教科書 138ページ

① 歩はばは、平均何mでしょうか。

(　　　　)

② まさるさんがいろいろな場所を歩いてはかったら、歩数は次のようになりました。
それぞれのおよその長さは何mでしょうか。答えは整数で求めましょう。

㋐ ろう下の長さ……115歩

(　　　　)

㋑ トラック1周……360歩

(　　　　)

㋒ 家から学校まで……1278歩

(　　　　)

9 平均

時間 30 分

／100

合格 80 点

教科書 130〜140 ページ　答え 23 ページ

知識・技能

／60点

1 よく出る 下の表は、まゆみさんとさやかさんが1週間に読書した時間を表しています。

式・答え 各5点(20点)

読書した時間(分)

曜日	日	月	火	水	木	金	土
まゆみ	40	25	20	35	20	30	40
さやか	60	15	30	40	0	45	55

① まゆみさんは、1日に平均(へいきん)何分読書したでしょうか。

式

答え (　　　)

② さやかさんは、1日に平均何分読書したでしょうか。

式

答え (　　　)

2 たまごが50個(こ)あります。そのうち何個かの重さをはかって平均を調べたら、64gでした。たまご全部では、何gになると考えられるでしょうか。

式・答え 各5点(10点)

式

答え (　　　)

3 まさきさんが入っている少年野球チームの夏の大会の6試合の得点(とくてん)は、下の表のとおりでした。

1試合の得点は、平均何点でしょうか。

式・答え 各5点(10点)

夏の大会の6試合の得点

試合	第1試合	第2試合	第3試合	第4試合	第5試合	第6試合
得点(点)	7	3	0	5	0	6

式

答え (　　　)

4 たくやさんの10歩歩いた長さは6.2 mありました。また、たくやさんが公園の周りを歩いたら645歩ありました。

式・答え 各5点(20点)

① 1歩の歩はばの平均は、何mでしょうか。

式

答え（　　　）

② 公園の周りは、約何mでしょうか。四捨五入して、整数で求めましょう。

式

答え（　　　）

思考・判断・表現　／40点

5 あみさんは、全部で288ページある本を読んでいます。5日間で90ページ読みました。

式・答え 各5点(20点)

① 1日に読んだページ数は、平均何ページでしょうか。

式

答え（　　　）

② このまま読み続けると、本を読み終わるまでに全部で何日かかるでしょうか。

式

答え（　　　）

6 ひろとさんの計算テストの4回めまでの点数は、下の表のとおりです。　式・答え 各5点(20点)

計算テスト(回)	1	2	3	4	5
点数　(点)	92	80	78	84	

① 4回めまでの計算テストの平均点は、何点でしょうか。

式

答え（　　　）

② 平均点を85点以上にするには、5回めの計算テストで何点以上をとればよいでしょうか。

式

答え（　　　）

1がわからないときは、58ページの1にもどって確にんしよう。

学習日　　月　　日

単位量あたりの大きさ

教科書 142～145ページ　答え 24ページ

次の□にあてはまる数や記号を書きましょう。

めあて 単位量(たんいりょう)あたりの大きさで比(くら)べられるようにしよう。　練習 1 2 3 4→

単位量あたりの大きさ

こみぐあいのように、そのままでは比べることのできない数や量は、$1\,m^2$ あたりの人数や1人あたりの面積など、**単位量あたりの大きさ**で比べることができます。

面積か人数、
どちらか一方の量を
そろえれば、
もう一方の量で比べ
られます。

1 右の表は5年1組と2組の花だんの面積と、植えてあるなえの数を表しています。
2つの花だんのこみぐあいを比べましょう。

花だんの面積となえの数

	面積(m^2)	なえ(本)
1組	10	80
2組	12	100

解き方 ● $1\,m^2$ あたりのなえの数を比べます。
$1\,m^2$ あたりの数なので、なえの数を面積でわります。
1組　80÷10=①□(本)
2組　100÷②□=8.3…(本)
（$1\,m^2$ あたりのなえの数が多いほうがこんでいます。）

● 1本あたりの面積を比べます。
1本あたりの面積なので、面積をなえの数でわります。
1組　10÷80=③□(m^2)
2組　12÷④□=0.12(m^2)
（1本あたりの面積がせまいほうがこんでいます。）

比べる方法は、
$1\,m^2$ あたりの本数にそろえるか、
1本あたりの面積にそろえるか、
2とおりの方法があるね。

答え ⑤□組の花だんのほうがこんでいる。

2 右の表は、あといのバスに乗っている人数とバスのゆかの面積を表しています。
どちらのほうがこんでいるでしょうか。

	人数(人)	面積(m^2)
あ	21	14
い	27	15

解き方 人数を面積でわります。
あ　21÷①□=1.5(人)
い　②□÷15=1.8(人)

面積を人数でわって
比べる方法もあるね。

答え ③□のほうがこんでいる。

ぴったり2

練習

★できた問題には、「た」をかこう！★

でき ① でき ② でき ③ でき ④

学習日 月 日

教科書 142～145ページ　答え 24ページ

1 右の表は、6年1組と2組の水そうに入っている水の量とめだかの数を表しています。
2つの水そうのこみぐあいを比べましょう。

教科書 143ページ 1

水そうの水の量とめだかの数

	水(L)	めだか(ひき)
1組	100	40
2組	80	25

(　　　　　　)

2 南庭、中庭の花だんにきくがさいています。南庭8 m^2 には72本、中庭10 m^2 には80本さいています。
どちらの花だんのほうがこんでいるでしょうか。

教科書 143ページ 1

(　　　　　　)

3 3Lで27 m^2 のゆかをふけるワックスと、4Lで34 m^2 のゆかをふけるワックスがあります。
どちらのワックスのほうが、よくゆかをふけるでしょうか。

教科書 143ページ 1

(　　　　　　)

よくよんで

4 **ちかさんの家では、50 m^2 の畑からさつまいもが63 kgとれました。ゆみさんの家では、80 m^2 の畑からさつまいもが108 kgとれました。**
どちらの畑のほうがよくとれたといえるでしょうか。

教科書 143ページ 1

① 1 m^2 あたりにとれるさつまいもの量で比べましょう。

(　　　　　　)

② 1 kgあたりの畑の面積で比べましょう。

(　　　　　　)

ヒント

③ ワックスの量をふけるゆかの面積でわると、1 m^2 をふける量が求められます。
反対に、ゆかの面積をワックスの量でわると、1Lでふける面積が求められます。

ぴったり1 準備

学習日　月　日

10 単位量あたりの大きさ
（人口密度）
（単位量あたりの大きさを使った問題）

教科書 148～151 ページ　答え 25 ページ

次の□にあてはまる数や記号を書きましょう。

めあて 人口密度（じんこうみつど）を求められるようにしよう。 練習 1→

人口密度　1 km² あたりの人口を**人口密度**といいます。

人口密度＝人口÷面積（km²）

1 右の表は、Ａ市とＢ市の人口と面積を表しています。人口密度を求めて、どちらがこんでいるか調べましょう。

Ａ市とＢ市の人口と面積

	人口（人）	面積（km²）
Ａ市	117600	125
Ｂ市	85100	92

解き方　人口を面積でわります。

Ａ市　117600÷①□＝940.8

Ｂ市　②□÷92＝③□

答え　④□市のほうがこんでいる。

めあて 単位量あたりの大きさと、いくつ分から、全体の量を求められるようにしよう。 練習 2→

単位量あたりの大きさを使って(1)

単位量あたりの大きさと、そのいくつ分かがわかると、全体の量を求めることができます。

（単位量あたりの大きさ）×（いくつ分）＝（全体の量）

2 1 dL あたり 120 g のジュースがあります。4 dL では何 g になるでしょうか。

解き方　（単位量あたりの大きさ）×（いくつ分）＝（全体の量）

□×4＝□

（単位量あたりの大きさ）（いくつ分）（全体の量）

答え　□g

重さ　0　120　□（g）

ジュースの量　0　1　4（dL）

めあて 単位量あたりの大きさと、全体の量から、いくつ分を求められるようにしよう。 練習 3→

単位量あたりの大きさを使って(2)

単位量あたりの大きさと、全体の量がわかると、いくつ分かを求めることができます。

（全体の量）÷（単位量あたりの大きさ）＝（いくつ分）

3 1 dL あたり 120 g のジュースがあります。
このジュース 300 g では何 dL でしょうか。

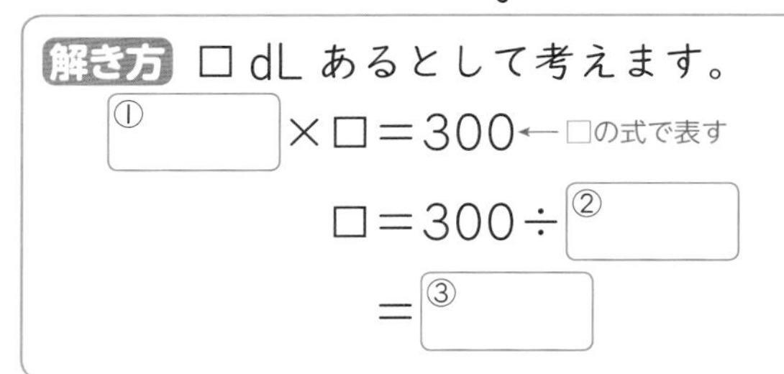

解き方　□dL あるとして考えます。
①□×□＝300←□の式で表す
□＝300÷②□
＝③□

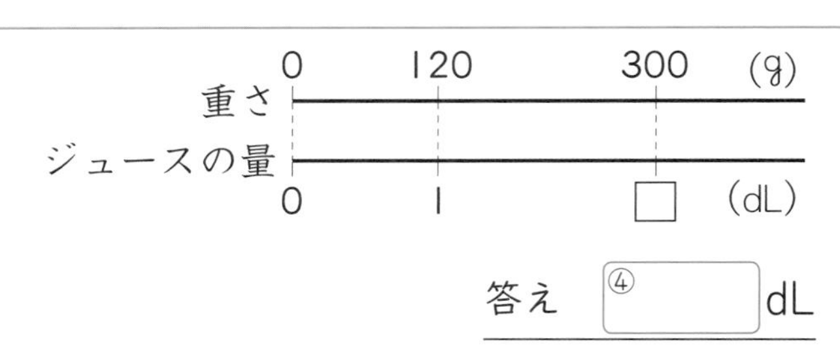

答え　④□dL

1 下の表は、佐賀県と長崎県の人口と面積を表しています。 教科書 148ページ 2

佐賀県、長崎県の人口と面積(2017年)

	人口(万人)	面積(km^2)
佐賀県	82	2440
長崎県	135	4106

① それぞれの人口密度を、四捨五入(ししゃごにゅう)して、一の位までのがい数で求めましょう。

佐賀県（　　　　）　長崎県（　　　　）

② 佐賀県と長崎県では、どちらのほうがこんでいるといえるでしょうか。

（　　　　）

2 ある日の金1gのねだんを調べたら、1300円でした。
この日に金5gを買うと、代金は何円になるでしょうか。 教科書 151ページ 4

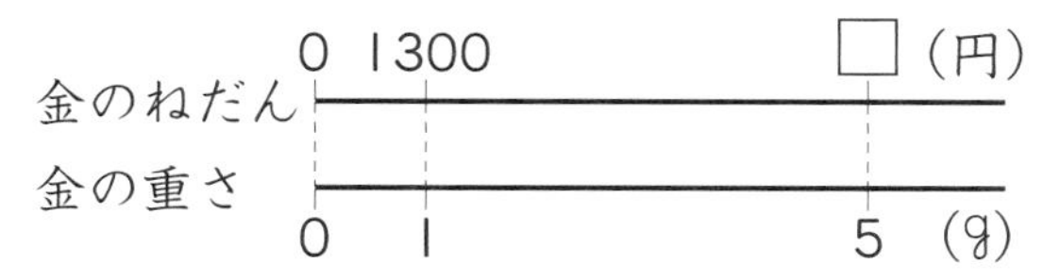

（　　　　）

3 牛乳(ぎゅうにゅう)1dLあたりにたんぱく質(しつ)が3.2gふくまれています。
たんぱく質を8gとるには、牛乳は何dL必要でしょうか。 教科書 151ページ 4

0 3.2 8 (g)
たんぱく質の重さ
牛乳の量
0 1 □ (dL)

（　　　　）

ヒント
3 □の式を立てたとき、単位量あたりの大きさ×□＝全体の量
ならば、□＝全体の量÷単位量あたりの大きさ　になります。

ぴったり1 準備 3分でまとめ

10 単位量あたりの大きさ
速さ (速さを求める)

学習日　月　日

教科書 152〜157ページ　答え 25ページ

次の□にあてはまる数や言葉を書きましょう。

めあて 速さの比べ方がわかるようにしよう。　練習 1 2 →

速さの比べ方

速さは、１分間あたりに進む道のりや、１km 進むのにかかる時間で比べることができます。

1 右の表は、かずやさんとりえさんが自転車で走った道のりと、かかった時間を表しています。
どちらが速く走ったでしょうか。

走った道のりと時間

	道のり(km)	時間(分)
かずや	6	24
りえ	4	20

解き方 解き方１　１分間あたりに進んだ道のりで比べます。

かずや　6÷①□＝②□(km)

りえ　4÷③□＝0.2(km)

１分間あたりに進んだ道のりが長いほうが速い。

解き方２　１km 進むのにかかった時間で比べます。

かずや　24÷④□＝⑤□(分)

りえ　20÷⑥□＝5(分)

１km 進むのにかかった時間が短いほうが速い。

単位量あたりの道のりや時間で比べます。

答え ⑦□さんのほうが速い。

めあて 公式を使って、速さを求めることができるようにしよう。　練習 3 4 →

速さを求める式

速さは、単位の時間に進む道のりで表します。

速さ＝道のり÷時間

速さは、単位とする時間によって、次のように表します。

時速(じそく)……１時間に進む道のりで表した速さ
分速(ふんそく)……１分間に進む道のりで表した速さ
秒速(びょうそく)……１秒間に進む道のりで表した速さ

道のりや時間の単位に気をつけよう。

2 5時間で 360 km 走る電車の時速、分速、秒速を求めましょう。

解き方 時速　360÷①□＝72(km)

分速　72 km を 60 分で走るから、72÷60＝1.2(km)

秒速　1.2 km＝1200 m

1200 m を②□秒で走るから、1200÷③□＝④□(m)

答え　時速 72 km、分速 1.2 km、秒速 ⑤□ m

★できた問題には、「た」をかこう！★

でき 1　でき 2　でき 3　でき 4

学習日　月　日

教科書 152〜157ページ　答え 25ページ

1 右の表は、えみさんたちが家から駅まで自転車で走ったときの、道のりとかかった時間を表しています。

だれがいちばん速く走ったでしょうか。

教科書 153ページ 5

駅までの道のりと時間

	道のり(km)	時間(分)
えみ	5	25
ゆか	7	25
けんた	5	20

(　　　)

2 新幹線(しんかんせん)はやぶさ号は、630 km を3時間で走り、新幹線さくら号は、900 km を4時間で走りました。

はやぶさ号とさくら号は、どちらのほうが速いといえるでしょうか。

理由も説明しましょう。

教科書 155ページ 6

理由 (　　　)

答え (　　　)

3 **ある特急列車は、1350 km を9時間で走りました。**

教科書 156ページ ⑦

① 時速は何 km でしょうか。

(　　　)

② 分速は何 km でしょうか。

(　　　)

よくよんで

4 **3分間で 900 m 走るAさんと、40 秒間で 240 m 走るBさんがいます。**

教科書 157ページ 7

① Aさんの秒速を求めましょう。

(　　　)

② Bさんの分速を求めましょう。

(　　　)

③ AさんとBさんのどちらのほうが速いでしょうか。

(　　　)

ヒント

3 ② 1時間＝60分だから、時速を 60 でわれば分速になります。

4 ② 1分＝60秒だから、秒速を求めて 60 倍すれば分速になります。

(道のりを求める)(時間を求める)

学習日　　月　　日

教科書 158〜159ページ　答え 26ページ

 次の□にあてはまる式や数を書きましょう。

めあて 速さと時間から、道のりを求めることができるようにしよう。　練習 1 2 5 →

道のりの求め方

進む道のりは、速さとかかる時間から、次の式で求められます。

道のり＝速さ×時間

1 自動車が、時速（じそく）50 km で走っています。
この自動車は、4時間で何 km 進むでしょうか。

解き方

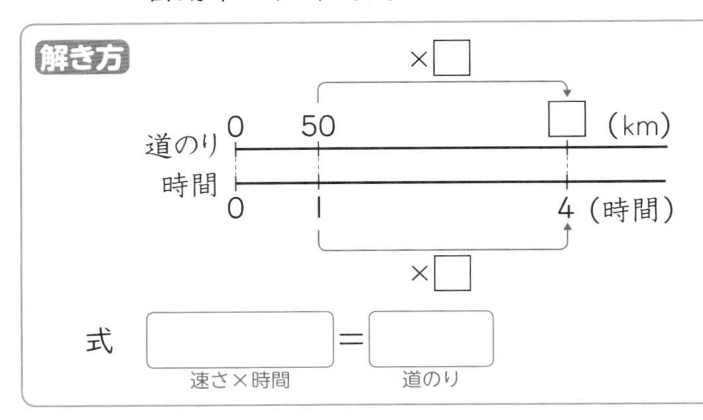

時速 50 km は、
1時間に 50 km
進む速さです。
だから、4時間で
進む道のりは…。

式 □（速さ×時間）＝□（道のり）

答え □ km

めあて 道のりと速さから、時間を求めることができるようにしよう。　練習 3 4 5 →

時間の求め方

かかる時間は、進む道のりと速さから、次の式で求められます。

時間＝道のり÷速さ

2 自動車が、時速 40 km で走っています。
この自動車は、120 km の道のりを進むのに何時間かかるでしょうか。

解き方 □時間かかるとして、道のりを求める式を使いましょう。

×□
道のり 0 40 120 (km)
時間 0 1 □ (時間)
×□

道のりを求める式でも確（たし）かめられるね。
道のり＝速さ×時間

式 40×□＝120（速さ 時間 道のり）

□＝□ ←道のり÷速さ

＝□

答え □ 時間

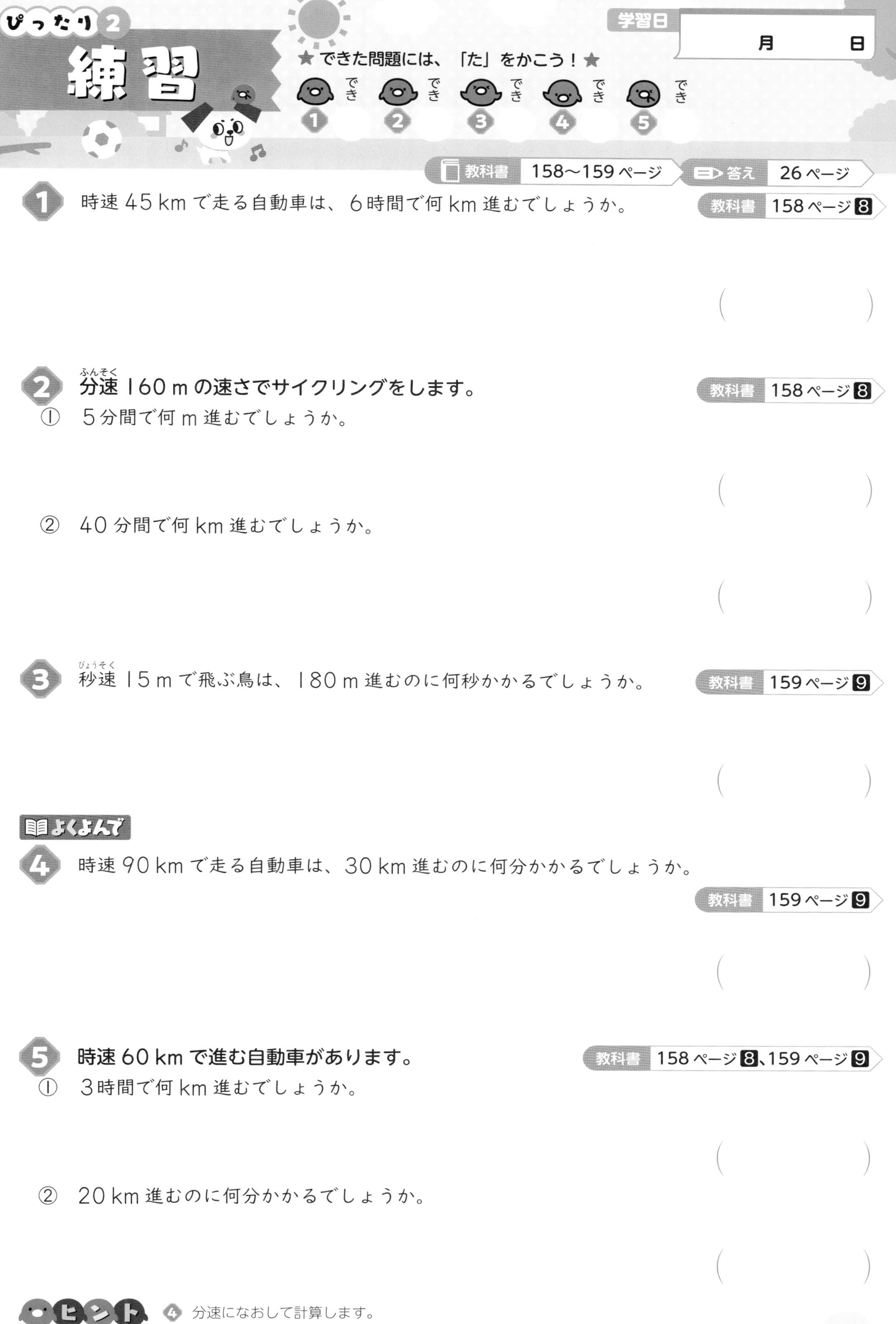

教科書 158〜159ページ　答え 26ページ

1 時速 45 km で走る自動車は、6時間で何 km 進むでしょうか。　教科書 158ページ 8

（　　　　）

2 分速 160 m の速さでサイクリングをします。　教科書 158ページ 8

① 5分間で何 m 進むでしょうか。

（　　　　）

② 40 分間で何 km 進むでしょうか。

（　　　　）

3 秒速 15 m で飛ぶ鳥は、180 m 進むのに何秒かかるでしょうか。　教科書 159ページ 9

（　　　　）

よくよんで

4 時速 90 km で走る自動車は、30 km 進むのに何分かかるでしょうか。

教科書 159ページ 9

（　　　　）

5 時速 60 km で進む自動車があります。　教科書 158ページ 8、159ページ 9

① 3時間で何 km 進むでしょうか。

（　　　　）

② 20 km 進むのに何分かかるでしょうか。

（　　　　）

ヒント　4 分速になおして計算します。

駅で待ち合わせをしよう！

教科書 160ページ　答え 26ページ

次の□にあてはまる数や言葉を書きましょう。

めあて　歩く速さを利用して、道のりや時間を求めることができるようにしよう。練習 1 2→

速さの活用

自分の歩く速さを知っていると、時間を調べれば、道のりを求めることができます。
また、道のりがわかれば、かかる時間を予想することができます。

1　ゆかさんは、分速（ふんそく）65 m で歩きます。

(1)　家から駅まで歩いたら８分間かかりました。家から駅までの道のりを求めましょう。

(2)　家から図書館までの道のりは 1430 m です。
３時に家を出発すると、何時何分に図書館に着くでしょうか。

解き方 (1)　道のり＝速さ×時間
65×①□＝②□
速さ
時間
道のり
答え ③□ m
(2)　時間＝道のり÷速さ
1430÷①□＝②□
道のり
速さ
時間
３時に家を出発して、③□分後に
図書館に着きます。
かかる時間は、
□を使った式に表して
求めることもできるね。
答え ④□

2　まさるさんは、10 時に駅で待ち合わせをしています。家から駅までの道のりは３km です。
まさるさんは、９時 45 分に自転車で家を出発しました。10 分間走ったところで、「駅まで 1100 m」の標識（ひょうしき）を見つけました。
このまま同じ速さで駅まで走り続けると、待ち合わせの時刻（じこく）にまにあうでしょうか。

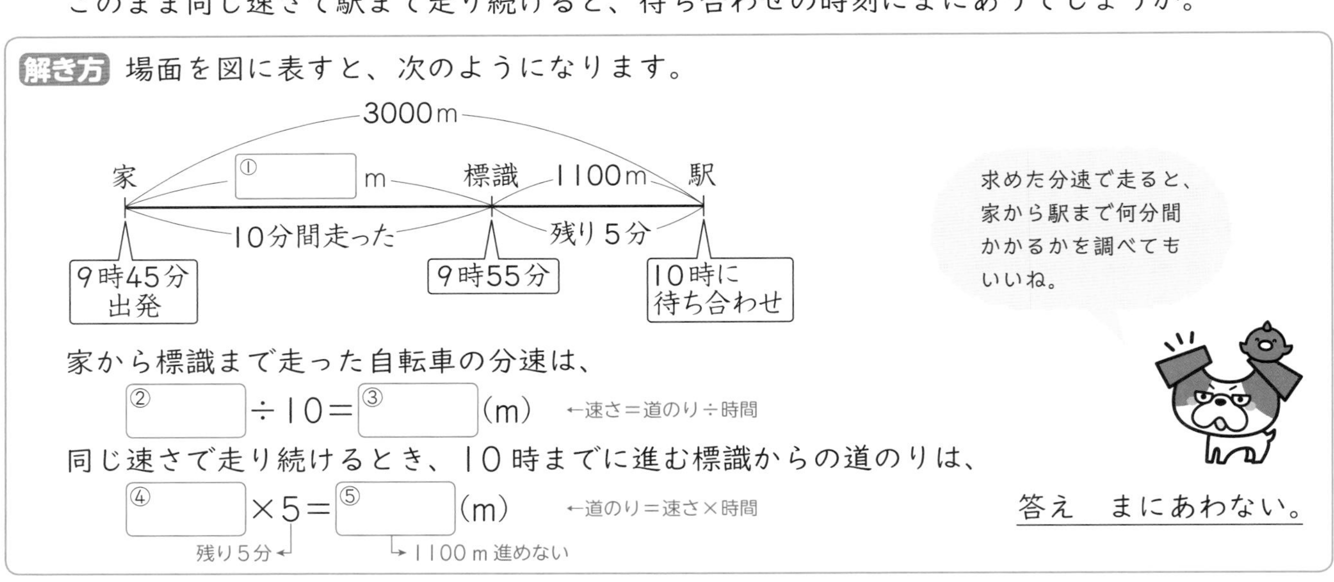

解き方 場面を図に表すと、次のようになります。
3000m
家
①□ m
標識
1100m
駅
10分間走った
残り５分
９時45分 出発
９時55分
10時に 待ち合わせ
求めた分速で走ると、
家から駅まで何分間
かかるかを調べても
いいね。
家から標識まで走った自転車の分速は、
②□÷10＝③□(m)　←速さ＝道のり÷時間
同じ速さで走り続けるとき、10 時までに進む標識からの道のりは、
④□×5＝⑤□(m)　←道のり＝速さ×時間
残り５分
1100 m 進めない
答え　まにあわない。

★できた問題には、「た」をかこう！★

でき ①　でき ②

学習日　月　日

教科書 160ページ　答え 26ページ

1 活用 ゆうたさんは、9時に家を出発し、歩いて公園に向かいました。
その道の途中(とちゅう)には、学校があります。ゆうたさんの家から学校までの道のりは 900 m、学校から公園までの道のりは 1200 m です。
ゆうたさんが学校の前を通った時刻は9時 15 分でした。

教科書 160ページ

① ゆうたさんが家から学校まで歩いた速さは、分速何 m でしょうか。

(　　　　　)

② このままの速さで歩き続けると、9時 23 分には、家から何 m 進んだところにいるでしょうか。

(　　　　　)

③ このままの速さで歩き続けると、公園に着く時刻は、何時何分になるでしょうか。

(　　　　　)

2 活用 はなこさんは、友だちと動物園の前で2時に待ち合わせをしています。
はなこさんの家から動物園までの道のりは 2.6 km です。
はなこさんは、1時 15 分に家を出発しました。25 分間歩いたところで、「動物園まで 1.2 km」の標識を見つけました。

教科書 160ページ

① はなこさんが家から標識まで歩いた速さは、分速何 m でしょうか。

(　　　　　)

② はなこさんがこのままの速さで歩き続けると、待ち合わせの時刻には、標識から何 m 進んだところにいるでしょうか。
また、はなこさんは待ち合わせの時刻にまにあうでしょうか。

標識から(　　　　　)m 進んだところ

待ち合わせの時刻に(　　　　　)

③ はなこさんが待ち合わせの時刻ちょうどに動物園に着くためには、残りの道のりを分速何 m で進めばよいでしょうか。

(　　　　　)

ヒント

2 場面を図に表して、整理してみましょう。
② 残りの時間で進める道のりと 1.2 km を比(くら)べます。

⑩ 単位量あたりの大きさ

時間 30 分

／100

合格 80 点

教科書 142～162 ページ　答え 27 ページ

知識・技能　／80点

1 よく出る 右の表は、A、B、C 3つの部屋の面積とその部屋にいる人数を表しています。　式・答え 各4点(12点)

部屋の面積と人数

	面積(m^2)	人数(人)
A	25	10
B	40	22
C	30	15

① Aの部屋の $1m^2$ あたりの人数を求めましょう。

式

答え（　　　）

② A、B、C 3つの部屋で、いちばんこんでいるのはどの部屋でしょうか。

（　　　）

2 200 mL で 120 円の野菜ジュースと、300 mL で 175 円の野菜ジュースがあります。1 mL あたりのねだんは、どちらのほうが安いでしょうか。　式・答え 各4点(8点)

式

答え（　　　）

3 どちらが速いでしょうか。　各5点(10点)

① 100 m を 25 秒で走るAさんと、90 m を 18 秒で走るBさん

（　　　）

② 5分間に 310 m 歩くCさんと、3分間に 180 m 歩くDさん

（　　　）

4 よく出る **次の問題に答えましょう。** 各5点(20点)

① 時速(じそく) 75 km で走る列車は、4時間で何 km 進むでしょうか。

(　　　　)

② 分速(ふんそく) 840 m の自動車で 25 分間走ると、何 km 進むでしょうか。

(　　　　)

③ 秒速(びょうそく) 25 m で飛ぶつばめは、800 m 進むのに何秒かかるでしょうか。

(　　　　)

④ 分速 60 m で歩く人は、3km 進むのに何分かかるでしょうか。

(　　　　)

5 よく出る 道路 $2\,m^2$ をほそうするのに、760 kg のコンクリートを使います。
3.3 m^2 をほそうするには、コンクリートが何 kg 必要でしょうか。 式・答え 各5点(10点)

式

答え (　　　　)

6 まきさんの町の人口は 31820 人で、面積は 310 km^2 です。
町の人口密度(じんこうみつど)を、四捨五入(ししゃごにゅう)して、一の位までのがい数で求めましょう。 式・答え 各10点(20点)

式

答え (　　　　)

思考・判断・表現 ／20点

7 4L で 30 m^2 のかべをぬれるペンキⓐと、6L で 54 m^2 のかべをぬれるペンキⓘがあります。
同じ量のペンキでは、ペンキⓘはペンキⓐの何倍の面積のかべをぬることができるでしょうか。
式・答え 各10点(20点)

式

答え (　　　　)

ふりかえり **1**①がわからないときは、64 ページの**1**にもどって確(かく)にんしてみよう。

商を表す分数
分数と小数、整数(1)

教科書 163〜166ページ　答え 28ページ

次の□にあてはまる数を書きましょう。

めあて　整数どうしのわり算の商を、分数で表せるようにしよう。　練習 1 2 3 →

商を表す分数

4÷5 の商

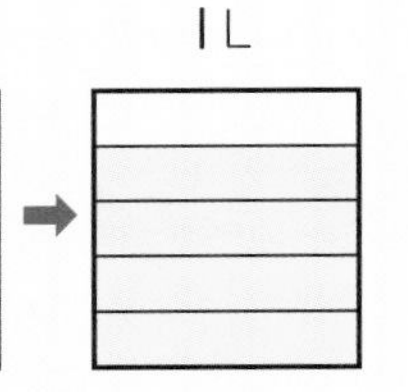

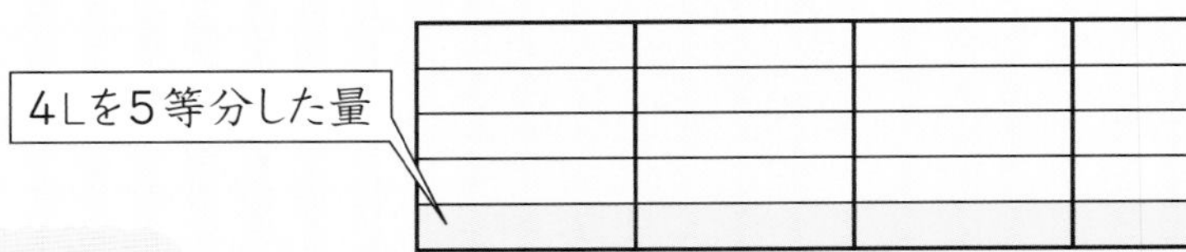
1L
1L
1L
1L
1L
4Lを5等分した量

$\frac{1}{5}$Lの4つ分だ。

$4\div5=\frac{4}{5}$　　答え $\frac{4}{5}$L

整数どうしのわり算の商は、わる数を分母、わられる数を分子として、分数で表すことができます。

$○\div△=\frac{○}{△}$（わられる数、わる数／分子はわられる数、分母はわる数）

1 商を分数で表しましょう。

(1) 3÷4　(2) 7÷2　(3) 5÷10

解き方　わる数を分母、わられる数を分子にします。

(1) $3\div4=\frac{□}{4}$

(2) $7\div2=\frac{□}{□}$

(3) $5\div10=\frac{\overset{1}{\cancel{5}}}{\underset{2}{\cancel{10}}}=\frac{□}{□}$

約分（やくぶん）できるときは約分するよ。

めあて　分数を小数で表せるようにしよう。　練習 4 →

分数を小数で表すしかた

分数を小数で表すには、分子を分母でわります。

$\frac{○}{△}=○\div△$

2 分数を小数で表しましょう。

(1) $\frac{3}{2}$　(2) $2\frac{3}{4}$

解き方　それぞれの分子を分母でわります。

(1) $\frac{3}{2}=3\div2=□$

(2) $2\frac{3}{4}=\frac{□}{4}=□\div4=□$

$\frac{2}{9}$=0.222……
のように、小数で正確（せいかく）に表せないものもあるよ。

学習日　　月　　日

教科書 163～166 ページ　答え 28 ページ

1 次の量を分数で表しましょう。

教科書 163 ページ 1

① 3Lのジュースを7等分したときの、1つ分の量

（　　　）

② 12kgの米を5等分したときの、1つ分の重さ

（　　　）

2 商を分数で表しましょう。

教科書 165 ページ ②

① 4÷9　　② 3÷10

（　　　）（　　　）

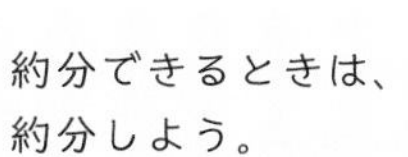

③ 2÷8　　④ 16÷6

（　　　）（　　　）

3 分数をわり算の式で表しましょう。

教科書 165 ページ ③

① $\frac{1}{5}$　　② $\frac{5}{7}$

（　　　）（　　　）

③ $\frac{4}{13}$　　④ $\frac{9}{8}$

（　　　）（　　　）

4 分数を小数で表しましょう。

教科書 166 ページ ⑤

① $\frac{3}{10}$　　② $\frac{9}{5}$　　③ $\frac{5}{8}$

（　　　）（　　　）（　　　）

④ $1\frac{2}{5}$　　⑤ $3\frac{3}{4}$　　⑥ $2\frac{5}{8}$

（　　　）（　　　）（　　　）

分数と小数、整数(2)
分数倍

教科書 167～168ページ　答え 28ページ

次の□にあてはまる数を書きましょう。

めあて 小数や整数を分数で表せるようにしよう。 練習 ❶❷→

小数を分数で表すしかた

小数は、10、100 などを分母とする分数で表すことができます。$\frac{1}{10}$ の位までの小数は 10 を分母とする分数で、$\frac{1}{100}$ の位までの小数は 100 を分母とする分数で表すことができます。

整数を分数で表すしかた

整数は 1 を分母とする分数で表すことができます。

1 小数や整数を分数で表しましょう。

(1) 0.9　　(2) 2.37　　(3) 21

解き方 0.9 は 10 を分母として、2.37 は 100 を分母として表すことを考えます。
（0.9 → $\frac{1}{10}$ の位までの小数、2.37 → $\frac{1}{100}$ の位までの小数）

(1) $0.1=\frac{1}{10}$ で、0.9 は 0.1 の □ 個分だから、$0.9=\frac{□}{□}$

(2) $0.01=\frac{1}{100}$ で、2.37 は 0.01 の □ 個分だから、$2.37=\frac{□}{□}$

(3) $21=21\div1=\frac{□}{□}$

63÷3=21 だから
$21=\frac{63}{3}$ とも表せるよ。

めあて 分数を使って、何倍かを表せるようにしよう。 練習 ❸❹→

分数倍

もとにしたものの何倍かを表すときに分数を使うことがあります。$\frac{5}{3}$ 倍、$\frac{1}{3}$ 倍は、もとにしたものを 1 とみたとき、それぞれ $\frac{5}{3}$、$\frac{1}{3}$ にあたることを表しています。

2 ㋐のテープが5m、㋑のテープが3m、㋒のテープが2m あります。

(1) ㋐のテープの長さは、㋑のテープの長さの何倍でしょうか。

(2) ㋒のテープの長さは、㋑のテープの長さの何倍でしょうか。

解き方 3m を 1 とみます。

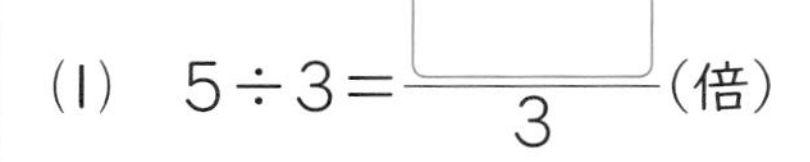

(1) $5\div3=\frac{□}{3}$（倍）

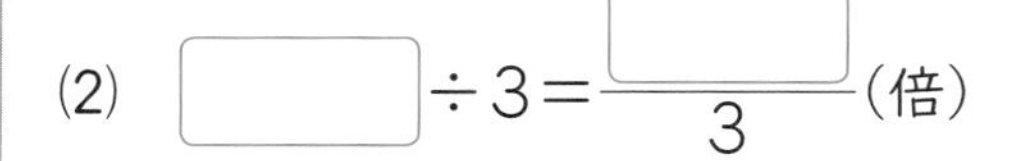

(2) □ $\div3=\frac{□}{3}$（倍）

㋐ 5m　㋑ 3m　㋒ 2m
0　□　1　□（倍）

★できた問題には、「た」をかこう！★

学習日　　月　　日

教科書 167〜168ページ　答え 29ページ

1 小数や整数を分数で表しましょう。 教科書 167ページ 4・5

① 0.7　（　　）
② 5.1　（　　）
③ 2.59　（　　）
④ 0.83　（　　）
⑤ 14　（　　）
⑥ 30　（　　）

2 $\frac{3}{10}+0.4$ を計算しましょう。 教科書 167ページ ⑧

（　　）

3 底辺が7cm、高さが6cm の三角形があります。 教科書 168ページ 6

① 底辺の長さは高さの何倍でしょうか。

（　　）

② 高さは底辺の長さの何倍でしょうか。

（　　）

4 赤いバケツに2L、青いバケツに5L の水が入っています。 教科書 168ページ 6

赤いバケツには、青いバケツの何倍の水が入っているでしょうか。

式

答え（　　）

ぴったり3
確かめのテスト

11 わり算と分数

時間 30分

／100

合格 80点

教科書 163～171ページ　答え 29ページ

知識・技能　／80点

1 みかんが7kg、りんごが3kg、ぶどうが8kgあります。　各4点(12点)

① みかんの重さは、りんごの重さの何倍でしょうか。

(　　　)

② りんごの重さは、ぶどうの重さの何倍でしょうか。

(　　　)

③ 次の□にあてはまる数を書きましょう。

みかんの重さを1とみたとき、ぶどうの重さは□にあたります。

2 商を分数で表しましょう。　各3点(12点)

① $4 \div 7$　(　　　)

② $7 \div 10$　(　　　)

③ $3 \div 18$　(　　　)

④ $22 \div 6$　(　　　)

3 よく出る 分数を小数で表しましょう。　各4点(16点)

① $\frac{7}{10}$　(　　　)

② $\frac{11}{8}$　(　　　)

③ $\frac{3}{25}$　(　　　)

④ $2\frac{3}{5}$　(　　　)

4 よく出る 小数や整数を分数で表しましょう。　各4点(24点)

① 1.3　(　　)

② 4.17　(　　)

③ 36　(　　)

④ 2.01　(　　)

⑤ 0.98　(　　)

⑥ 25　(　　)

5 数の大小を比(くら)べて、□にあてはまる不等号を書きましょう。　各4点(16点)

① $\frac{5}{6}$ □ 0.9

② 0.82 □ $\frac{9}{11}$

③ $1\frac{6}{25}$ □ 1.28

④ 2.45 □ $2\frac{7}{20}$

思考・判断・表現　／20点

6 さとうが7kg、塩が4kgあります。　式・答え 各5点(20点)

① さとうの重さは、塩の重さの何倍でしょうか。

式

答え(　　)

② 塩の重さは、さとうの重さの何倍でしょうか。

式

答え(　　)

ふりかえり　1がわからないときは、78ページの2にもどって確(かく)にんしてみよう。

学習日　　月　　日

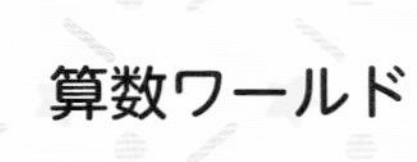

算数ワールド

九九の表を調べよう

教科書　172ページ　答え　30ページ

九九の表について、いろいろなことを調べてみましょう。

九九の表

		かける数								
		1	2	3	4	5	6	7	8	9
かけられる数	1	1	2	3	4	5	6	7	8	9
	2	2	4	6	8	10	12	14	16	18
	3	3	6	9	12	15	18	21	24	27
	4	4	8	12	16	20	24	28	32	36
	5	5	10	15	20	25	30	35	40	45
	6	6	12	18	24	30	36	42	48	54
	7	7	14	21	28	35	42	49	56	63
	8	8	16	24	32	40	48	56	64	72
	9	9	18	27	36	45	54	63	72	81

1 平均(へいきん)を使って、九九の表の答えの和を求めてみましょう。

合計を求めるときは
1＋2＋3＋4＋5＋6＋7＋8＋9
のようにすると簡単(かんたん)だね。

① それぞれのだんの答えの平均はいくつでしょうか。

1のだん　(1＋2＋3＋4＋5＋6＋7＋8＋9)÷9＝45÷9＝㋐

2のだん　(2＋4＋6＋8＋10＋12＋14＋16＋18)÷9＝90÷9＝㋑

3のだん　(3＋6＋9＋12＋15＋18＋21＋24＋27)÷9＝135÷9＝㋒

⋮

1のだんの答えの平均は5、2のだんの答えの平均は10、3のだんの答えの平均は15、……だから、1のだんから9のだんの答えの平均は、㋓のだんの答えと同じになります。

② 5のだんの答えの平均は25だから、5のだんの答えの和は

25×㋐＝225です。

九九の表の答えの全部の和は、

225×㋑＝2025

右のような表の
数字の和を求める
ことになるんだ。

5	5	5	5	5	5	5	5	5
10	10	10	10	10	10	10	10	10
15	15	15	15	15	15	15	15	15
20	20	20	20	20	20	20	20	20
25	25	25	25	25	25	25	25	25
30	30	30	30	30	30	30	30	30
35	35	35	35	35	35	35	35	35
40	40	40	40	40	40	40	40	40
45	45	45	45	45	45	45	45	45

2 九九の表で、いくつかの数をななめにかけ合わせたときのきまりについて調べてみましょう。

① 九九の表で、右のように4個の数を囲んでななめにかけ合わせると答えが同じになります。
どうして答えが同じになるのか考えてみましょう。

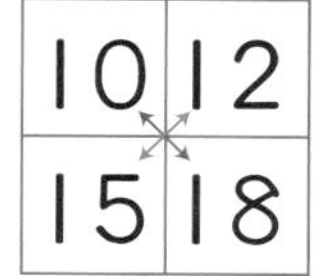

10×18=180
15×12=180

それぞれの数の九九は、

10=2×5　12=㋐□　15=3×5　18=㋑□だから、

10×18=(2×5)×(㋐□)=2×3×5×6
15×12=(3×5)×(㋑□)=2×3×5×6

同じ計算になる。

ほかの場所でも
同じ計算になって
答えは同じになるよ。

② 九九の表の答えを右のような形に囲んだときの、ななめの3個の数をかけ合わせたときも、答えが同じになることを確かめてみましょう。

4	5	6
8	10	12
12	15	18

4×10×18=(1×4)×(2×5)×(3×6)=㋐□
12×10×6=(3×4)×(2×5)×(1×6)=㋑□

3 九九の表で、十の字の形に囲んだときの、囲まれた数の和について考えてみましょう。

① 九九の表の答えを、右のように十の字の形に囲んだときの、5個の数の和の求め方を考えましょう。

8	12	16
10	15	20
12	18	24

たての3個の数の平均は、
(12+15+18)÷3=㋐□÷3=15
横の3個の数の平均は、
(10+15+20)÷3=㋑□÷3=15

同じ数

5個の数の平均は、まん中の数の㋒□になります。

5個の数の和は、12+10+15+20+18=15×㋓□=75

② 九九の表の答えを、右のように十の字の形に囲んだときの、9個の数の和を求めてみましょう。

6	8	10	12	14
9	12	15	18	21
12	16	20	24	28
15	20	25	30	35
18	24	30	36	42

9個の数の平均は㋐□だから、

10+15+12+16+20+24+28+25+30=㋑□×9
=㋒□

12 割合
割合の表し方 百分率

教科書 174～181ページ　答え 31ページ

次の□にあてはまる数を書きましょう。

めあて 割合を求められるようにしよう。　練習 1 3 4→

割合の表し方

比かく量が基準量の何倍にあたるかを表す数を**割合**といいます。

割合＝比かく量÷基準量

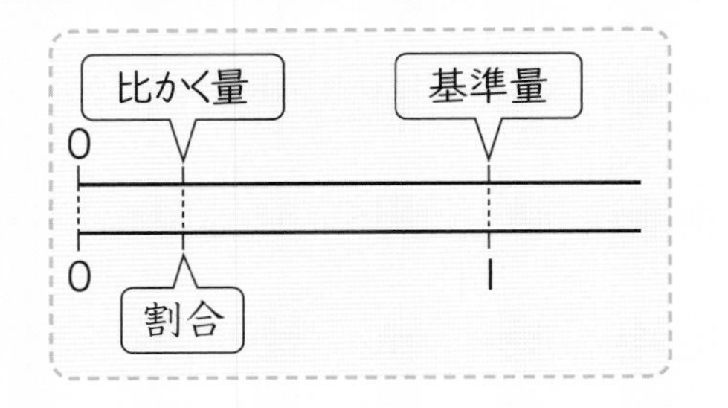

1 サッカークラブに入っている人は、5年1組36人のうち9人です。
サッカークラブに入っている人の割合を求めましょう。

解き方「サッカークラブに入っている人の割合」というとき、比かく量はサッカークラブに入っている人の人数です。

□÷□＝0.25
（比かく量）（基準量）

比かく量　基準量
0　9　36（人）
人数
割合
0　□　1（割合）

答え　0.25

めあて 百分率や歩合を理解しよう。　練習 2→

百分率

割合を表す0.01を**1パーセント**といい、**1%**と書きます。
パーセントで表した割合を**百分率**といいます。百分率は、基準量を100とみた割合の表し方です。

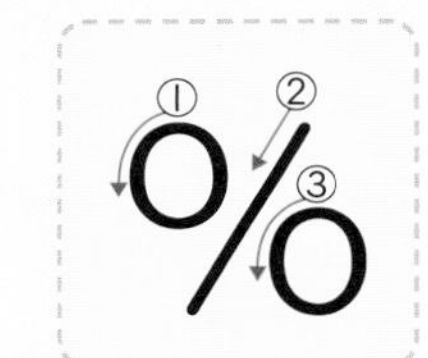

歩合

割合を表す0.1を**1割**ということもあります。
野球の打率は、3割6分5厘というように表しますが、これは**歩合**という割合の表し方です。
割合を表す小数と歩合、百分率は、下の表のような関係になっています。

割合を表す小数	1	0.1	0.01	0.001
歩合	10割	1割	1分	1厘
百分率	100%	10%	1%	0.1%

割合を表す小数に100をかけると、百分率で表せるね。

2 1でサッカークラブに入っている人の割合は何%でしょうか。

解き方 百分率は、基準量を100とみた割合の表し方です。
小数で表された割合を百分率で表すには、100をかけます。

□×100＝□
（割合を表す小数）

答え　□%

ぴったり2

練習

★できた問題には、「た」をかこう！★

できⓘ 1　できⓘ 2　できⓘ 3　できⓘ 4

学習日　月　日

教科書 174〜181ページ　答え 31ページ

1 5年１組は、サッカーの試合を１３試合して、８試合勝ちました。また、５年２組は７試合して５試合勝ちました。
どちらの組のほうが勝った割合が大きいでしょうか。

教科書 175ページ 1

（　　　）

2 次の小数や整数で表された割合を百分率で、百分率で表された割合を小数で表しましょう。

教科書 180ページ ⑤

① 0.03　（　　　）
② 0.5　（　　　）
③ 2.8　（　　　）
④ 4　（　　　）
⑤ 6％　（　　　）
⑥ 72％　（　　　）
⑦ 130％　（　　　）
⑧ 86.7％　（　　　）
⑨ 29.5％　（　　　）

3 150gの中に18gの食塩がふくまれているしょう油があります。
食塩の割合は何％でしょうか。

教科書 179ページ 3

（　　　）

4 図書館を利用した人の人数は、先週は220人、今週は231人です。
今週の利用者数は、先週の利用者数の何％でしょうか。

教科書 181ページ 4

（　　　）

ヒント　2 ①〜④ 小数や整数に100をかけて百分率で表します。

百分率を使って

学習日　　月　　日

教科書 182～186ページ　答え 32ページ

 次の□にあてはまる数を書きましょう。

めあて 比かく量を求めることができるようにしよう。　練習 1 3→

比かく量の求め方

比かく量は、次の式で求められます。

比かく量＝基準量×割合

1 好きな動物調べをしたら、250人の子どものうち36％が犬と答えました。犬と答えたのは何人でしょうか。

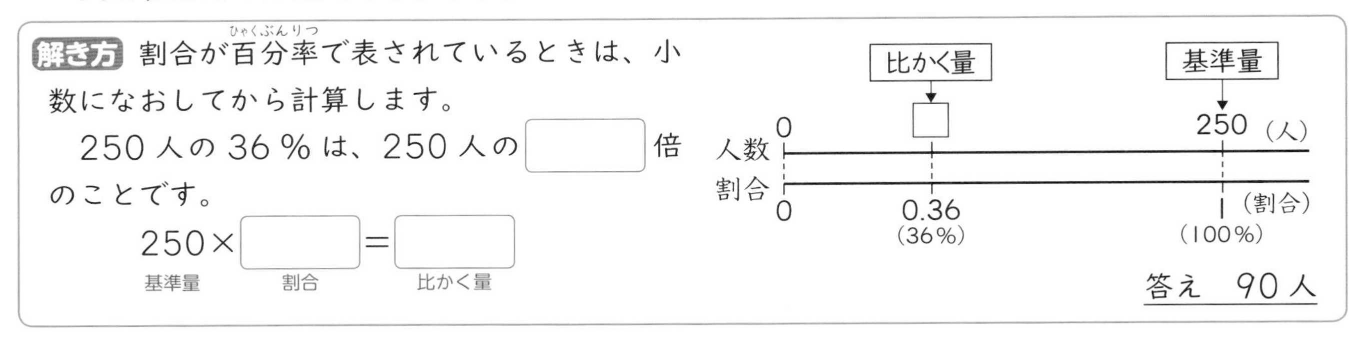

解き方 割合が百分率で表されているときは、小数になおしてから計算します。

250人の36％は、250人の□倍のことです。

250×□＝□
（基準量　割合　比かく量）

答え　90人

めあて 基準量を求めることができるようにしよう。　練習 2 4→

基準量の求め方

基準量は、次の式で求められます。

基準量＝比かく量÷割合

2 5年2組の学級文庫にある本のうち、物語の割合は65％で、91さつでした。学級文庫には本が何さつあるでしょうか。

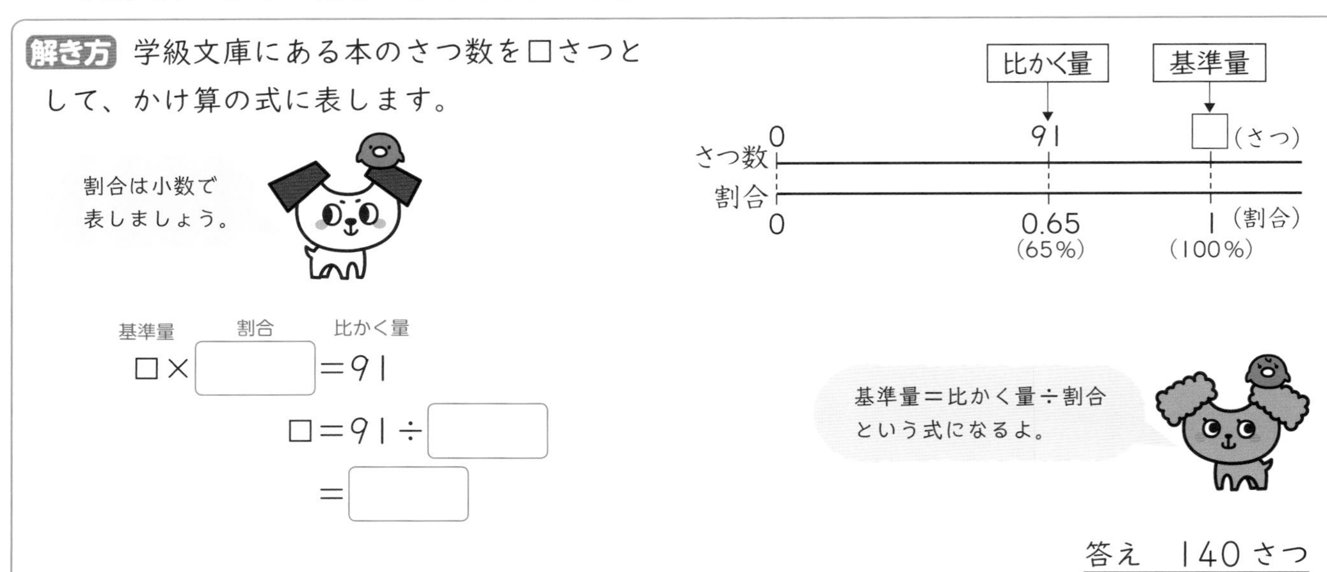

解き方 学級文庫にある本のさつ数を□さつとして、かけ算の式に表します。

□×□＝91
（基準量　割合　比かく量）

□＝91÷□

＝□

答え　140さつ

1 ある博物館の入館料は大人が600円で、子どもがその75％です。
子どもの入館料は何円でしょうか。
教科書 182ページ 5

(　　　　)

2 たけるさんの家の野菜畑の面積は1600 m^2 で、これは畑全体の面積の64％にあたります。
たけるさんの家の畑全体の面積は何 m^2 でしょうか。
教科書 183ページ 6

(　　　　)

3 ある店の今日の売り上げ高は、58200円でした。昨日の売り上げ高は、今日の売り上げ高より10％高かったそうです。
昨日の売り上げ高は何円だったでしょうか。
教科書 184ページ 7

10％高いということは、110％ということだよ。

(　　　　)

4 ある小学校の今年の児童数は、昨年より5％減少（げんしょう）して、494人でした。
この小学校の昨年の児童数は何人だったでしょうか。
教科書 185ページ 8

(　　　　)

4 5％減少したということは、95％になったということです。昨年の児童数を□人とすると、□×(1−0.05)＝494　という式ができます。

ぴったり3

確かめのテスト

⑫ 割合

教科書 174～189 ページ　答え 33 ページ

知識・技能　／72点

1 小数で表された割合（わりあい）を百分率（ひゃくぶんりつ）で表しましょう。　各4点(12点)

① 0.6　(　　)　② 0.205　(　　)　③ 1.7　(　　)

2 よく出る 百分率で表された割合を小数で表しましょう。　各4点(12点)

① 9％　(　　)　② 145％　(　　)　③ 72.5％　(　　)

3 □にあてはまる数を書きましょう。　各4点(12点)

① 24 cm は 160 cm の □ ％です。

② 850 円の 78％は □ 円です。

③ □ mL の 60％は 300 mL です。

4 よく出る ある小学校のしき地の面積は 21000 m^2 で、校庭の面積は 10920 m^2 です。
校庭の面積は、しき地の面積の何％でしょうか。　式・答え 各4点(8点)

式

答え (　　)

5 ある神社に今年初もうでに来た人の人数を調べたら、昨年の 105％で 42 万人でした。
昨年の初もうでに来た人の人数は何人でしょうか。　式・答え 各4点(8点)

式

答え (　　)

6 あつしさんとめぐみさんは、それぞれ別のコースでハイキングしています。

式・答え 各5点(20点)

① あつしさんは全体で14 km あるAコースの65 % を午前中に歩きました。
あつしさんは午前中に何 km 歩いたでしょうか。

式

答え（　　　）

② めぐみさんは午前中にBコースを 8.4 km 歩きました。これは全体の 70 % にあたります。
Bコース全体は何 km でしょうか。

式

答え（　　　）

思考・判断・表現　／28点

7 定価(ていか) 2500 円のかばんが、20 % 引きのねだんで売られています。
このかばんは何円で買えるでしょうか。

式・答え 各5点(10点)

式

答え（　　　）

8 麦わらぼうしが 1200 円で売られています。これは、定価の 20 % 引きのねだんだそうです。
この麦わらぼうしの定価は何円でしょうか。

式・答え 各5点(10点)

式

答え（　　　）

9 定価 1000 円のTシャツが、30 % 引きで売られています。
定価 1000 円の図に対して、30 % 引きのねだんを表している図は、下の図の中のどれでしょうか。

(8点)

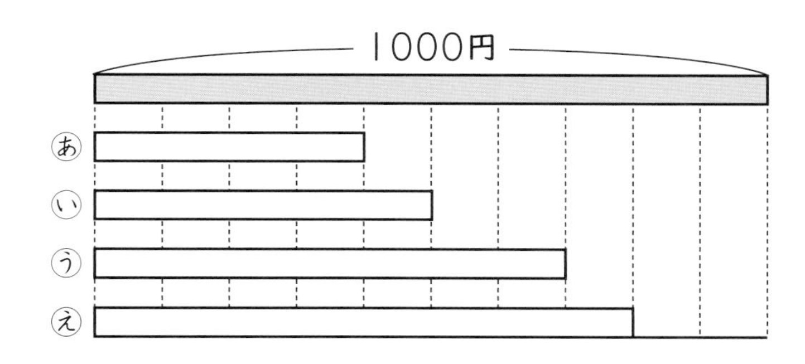

（　　　）

ふりかえり ❶がわからないときは、84 ページの❷にもどって確(かく)にんしてみよう。

割合

お得な買い方を考えよう！

学習日　月　日

教科書 187ページ　答え 34ページ

1 3つの店が、それぞれ下の3種類の券を配っています。

お買い上げ金額の
3割分を現金でお
返しします。
A店

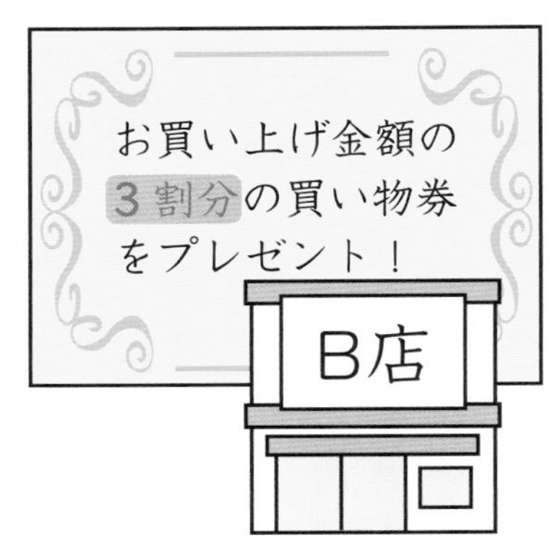

お買い上げ金額の
3割分の買い物券
をプレゼント！
B店

同じ商品を2つ買
うと、1つの金額が
3割引き！
C店

① A店、B店、C店で次のような買い物をしたとき、それぞれ何％引きになるでしょうか。
□にあてはまる数を書きましょう。なお、わりきれないときは、四捨五入して、上から2けたのがい数で答えましょう。

A店	B店	C店
1000円の品物を買って、300円返してもらった。	1000円の品物を買って、もらった買い物券でさらに300円分の買い物をした。	1000円の品物を2つ買って、1つを300円引きにしてもらった。

実際に使った金額を求めて、何％引きになるのかを考えます。

A店　1000－300＝700(円)
　㋐□÷1000×100＝㋑□　答え ㋒□％引き

B店　1000円
　㋓□÷1300×100＝㋔□　答え ㋕□％引き

C店　1000×2－300＝1700(円)
　㋖□÷2000×100＝㋗□　答え ㋘□％引き

② A店とC店では、さけおにぎりが130円で売られています。C店は日曜日がサービスデーで130円のおにぎりが100円になります。
日曜日に券を持って、さけおにぎりを2個買うことにします。
A店とC店どちらで買うほうが得でしょうか。
さけおにぎり2個を、券を使って買ったときに使う金額を考えます。

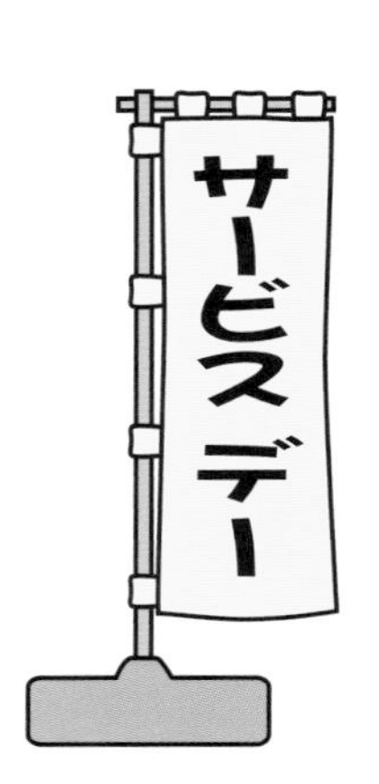

A店　130×2－㋐□×2×0.3＝㋑□(円)

C店　100×2－㋒□×1×0.3＝㋓□(円)

上のことから、C店のほうが少ない金額で買うことができ、得です。

2 ゆうやさんの家の近くにあるパン屋では、次の3種類の割引券を配っています。どんなときにどの割引券を使うと得かを調べます。表や□にあてはまる数や記号を書きましょう。

う
合計 350 円以上
買うと、合計金額
から 100 円引き

① お店には、定価(ていか)が 100 円、160 円、180 円のパンが売られています。

この3種類のパンをあといの割引券を使って買うとき、それぞれいくらになるか、表にまとめましょう。

また、どちらの割引券を使うほうが得でしょうか。

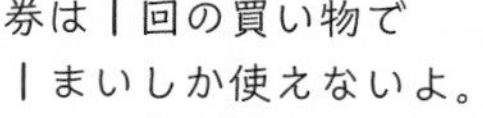

券は1回の買い物で
1まいしか使えないよ。

パンの定価 / 割引券の種類	100 円	160 円	180 円
あの割引券を使ったとき	ア	イ	ウ
いの割引券を使ったとき	エ	オ	カ

答え　100 円のパンを買うときは キ□ の割引券を、

160 円、180 円のパンを買うときは ク□

の割引券を使うほうが得です。

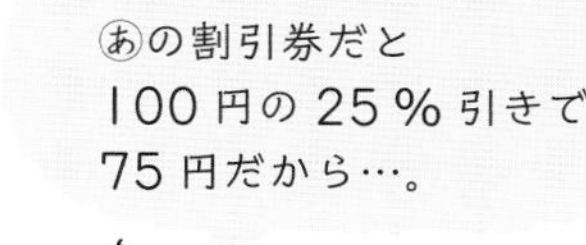

100 円のパンのとき、
あの割引券だと
100 円の 25 % 引きで
75 円だから…。

② ゆうやさんは、あとうの割引券を持ってパンを何個か買いに行きます。

A～Cの買い物のとき、どちらの割引券を使うほうが得でしょうか。

A

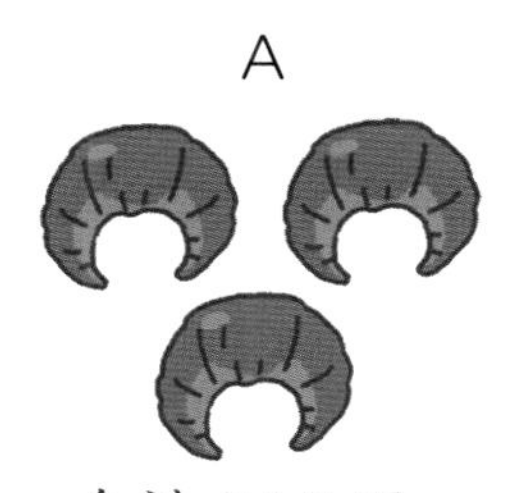

合計 360 円

B

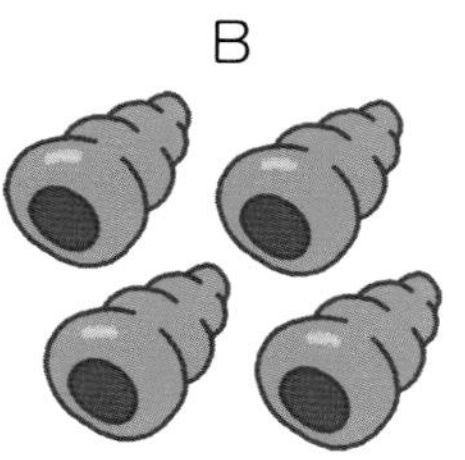

合計 380 円

C

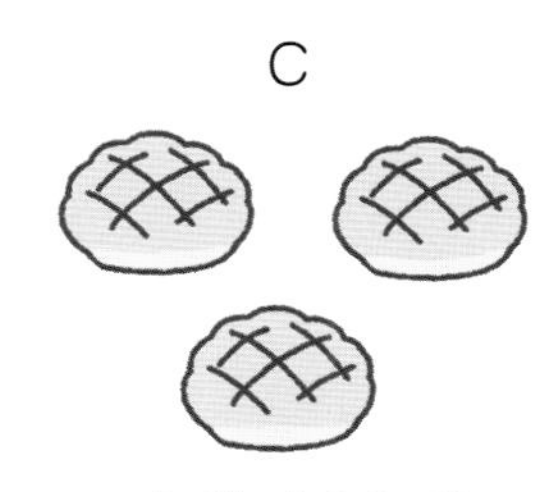

合計 420 円

合計の金額 / 割引券の種類	360 円	380 円	420 円
あの割引券を使ったとき	ア	イ	ウ
うの割引券を使ったとき	エ	オ	カ

答え　A、Bの買い物のときは キ□ の割引券を、Cの買い物のときは ク□ の割引券を使うほうが得です。

13 割合とグラフ
(帯グラフと円グラフのよみ方)
帯グラフと円グラフのかき方

教科書 190〜195ページ　答え 35ページ

次の□にあてはまる数や言葉を書きましょう。

めあて 帯グラフと円グラフのよみ方がわかるようにしよう。 練習 1→

帯グラフ、円グラフ

全体を長方形で表し、割合にしたがって区切ったグラフを**帯グラフ**といいます。
全体を円で表し、割合にしたがって半径で区切ったグラフを**円グラフ**といいます。

1 下の帯グラフは、都道府県別のぶどうの収かく量の割合を表したものです。
山梨県、長野県、山形県、岡山県の収かく量の割合は、それぞれ全体の何％でしょうか。

ぶどうの収かく量の割合(合計 198 千t)

0　10　20　30　40　50　60　70　80　90　100(%)

山梨県	長野県	山形県	岡山県	その他

(2022年)
農林水産統計

解き方 区切られた部分の横の長さが、それぞれ何めもりあるかを調べます。
1めもりは1％だから、山梨県は25めもりで25％です。
長野県は、43－25＝□(％)　山形県は、52－43＝□(％)
(43：「長野県」の右はしのめもり　25：「長野県」の左はしのめもり)
岡山県は、61－52＝9(％)

めあて 帯グラフと円グラフのかき方がわかるようにしよう。 練習 2→

帯グラフや円グラフのかき方

1. それぞれの割合を百分率で求める。
2. 割合の大きい順に区切ってかく。
3. 「その他」は最後にかく。

もし、百分率の合計が100％にならなかったら、「その他」かいちばん多い部分で調整します。

2 下の表は、ある小学校の5年生の好きな教科を調べたものです。
好きな教科の割合を、円グラフに表しましょう。

好きな教科の人数と割合

教科	国語	算数	理科	社会	その他	合計
人数(人)	33	30	24	21	42	150
割合(%)	22	20	16	14	28	100

解き方 割合の大きい順に、右回りに区切ってかきます。
「その他」は最後にかきます。

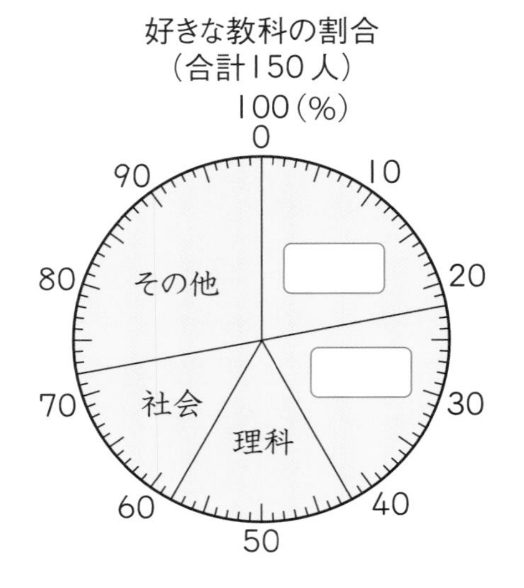

教科書 190～195ページ　答え 35ページ

1 右の円グラフは、ある町の土地利用の割合を表したものです。 教科書 193ページ①

① それぞれの面積の割合は、全体の何％でしょうか。

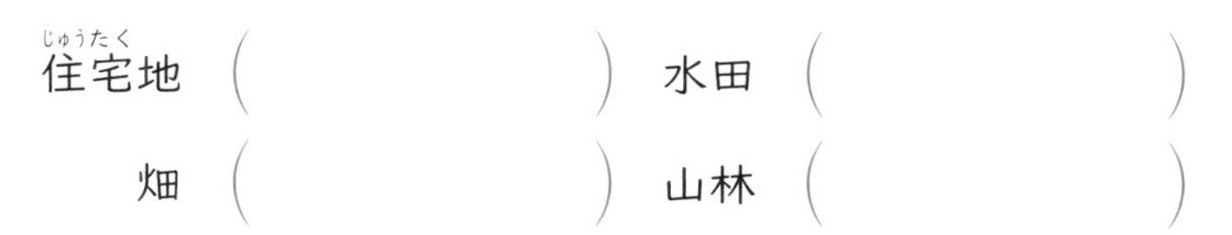

住宅地（　　　）　水田（　　　）

畑（　　　）　山林（　　　）

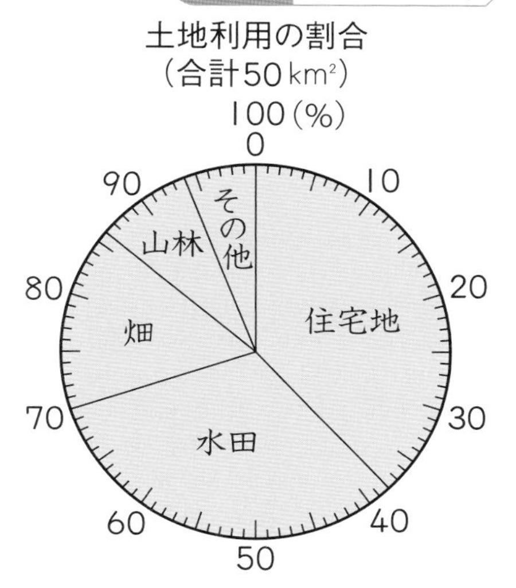

② 水田の面積の割合は、畑の面積の割合の何倍でしょうか。

（　　　）

③ 住宅地の面積は何 km^2 でしょうか。

（　　　）

2 右の表は、5年1組で、住んでいる人の人数を地区別にまとめたものです。 教科書 194ページ2

① それぞれの地区の人数の割合を求めて、表に書き入れましょう。わりきれないときは、四捨五入して整数で表しましょう。

② 住んでいる地区の人数の割合を、帯グラフに表しましょう。

住んでいる地区の人数と割合

地区	人数(人)	割合(%)
1丁目	20	㋐
2丁目	9	㋑
3丁目	3	㋒
その他	4	㋓
合計	36	100

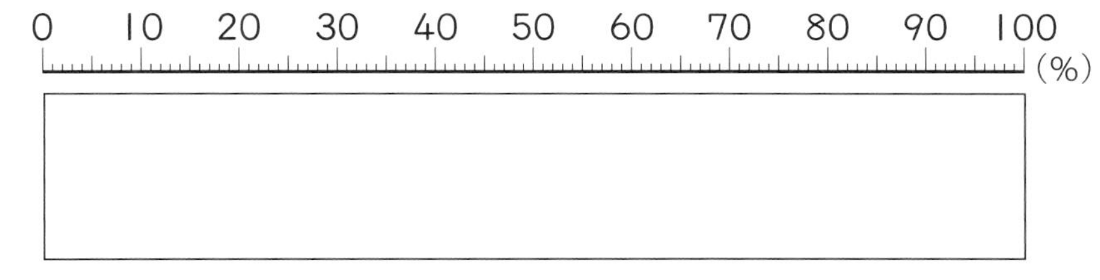

③ 住んでいる地区の人数の割合を、円グラフに表しましょう。

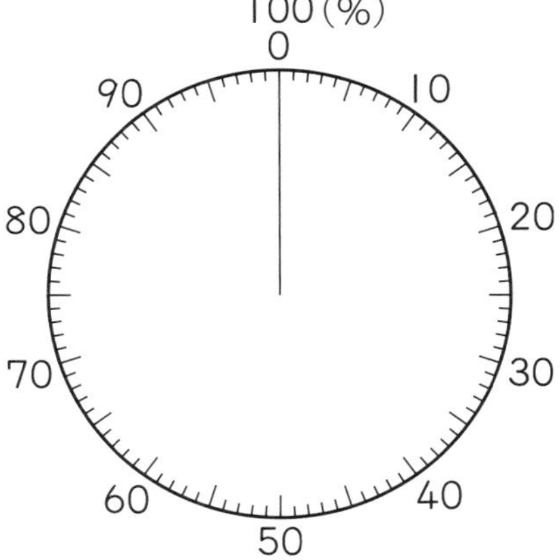

ヒント　1 ③　比かく量＝基準量×割合　の式で求めます。

(帯グラフを使った問題)

学習日　月　日

教科書 196〜197 ページ　答え 35 ページ

次の□にあてはまる数を書きましょう。

めあて　帯グラフを使った問題が解けるようになろう。　練習 1→

帯グラフのよみ取り方

年度ごとに、同じものがどのように移り変わっているかをみていきます。
年度ごとの合計量と割合から、それぞれの量を求めます。

1 下のグラフは、ぶどうの収かく量の割合の変化を表したものです。

ぶどうの収かく量の割合の変化

0　10　20　30　40　50　60　70　80　90　100(%)

2020 年（合計 163400t）　山梨｜長野｜山形｜岡山｜その他
2021 年（合計 165100t）　山梨｜長野｜山形｜岡山｜その他
2022 年（合計 162600t）　山梨｜長野｜山形｜岡山｜その他

2020 年、2021 年、2022 年の長野県の生産量の割合は、それぞれ全体の何 % でしょうか。

解き方 たてに区切られた部分の横の長さが、それぞれ何めもりあるかを調べます。
1 めもりは 1 % だから、2020 年の長野県は 20 めもりで □ % です。
2021 年の長野県は 17 めもりで □ % です。
2022 年の長野県は 18 めもりで □ % です。

2 2020 年と 2022 年の岡山県の収かく量は、それぞれ何 t でしょうか。

解き方 岡山県の収かく量の割合は、2020 年が 9 %、2022 年が □ % です。
全体の収かく量は、2020 年が 163400 t、2022 年が □ t です。
全体の収かく量と割合から、2020 年と 2022 年の収かく量を求めます。
2020 年は、163400×0.09＝14706(t)
2022 年は、162600×□＝□(t)

2020 年の岡山県の収かく量は、
2020 年の全体の収かく量と
2020 年の岡山県の割合から
求められるね。

1 下のグラフは、びわの収かく量の割合の変化を表したものです。

教科書 196ページ 3

びわの収かく量の割合の変化

0　10　20　30　40　50　60　70　80　90　100(%)

年							
2020年 (2650t)	長崎	千葉	鹿児島	香川	兵庫	その他	
2021年 (2890t)	長崎	千葉	香川	鹿児島	愛媛	その他	
2022年 (2530t)	長崎	千葉	鹿児島	兵庫	香川	愛媛	その他

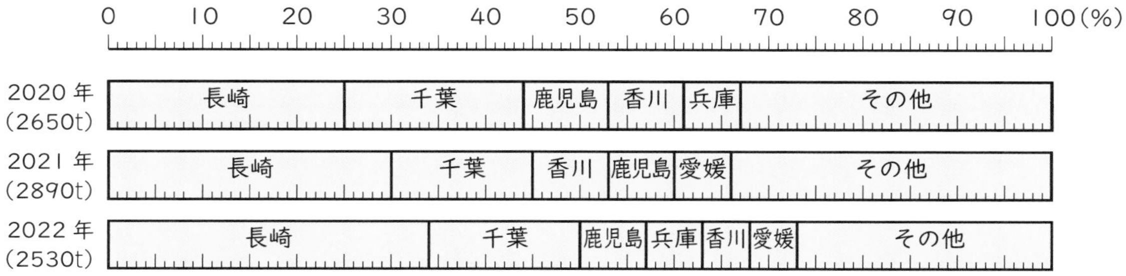

① 2020年、2021年、2022年の長崎県の割合は、それぞれ全体の何％でしょうか。

2020年（　　　　）　2021年（　　　　）　2022年（　　　　）

② 2020年、2021年、2022年の千葉県の割合は、それぞれ全体の何％でしょうか。

2020年（　　　　）　2021年（　　　　）　2022年（　　　　）

③ 2020年から2022年にかけて、長崎県の割合はどのように変化しましたか。

（　　　　　　　　　　　　）

④ 2020年から2022年にかけて、千葉県の割合はどのように変化しましたか。

（　　　　　　　　　　　　）

⑤ 2021年の千葉県の収かく量は何tでしょうか。

（　　　　）

⑥ 2020年に比（くら）べて、2021年の千葉県の収かく量は増（ふ）えたでしょうか。

（　　　　）

⑬ 割合とグラフ

時間 30 分

／100

合格 80 点

教科書 190～201 ページ　答え 36 ページ

知識・技能

／40点

1 下の帯グラフは、ある年の千葉県の農業産出額の割合を表したものです。　各5点(25点)

千葉県の農業産出額の割合

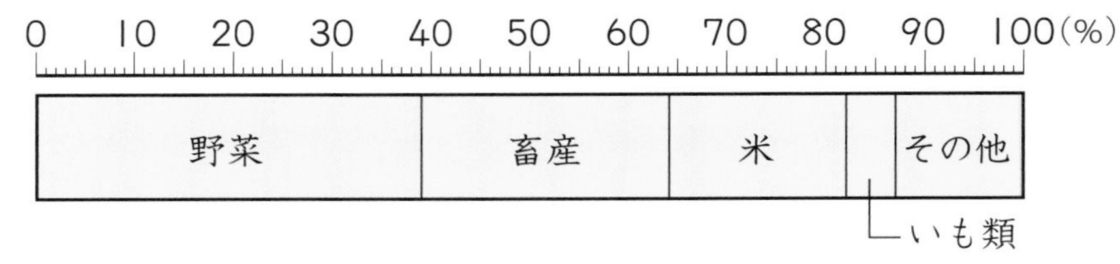

① 野菜、畜産、米、いも類の割合は、それぞれ全体の何％にあたるでしょうか。

野菜（　　　）　畜産（　　　）

米（　　　）　いも類（　　　）

② 野菜の産出額は、いも類の産出額の約何倍でしょうか。四捨五入して整数で答えましょう。

（　　　）

2 右の円グラフは、西洋なしの収かく量の割合を表したものです。　各5点(15点)

① 山形県の収かく量の割合は、全体の何％でしょうか。

（　　　）

② 青森県の収かく量の割合は、全体の何％でしょうか。

（　　　）

③ 新潟県の収かく量は、何tでしょうか。

（　　　）

西洋なしの都道府県別収かく量〔2022年〕
(合計 26700t)

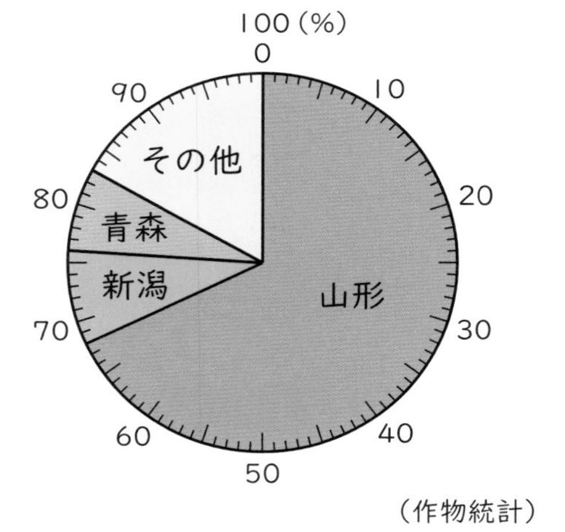

(作物統計)

思考・判断・表現　／60点

3 右の表は、こうたさんの学校の図書室の種類別の本のさつ数を表したものです。　各15点(45点)

① 全体に対するそれぞれの割合を百分率（ひゃくぶんりつ）で求めて、表に書きましょう。

② 本の種類別のさつ数の割合を、帯グラフに表しましょう。

③ 本の種類別のさつ数の割合を、円グラフに表しましょう。

本の種類別のさつ数と割合

	さつ数(さつ)	割合(%)
物　語	225	あ
科　学	190	い
図かん	60	う
その他	25	え
合　計	500	100

本の種類別の割合(合計 500 さつ)

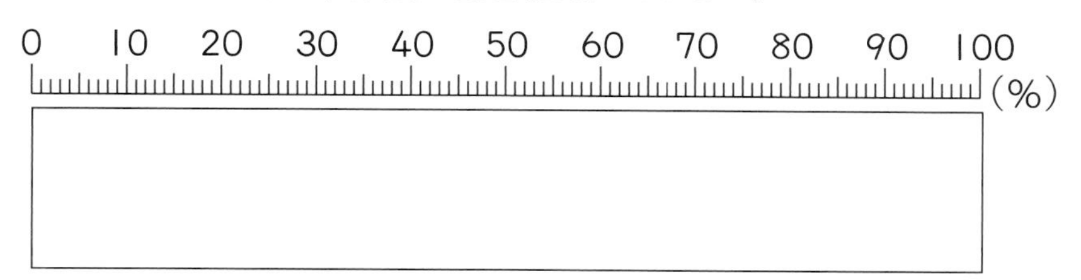

本の種類別の割合(合計 500 さつ)

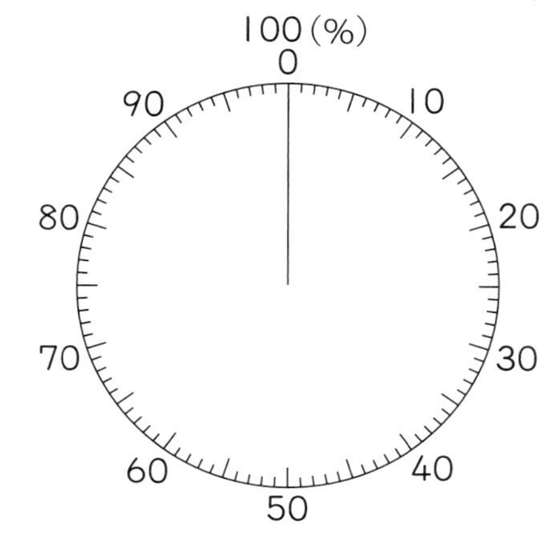

4 活用　下の2つのグラフは、ある市の人口の変化について調べた結果を表したものです。グラフからよみとれることをあからおの中から2つ選びましょう。　(15点)

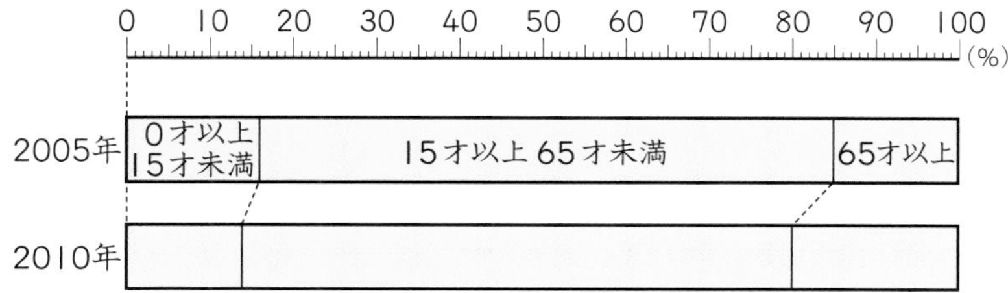

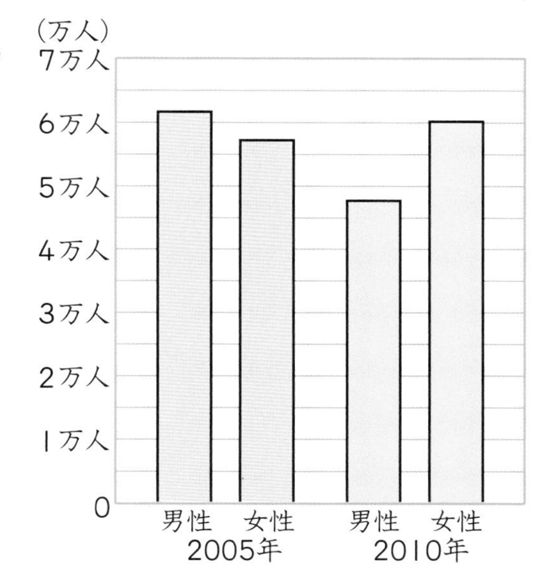

あ　0才以上15才未満の人口の割合が増（ふ）えた。

い　15才以上65才未満の人口の割合が減（へ）った。

う　65才以上の人口の割合が減った。

え　65才以上の人口の割合が1.5倍になった。

お　2005年の女性の人口は、2010年の男性の人口より多い。

（　　　）

ふりかえり　1がわからないときは、92ページの1にもどって確（かく）にんしてみよう。

算数ワールド

四角形の関係を調べよう

教科書 202ページ　答え 37ページ

次の四角形の関係について調べましょう。

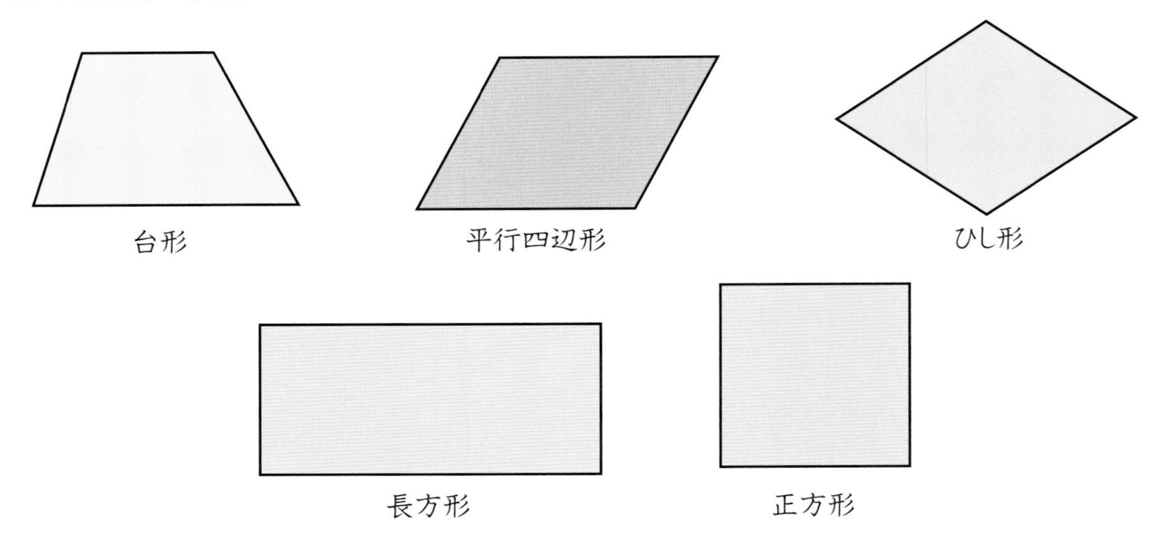

長方形　　正方形

① 向かい合う辺の長さが２組とも等しい四角形をすべて書きましょう。

(　　　　　　　　　　)

② ４つの角の大きさがすべて等しい四角形をすべて書きましょう。

(　　　　　　　　　　)

③ 向かい合う辺の長さが２組とも等しく、また平行である四角形をすべて書きましょう。

(　　　　　　　　　　)

④ ２本の対角線の長さが等しい四角形をすべて書きましょう。

(　　　　　　　　　　)

⑤ ２本の対角線をひくと４つの直角三角形に分けられる四角形をすべて書きましょう。

(　　　　　　　　　　)

対角線は、図にかいて調べてみよう。

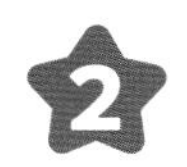

2 下の図を見て、答えましょう。

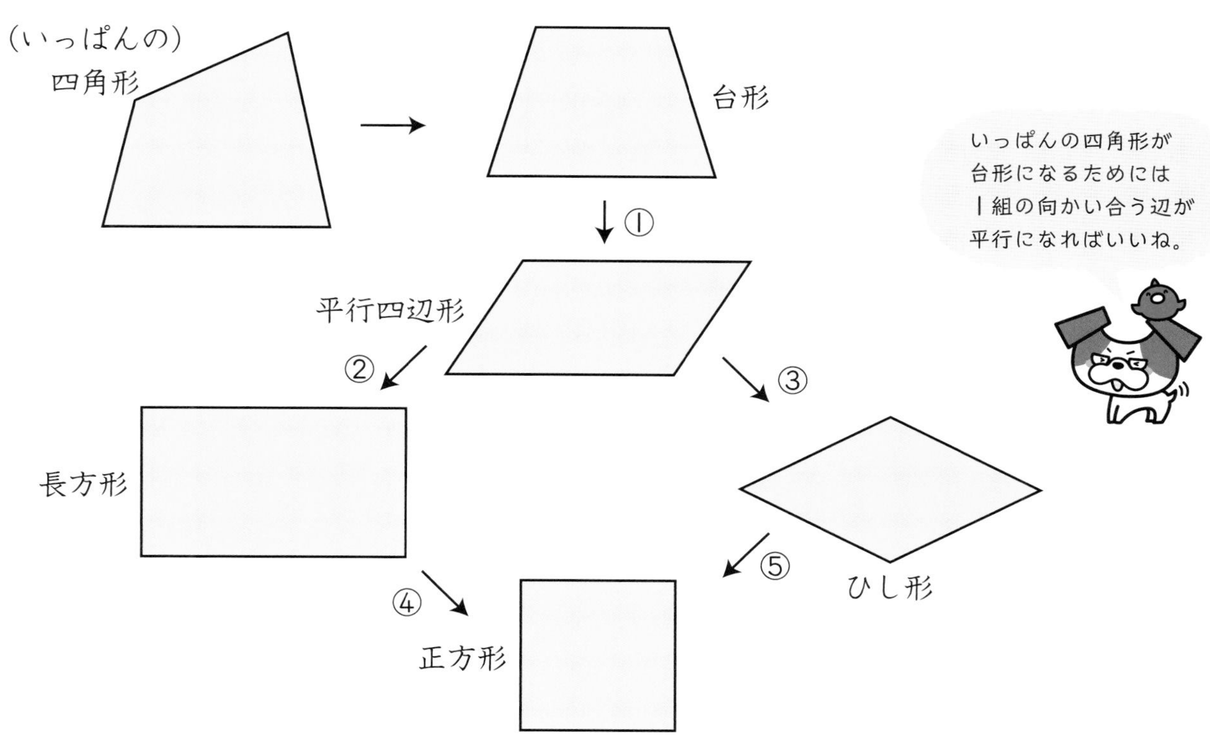

いっぱんの四角形が
台形になるためには
１組の向かい合う辺が
平行になればいいね。

この本の終わりにある「冬のチャレンジテスト」をやってみよう！

① 台形が平行四辺形になるには、どうしたらよいでしょうか。

(　　　　　　　　　　　　　　　　　　　　)

② 平行四辺形が長方形になるには、どうしたらよいでしょうか。

(　　　　　　　　　　　　　　　　　　　　)

③ 平行四辺形がひし形になるには、どうしたらよいでしょうか。

(　　　　　　　　　　　　　　　　　　　　)

④ 長方形が正方形になるには、どうしたらよいでしょうか。

(　　　　　　　　　　　　　　　　　　　　)

⑤ ひし形が正方形になるには、どうしたらよいでしょうか。

(　　　　　　　　　　　　　　　　　　　　)

3 右のベン図を見て、次の四角形は㋐〜㋕のどこにふくまれるか答えましょう。

① ４つの角の大きさはすべて等しいが、となり合う辺の長さは等しくない四角形。

(　　　　　　　　)

② となり合う辺の長さはどこも等しく、直角の角がある四角形。

(　　　　　　　　)

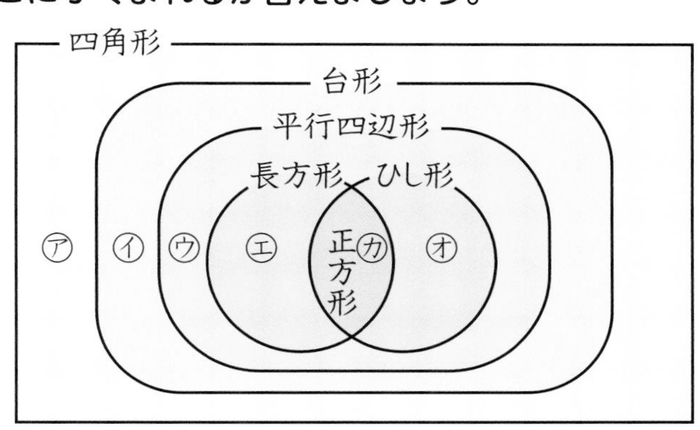

平行四辺形の面積

教科書 204～210ページ　答え 37ページ

次の□にあてはまる数を書きましょう。

めあて 平行四辺形の面積の求め方を理解しよう。

練習 1→

下の❶のような平行四辺形の面積は、長方形に変形して求めることができます。

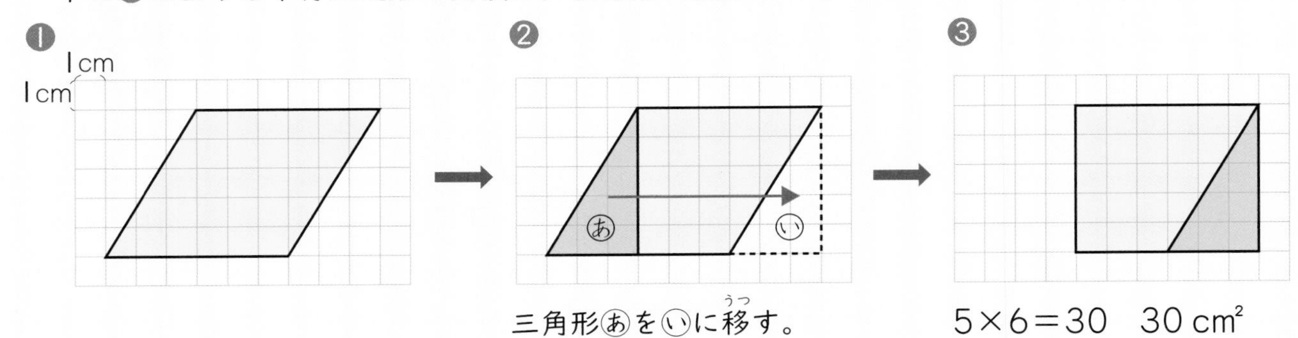

三角形あをいに移す。

5×6＝30　30 cm²

1 右のような平行四辺形ABCDの面積を求めましょう。

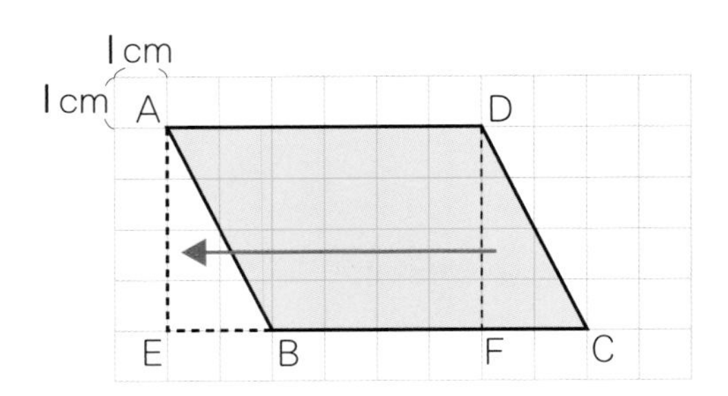

解き方 三角形DFCを三角形AEBに移動して形を変えれば、たて①□cm、横②□cmの長方形AEFDができます。平行四辺形ABCDの面積は、

③□×④□＝24　　答え　24 cm²

めあて 平行四辺形の面積を求められるようにしよう。

練習 2 3 4→

平行四辺形では、１つの辺を**底辺**とするとき、底辺とそれに平行な辺との間に垂直にかいた直線の長さを**高さ**といいます。

平行四辺形の高さは、図形の外側にとることもできます。

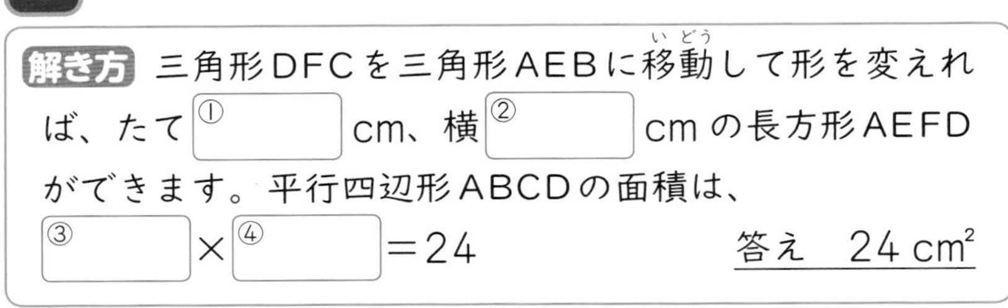

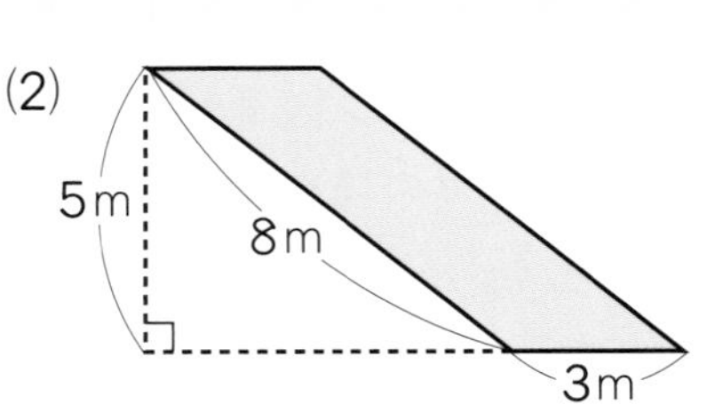

平行四辺形の面積の公式

平行四辺形の面積＝底辺×高さ

2 右のような平行四辺形の面積を求めましょう。

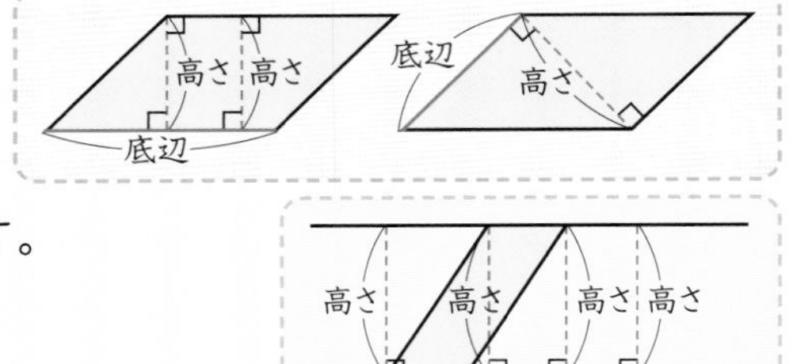

解き方 平行四辺形の面積の公式にあてはめます。

(1)　底辺は①□cm、高さは2cmだから、②□×2＝③□　　答え　8cm²

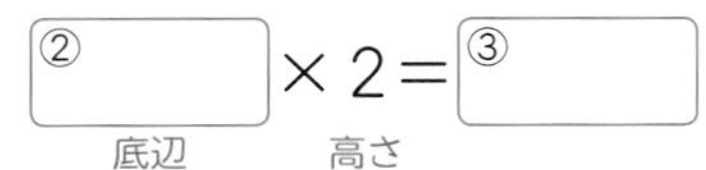

(2)　底辺は①□m、高さは5mだから、②□×5＝③□　　答え　④□m²

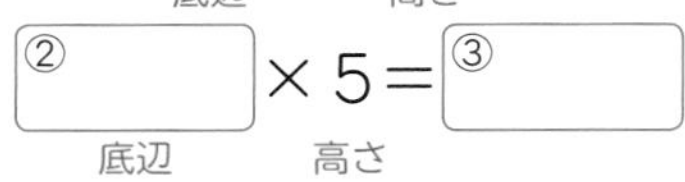

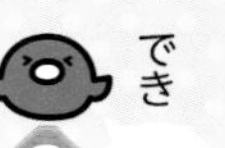

学習日　月　日

★できた問題には、「た」をかこう！★

教科書 204～210ページ　答え 38ページ

1 右のような平行四辺形の面積の求め方を考えます。

教科書 205ページ 1

① 三角形ABEを、三角形DCFに移動すると、長方形AEFDができます。
長方形AEFDのたてと横の長さは何cmでしょうか。

たて (　　　)　横 (　　　)

② 平行四辺形ABCDの面積は何cm^2でしょうか。

(　　　)

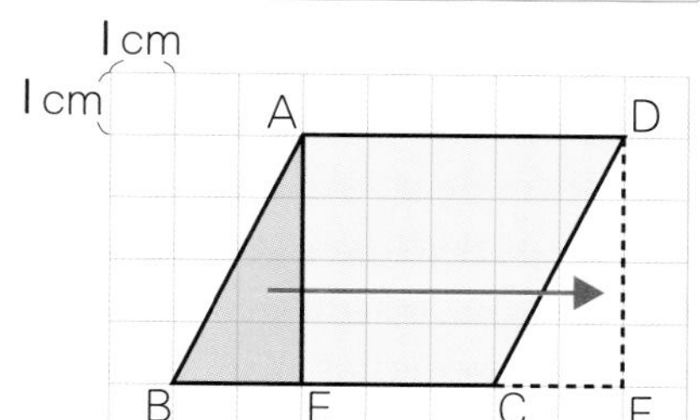

2 次のような平行四辺形の面積を求めましょう。

教科書 207ページ 2

①

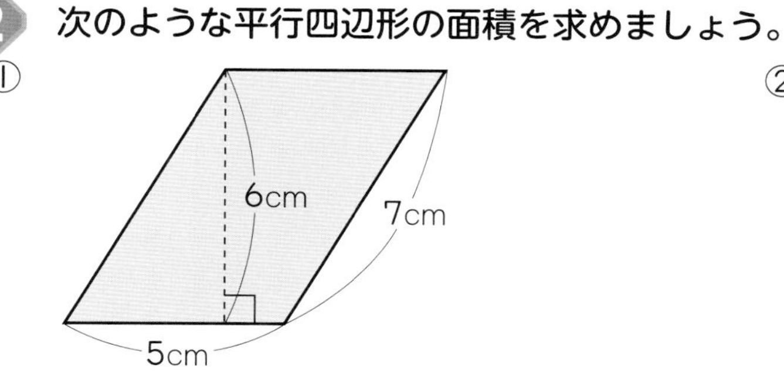

(　　　)

②

(　　　)

3 次のような平行四辺形の面積を求めましょう。

教科書 209ページ 3

①

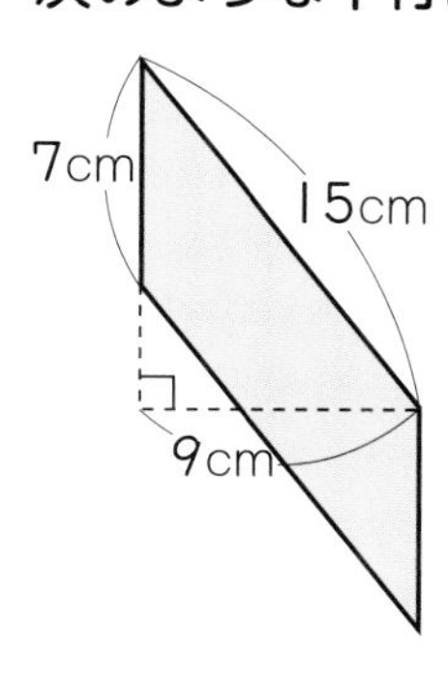

(　　　)

②

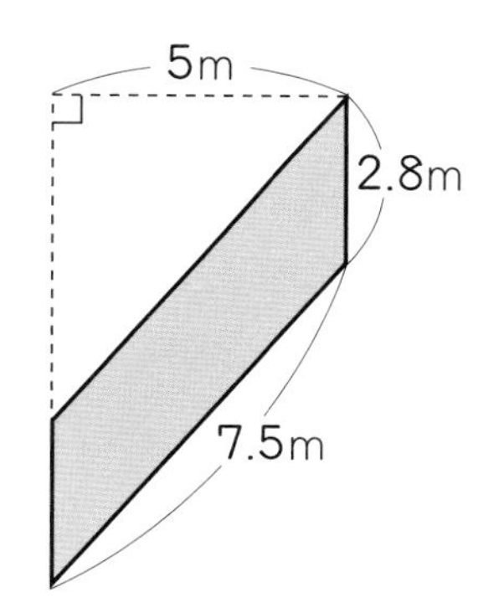

(　　　)

4 下のように、平行四辺形ABCDの辺BCと辺ADをのばした直線をかきました。

平行四辺形ABCDと面積が等しい平行四辺形を、底辺BCを変えずに2つかきましょう。

教科書 210ページ 4

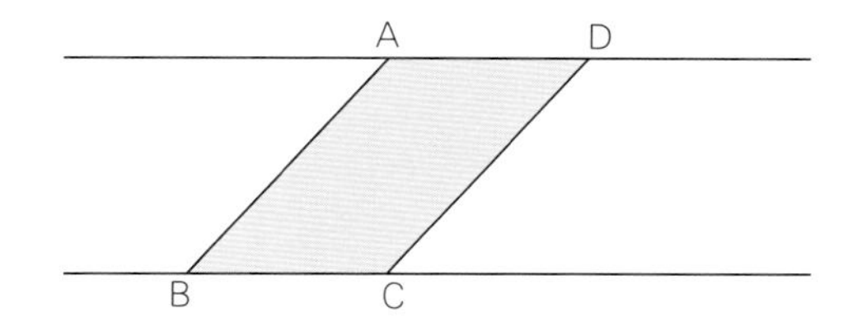

底辺の長さと
高さが等しければ
平行四辺形の面積は
等しくなるよ。

ヒント

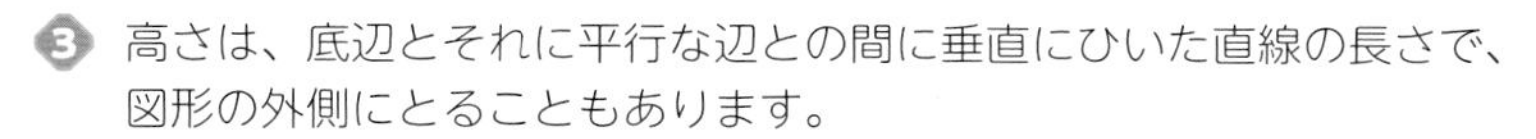

3 高さは、底辺とそれに平行な辺との間に垂直にひいた直線の長さで、図形の外側にとることもあります。

三角形の面積

教科書 211〜216ページ　答え 38ページ

次の□にあてはまる数を書きましょう。

めあて 三角形の面積の求め方を理解しよう。

練習 1→

下のあのような三角形の面積は、長方形や平行四辺形をもとにして求めることができます。
三角形あの面積は、$5\times8\div2=20(cm^2)$

あ

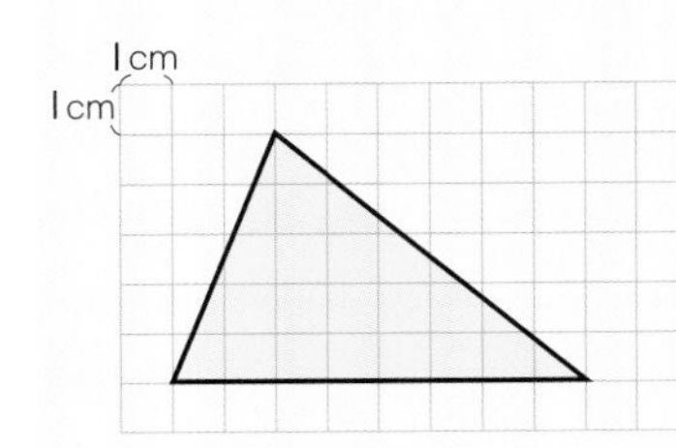

い

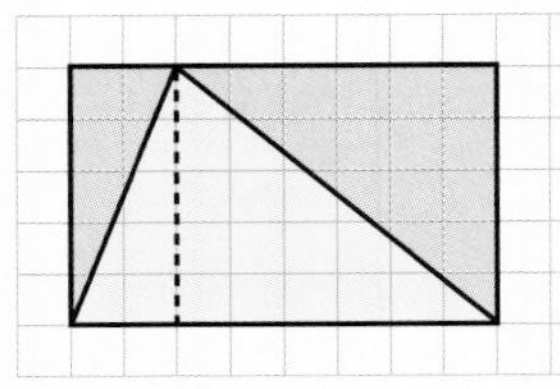

長方形の半分

う

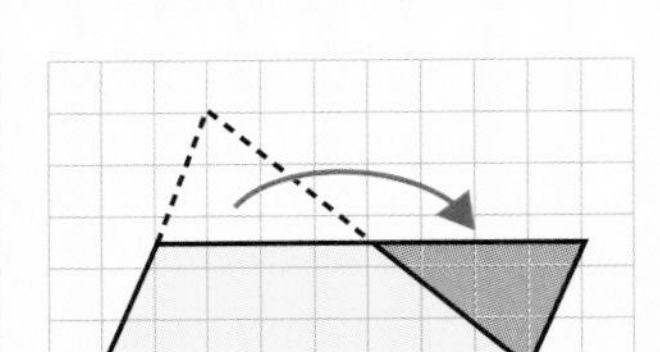

高さが半分の平行四辺形

え

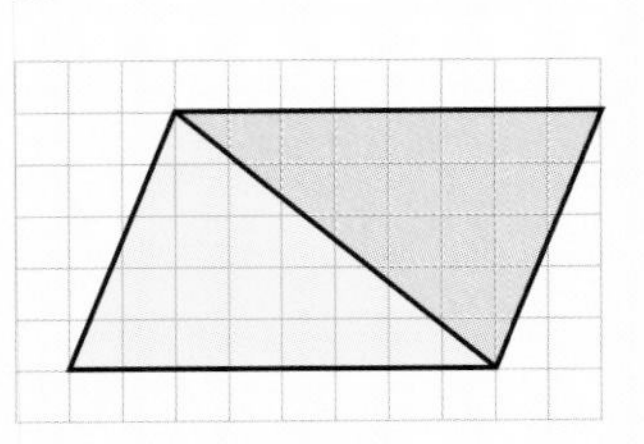

平行四辺形の半分

1 右のような三角形ABCの面積を求めましょう。

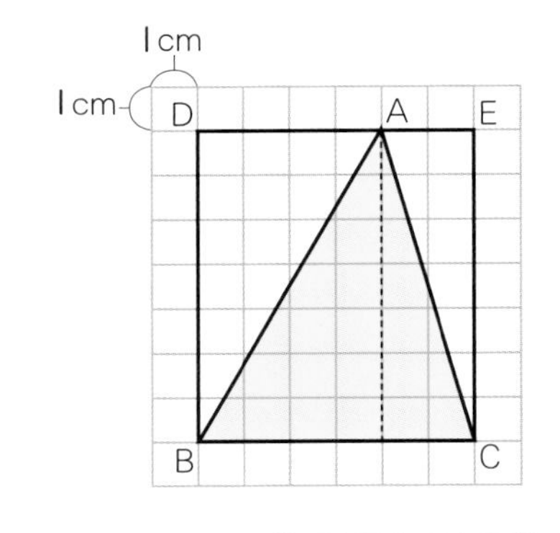

解き方 長方形DBCEをもとにして考えます。
三角形ABCの面積は、たて①□cm、横②□cm
の長方形DBCEの面積の半分になります。
三角形ABCの面積は

③□×④□÷2＝21　　答え　21 cm^2

めあて 三角形の面積を求められるようにしよう。

練習 2 3 4→

三角形では、１つの辺を**底辺**（ていへん）とするとき、それと向かい合った頂点（ちょうてん）から底辺に垂直（すいちょく）にかいた直線の長さを**高さ**といいます。

三角形の高さは、図形の外側にとることもできます。

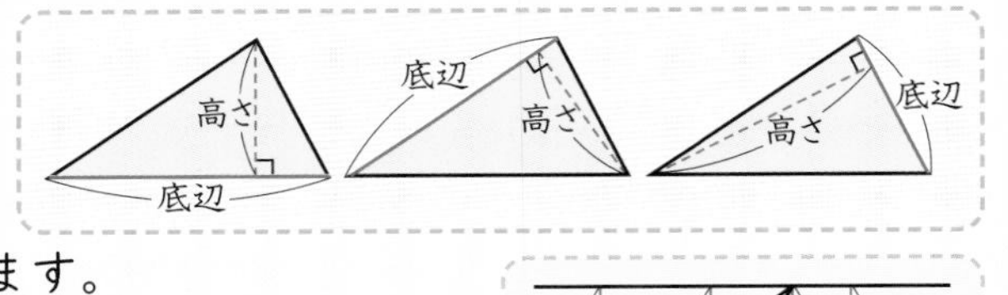

三角形の面積の公式
三角形の面積＝底辺×高さ÷2

2 右のような三角形の面積を求めましょう。

(1)

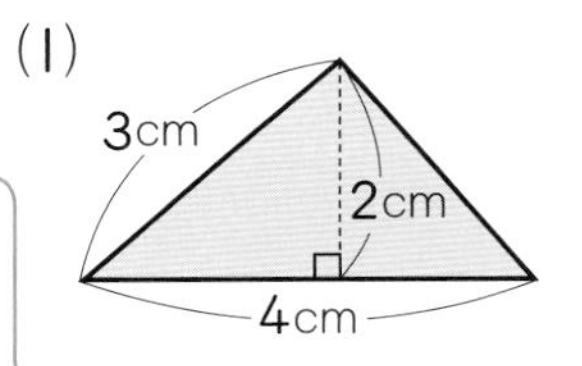

(2)

解き方 三角形の面積の公式にあてはめます。
(1) 底辺は①□cm、高さは2cmだから、

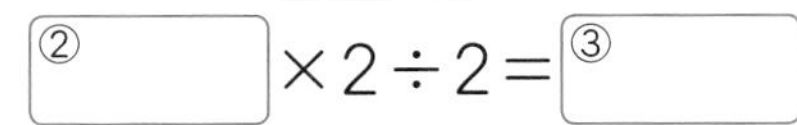

②□×2÷2＝③□　　答え　4 cm^2

(2) 底辺は①□m、高さは②□mだから、

③□×④□÷2＝15　　答え　15 m^2
（底辺）（高さ）

ぴったり2 **練習**

★できた問題には、「た」をかこう！★

1 でき　2 でき　3 でき　4 でき

学習日　月　日

教科書 211～216ページ　答え 38ページ

1 右のような三角形の面積の求め方を考えます。

教科書 211ページ 5

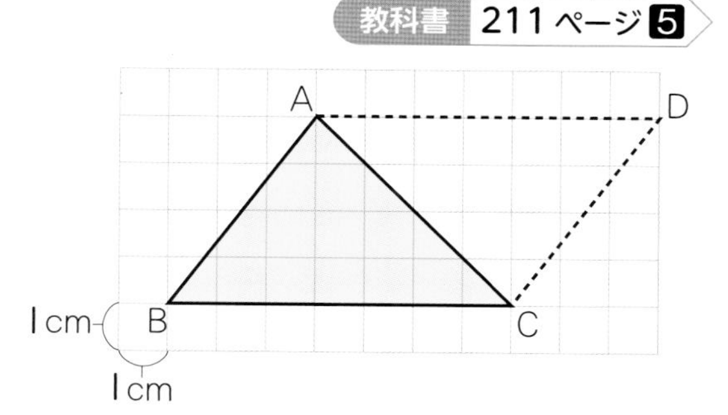

① 三角形ABCを2つ合わせると、平行四辺形ABCDができます。

平行四辺形ABCDの底辺の長さと高さは何cmでしょうか。

底辺（　　　）　高さ（　　　）

② 三角形ABCの面積は何cm^2でしょうか。

（　　　）

2 次のような三角形の面積を求めましょう。

教科書 213ページ 6

①

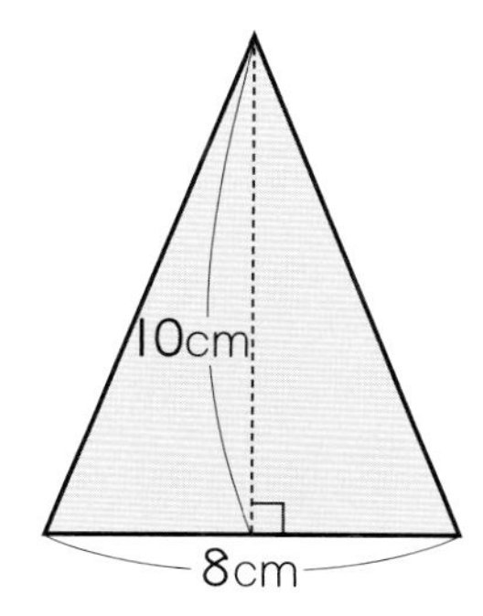

（　　　）

②

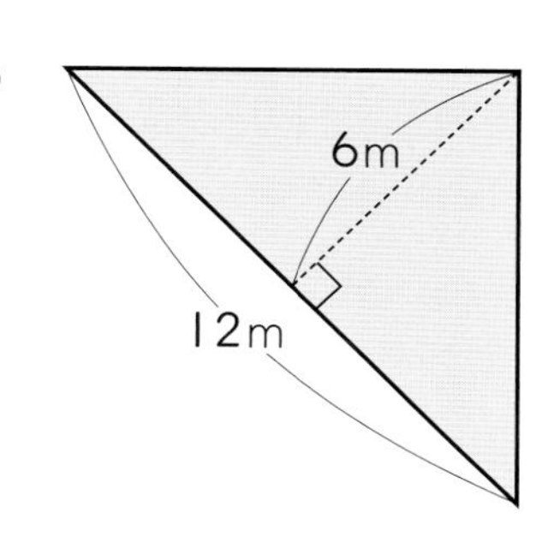

（　　　）

3 次のような三角形の面積を求めましょう。

教科書 215ページ 7

①

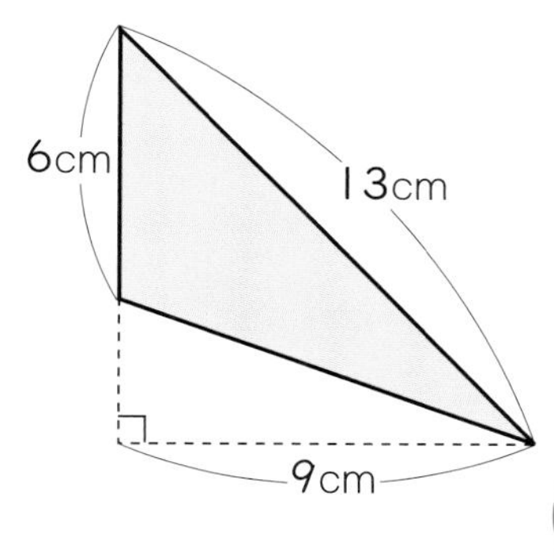

（　　　）

②

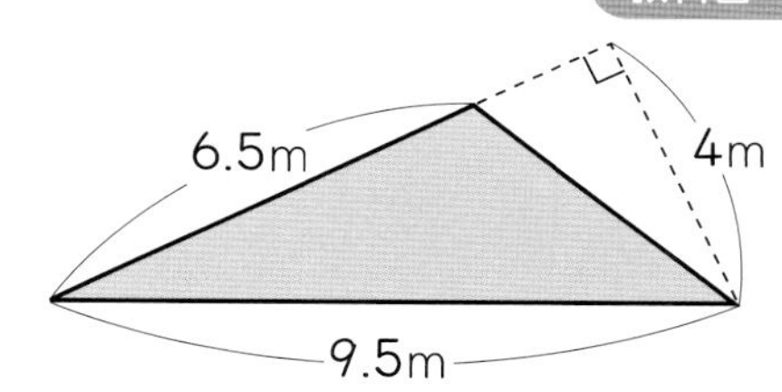

（　　　）

4 下のように、三角形ABCの底辺BCをのばした直線と、それに平行な直線をかきました。三角形ABCと面積が等しい三角形を、底辺BCを変えずに、2つかきましょう。

教科書 216ページ 8

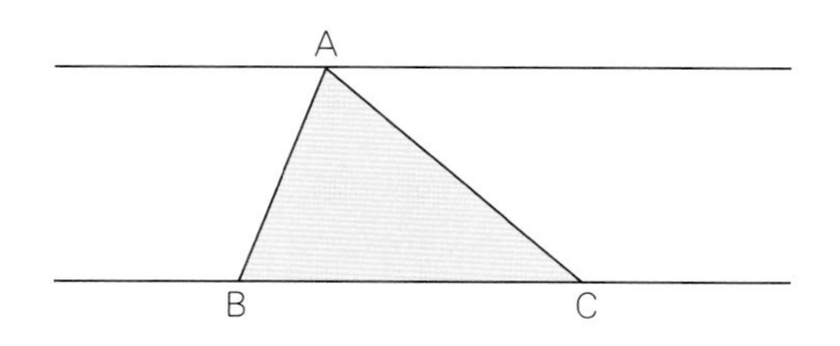

底辺の長さと
高さが等しければ
三角形の面積は
等しくなるね。

ヒント　3 三角形の高さも、図形の外側にとることができます。

高さと面積の関係

学習日　　月　　日

教科書 218ページ　答え 38ページ

次の□にあてはまる数を書きましょう。

めあて　高さと面積の関係を理解(りかい)しよう。　練習 1→

高さと面積の関係

底辺の長さが決まっているとき、三角形や平行四辺形の面積は高さに**比例**(ひれい)します。

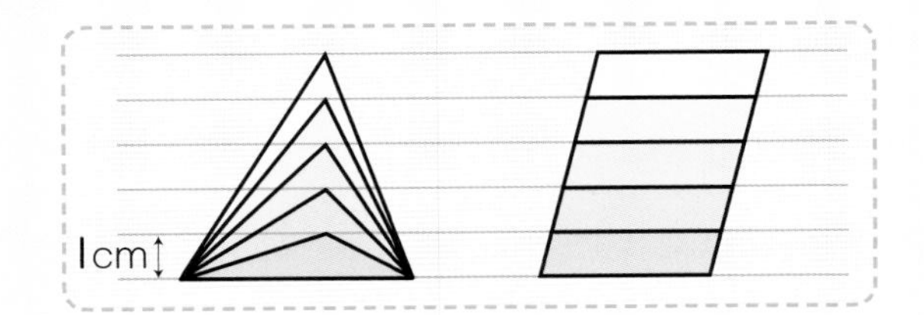

1 底辺が6cmの三角形の高さを1cm、2cm、……と変えると、面積はどのようになるかを考えます。

高さと面積の関係を、表を使って調べましょう。

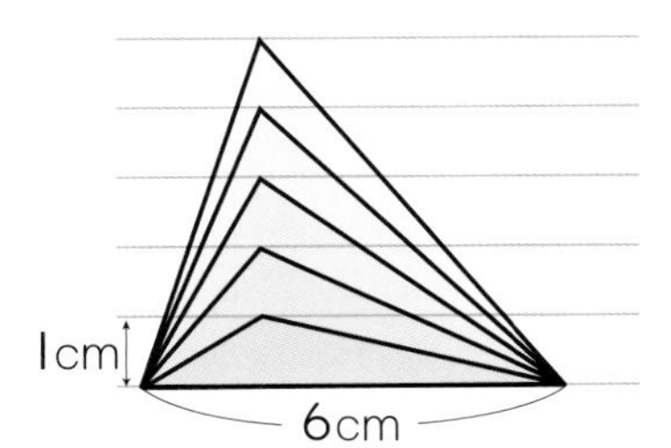

(1) 高さが1cmずつ増(ふ)えると、面積は何cm^2ずつ増えますか。

(2) 高さを○cm、面積を△cm^2として、○と△の関係を式に表しましょう。

(3) 高さが9cmのとき、面積は何cm^2になるでしょうか。

(4) 面積が30cm^2のとき、高さは何cmになるでしょうか。

(5) 面積が45cm^2のとき、高さは何cmになるでしょうか。

解き方

(1)

高さ(cm)	1	2	3	4	5	6	
面積(cm^2)	3	6	9	12	15	18	

(2倍)

高さが1cmのとき面積は3cm^2、高さが2cmのとき面積は6cm^2、高さが3cmのとき面積は9cm^2だから、面積は□cm^2ずつ増えます。

三角形の底辺が決まっているとき、高さが2倍、3倍になると、面積も2倍、3倍になるね。

(2) 高さを○cm、面積を△cm^2とすると、3×1＝3、3×2＝6、……だから式は、□×○＝△と表せます。　　答え　3×○＝△

(3) (2)の式の○に9をあてはめて、3×9＝□　　答え　27cm^2

(4) (2)の式の△に30をあてはめて、3×○＝□、

30÷3＝□　　答え　10cm

(5) (2)の式の△に45をあてはめて、3×○＝□、

45÷3＝□　　答え　15cm

★できた問題には、「た」をかこう！★

でき
1

学習日　月　日

教科書 218ページ　答え 39ページ

1 底辺が8cmの三角形の高さを1cm、2cm、……と変えていきます。

教科書 218ページ 9

① 下の表は、高さと面積の関係を表したものです。
表のあいているところに、あてはまる数を書きましょう。

高さ(cm)	1	2	3	4	5	
面積(cm²)	4	㋐	㋑	16	㋒	

1cm
8cm

② 高さが1cmずつ増えると、面積は何cm²ずつ増えますか。

(　　　)

③ 高さが3倍になると、面積は何倍になりますか。

(　　　)

④ 高さを○cm、面積を△cm²として、○と△の関係を式に表しましょう。

(　　　)

⑤ 高さが10cmのとき、面積は何cm²になるでしょうか。

(　　　)

⑥ 高さが15cmのとき、面積は何cm²になるでしょうか。

(　　　)

⑦ 面積が80cm²のとき、高さは何cmになるでしょうか。

(　　　)

⑧ 面積が100cm²のとき、高さは何cmになるでしょうか。

(　　　)

⑨ 面積は高さに比例しますか。

(　　　)

いろいろな図形の面積
およその面積

教科書 219～224ページ 答え 39ページ

次の□にあてはまる数を書きましょう。

めあて 台形の面積を求められるようにしよう。

練習 1 3→

台形では、平行な2つの辺を、**上底**(じょうてい)、**下底**(かてい)といい、上底と下底の間に垂直(すいちょく)にかいた直線の長さを**高さ**といいます。

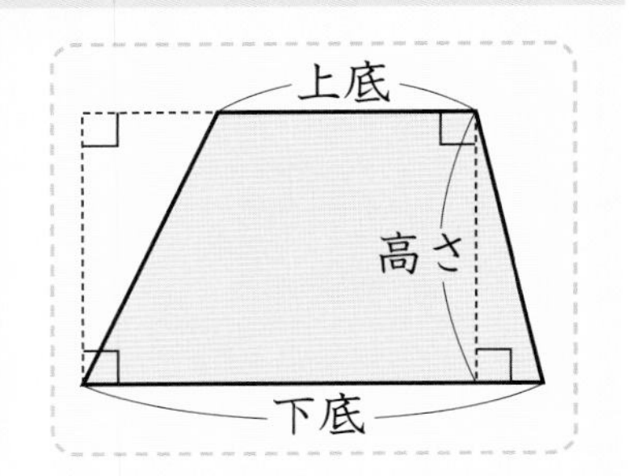

台形の面積の公式

台形の面積＝(上底＋下底)×高さ÷2

1 右のような台形の面積を求めましょう。

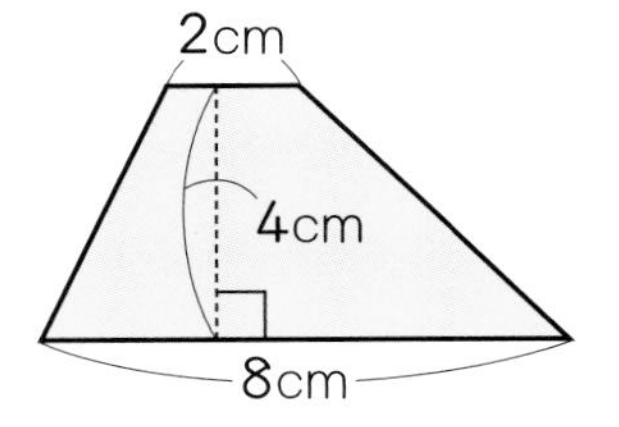

解き方 台形の面積の公式にあてはめます。

(□＋□)×4÷2＝□　　答え 20 cm^2

めあて ひし形の面積を求められるようにしよう。

練習 2 3→

ひし形の面積の公式

ひし形の面積＝一方の対角線×もう一方の対角線÷2

2 右のようなひし形の面積を求めましょう。

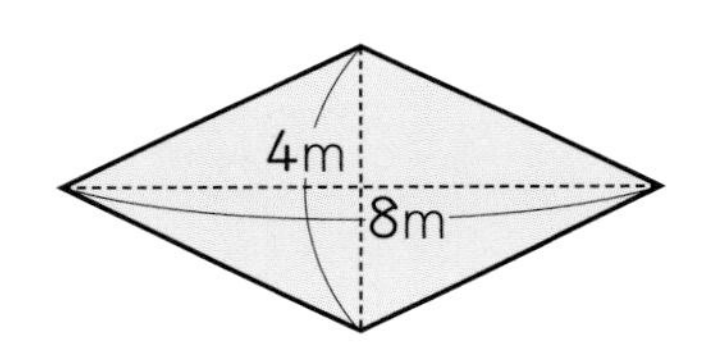

解き方 ひし形の面積の公式にあてはめます。

□×□÷2＝□　　答え 16 m^2

めあて およその面積を求められるようにしよう。

練習 4→

およその面積

面積の公式を使えなくても、方眼(ほうがん)の数を数えることによって、およその面積を求めることができます。

3 右のような形をしたものがあります。
このもののおよその面積を、方眼を使って求めましょう。

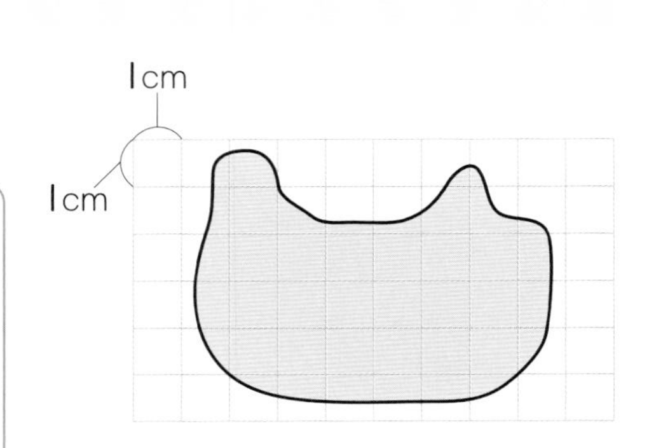

解き方 形の内側に完全に入っている方眼を1 cm^2、一部が形にかかっている方眼を半分と数えて、面積を求めます。（→0.5 cm^2）

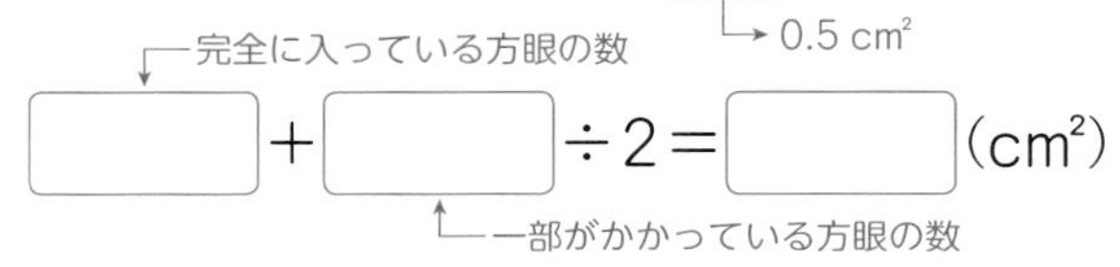

□＋□÷2＝□(cm^2)

答え 約30.5 cm^2

ぴったり2

練習

★できた問題には、「た」をかこう！★

でき 1　でき 2　でき 3　でき 4

学習日　月　日

教科書 219〜224ページ　答え 39ページ

1 右のような台形の面積の求め方を考えます。

教科書 219ページ 10、221ページ 11

① 台形ABCDを2つ合わせると、平行四辺形ABEFができます。

平行四辺形ABEFの底辺の長さと高さは何cmでしょうか。

底辺（　　　　）　高さ（　　　　）

② 台形ABCDの面積は何 cm^2 でしょうか。

（　　　　）

2 右のようなひし形の面積の求め方を考えます。

教科書 222ページ 12

① 4つの頂点（ちょうてん）を通る直線を、対角線に平行にかくと、長方形EFGHができます。

長方形EFGHのたてと横の長さは何cmでしょうか。

たて（　　　　）　横（　　　　）

② ひし形ABCDの面積は何 cm^2 でしょうか。

（　　　　）

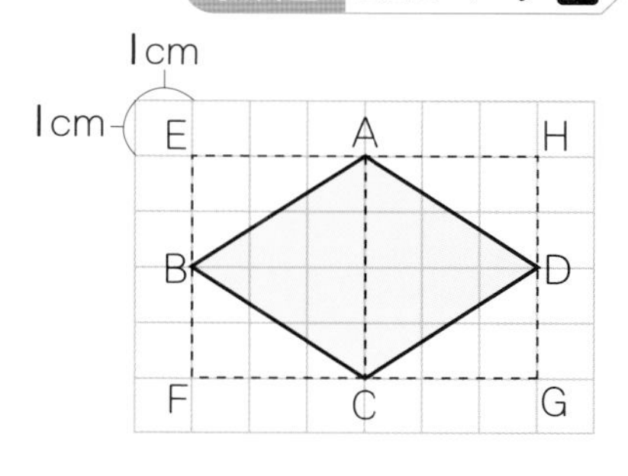

3 次のような台形とひし形の面積を求めましょう。

教科書 221ページ ⑫、223ページ ⑬

①

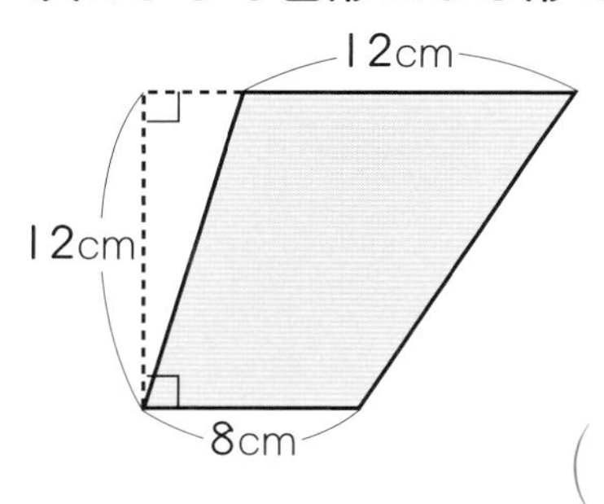

（　　　　）

②

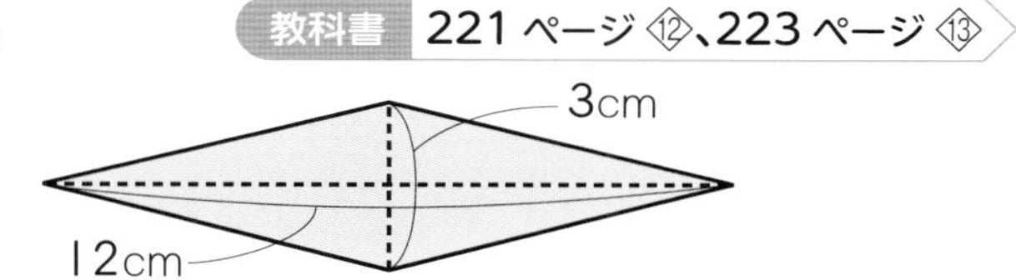

（　　　　）

4 右のような形をした面積は約何 cm^2 でしょうか。

教科書 224ページ 14

（　　　　）

ヒント

1 ② 平行四辺形ABEFの面積の半分になります。

2 ② 長方形EFGHの面積の半分になります。

14 四角形や三角形の面積

教科書 204～227 ページ　答え 40 ページ

知識・技能　／48点

1 よく出る　次のような平行四辺形や三角形の面積を求めましょう。　式・答え 各3点(24点)

① 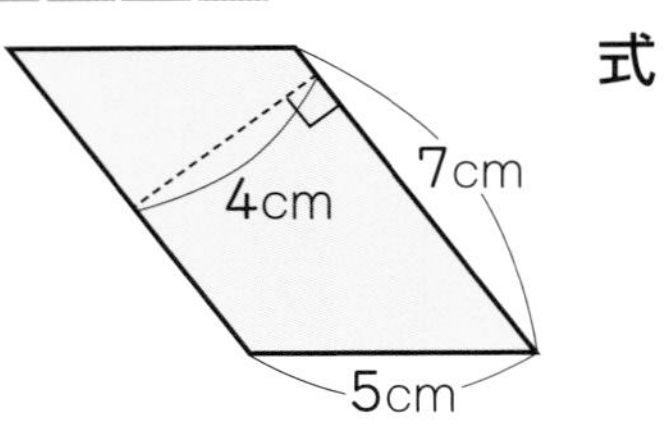

式

答え（　　　　）

② 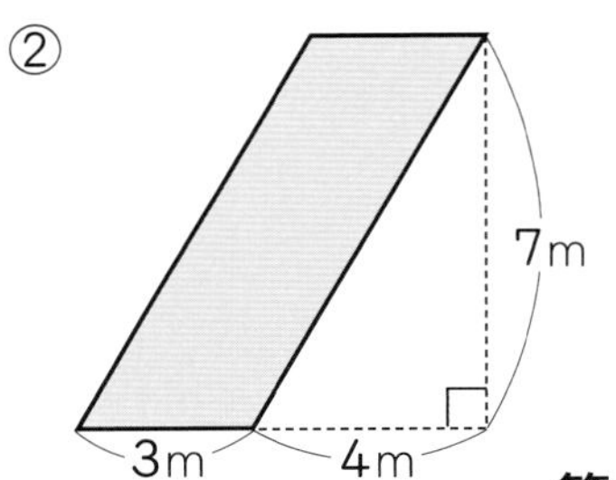

式

答え（　　　　）

③  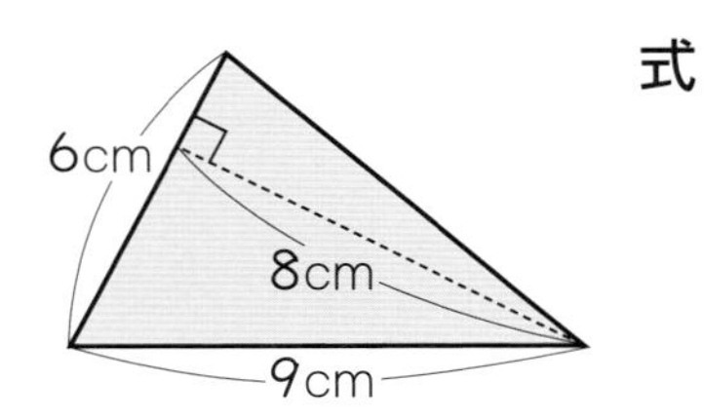

式

答え（　　　　）

④ 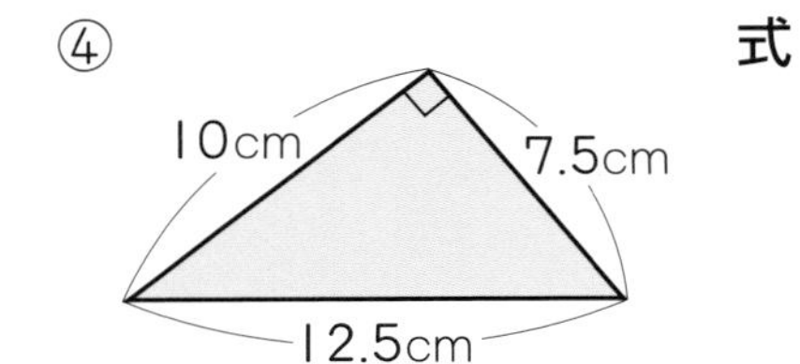

式

答え（　　　　）

2 よく出る　次のような台形やひし形の面積を求めましょう。　式・答え 各4点(24点)

① 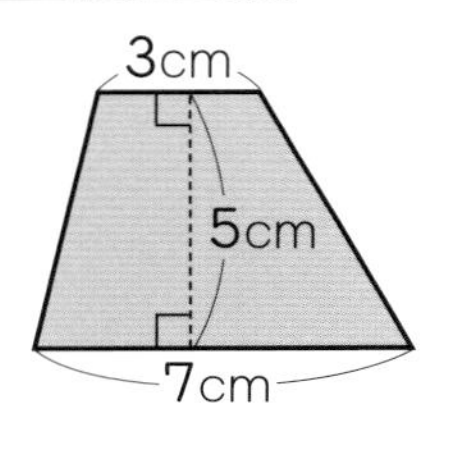

② 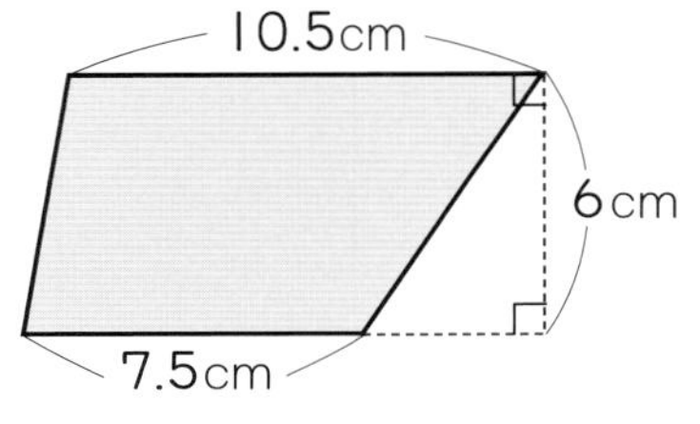

③ 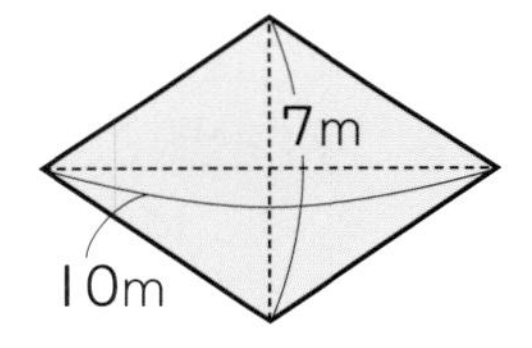

式

答え（　　　　）

式

答え（　　　　）

式

答え（　　　　）

思考・判断・表現　／52点

3 ㋐の三角形と面積が等しい三角形は、㋑から㋖のうちのどれでしょうか。すべて書きましょう。　(8点)

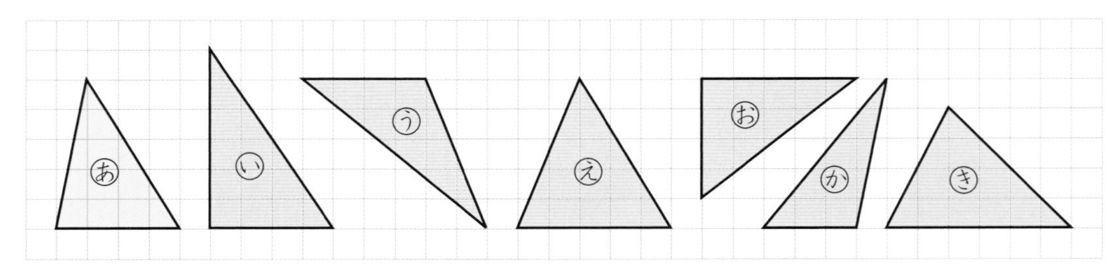

（　　　　）

4 底辺が 10 cm の三角形の高さを 1 cm、2 cm、……と変えていきます。下の表は、このときの高さと面積の関係を表したものです。

各6点(18点)

高さ(cm)	1	2	3	4	5	6	
面積(cm^2)	5	10	15	20	25	30	

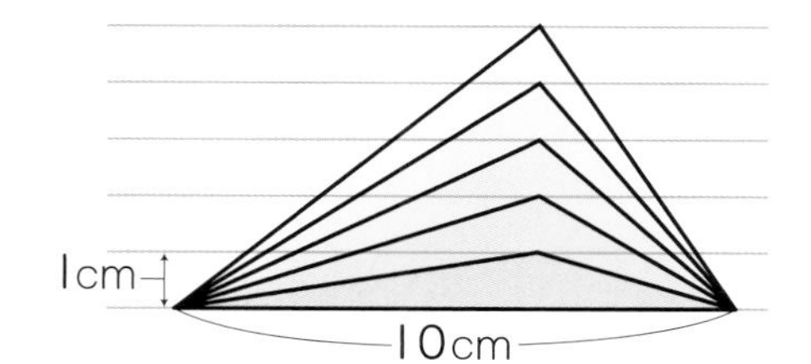

① 高さを○ cm、面積を△ cm^2 として、○と△の関係を式に表しましょう。

(　　　　　　)

② 高さが 9 cm のとき、面積は何 cm^2 になるでしょうか。

(　　　　　　)

③ 面積が 85 cm^2 のとき、高さは何 cm になるでしょうか。

(　　　　　　)

5 右のような形をした湖の面積は約何 km^2 でしょうか。

(10点)

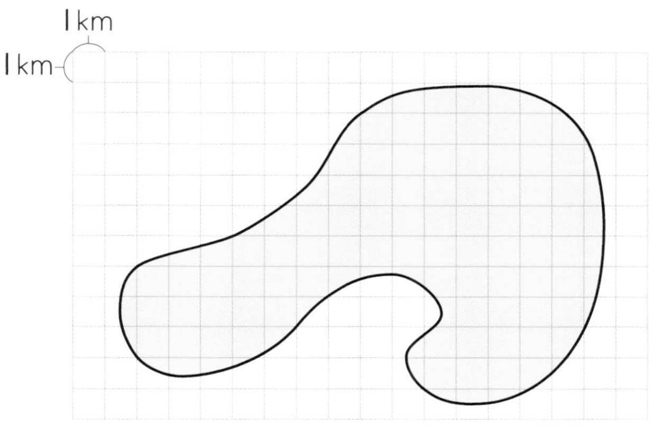

(　　　　　　)

できたらスゴイ!

6 次のような図形の、色がついた部分の面積を求めましょう。

各8点(16点)

①

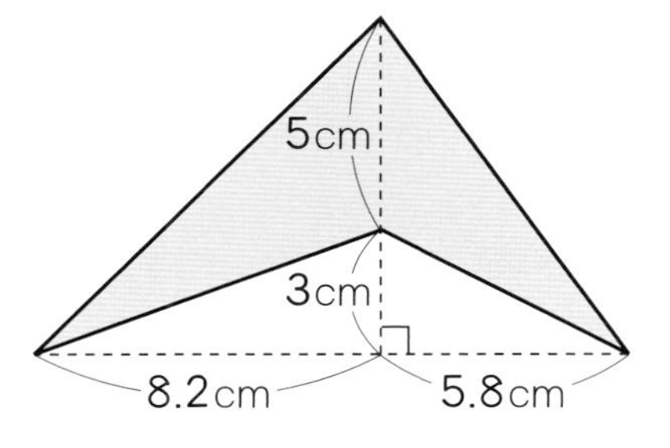

②

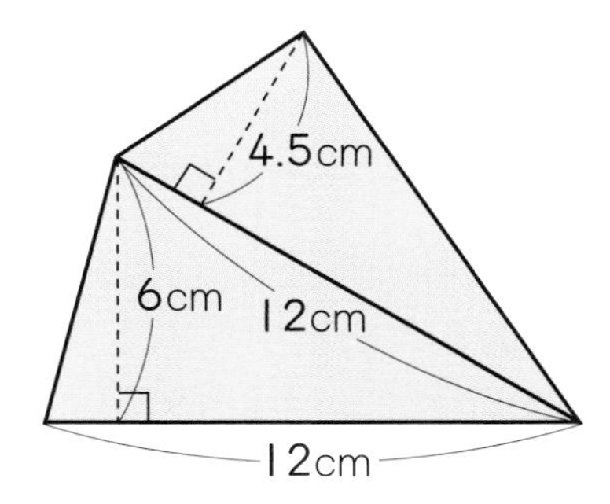

(　　　　　　)　　(　　　　　　)

ふりかえり **1**①がわからないときは、100 ページの **2** にもどって確(かく)にんしてみよう。

正多角形

3分でまとめ

学習日 月 日

教科書 228～233ページ 答え 40ページ

次の□にあてはまる言葉や数を書きましょう。

めあて 正多角形の意味を理解しよう。

練習 1→

辺の長さがすべて等しく、角の大きさもすべて等しい多角形を**正多角形**といいます。

正三角形

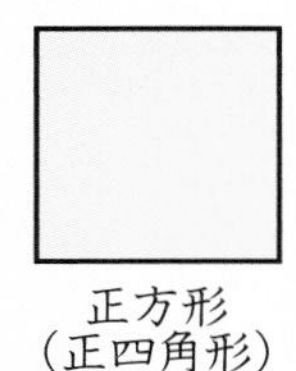
正方形
(正四角形)

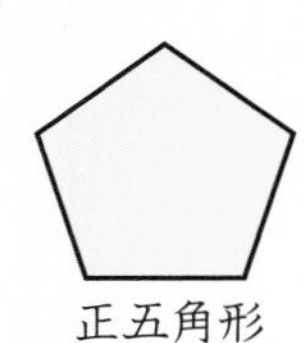
正五角形

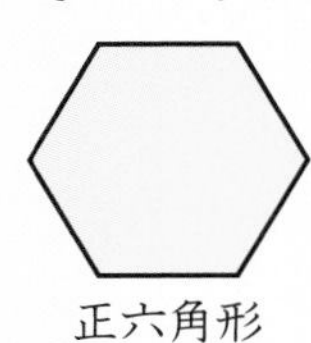
正六角形

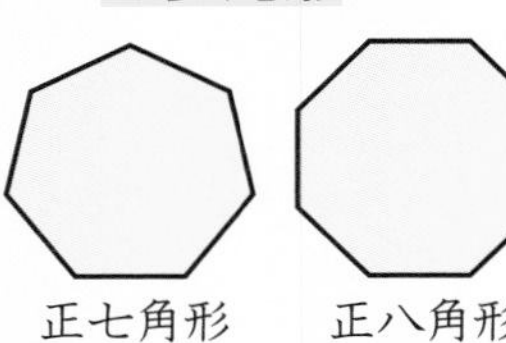
正七角形

正八角形

1 右の多角形ⓐからⓤのうち、正多角形はどれでしょうか。また、それは何という図形でしょうか。

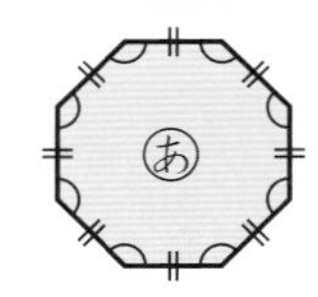

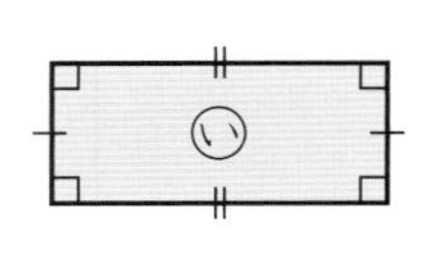

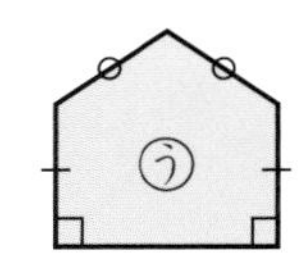

解き方 辺の長さ、角の大きさが等しいかを調べます。

ⓐ 8つの辺の長さがすべて等しく、8つの□もすべて等しくなっているので正多角形です。このような八角形を□といいます。

ⓘ 4つの□はすべて等しいですが、4つの辺の長さがすべて等しいわけではないので、正多角形ではありません。

ⓤ 5つの辺の長さも、5つの角の大きさもすべて等しいわけではないので、正多角形ではありません。

答え ⓐ、正八角形

めあて 正多角形をかけるようにしよう。

練習 2 3→

円を使った正多角形のかき方

正多角形は、円の中心の周りの角を等分するように半径をかいて、半径と円が交わった点を順に結んでかくことができます。

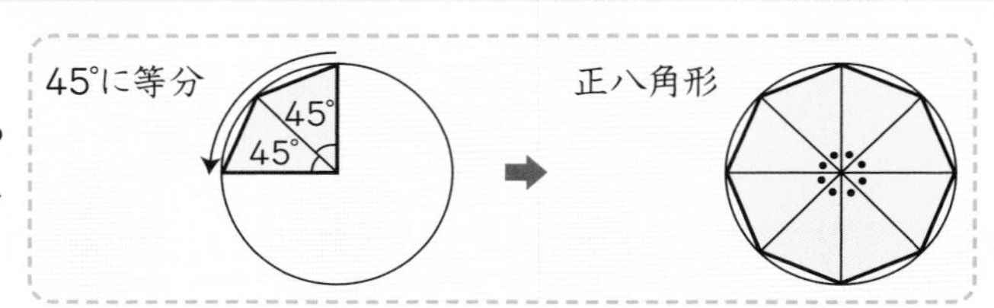

2 右の図は正六角形をかいたものです。
ⓐからⓤの角度は何度でしょうか。

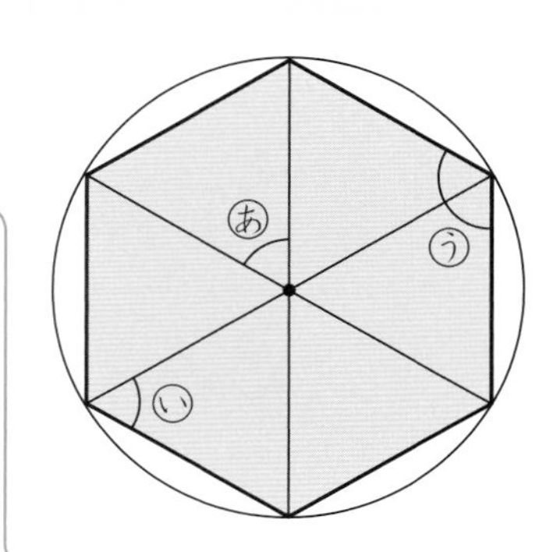

解き方 ⓐ 円の中心の周りの角度は360°なので、6等分すると、
1つの角度は、360÷6＝□

ⓘ 円の中心の周りを等分するように半径をかいて、半径と円が交わった点を結んでできる三角形は、どれも合同な二等辺三角形になります。

三角形の角の大きさの和は180°なので、(180－60)÷2＝□

ⓤ ⓘの角度の2つ分なので、60×2＝□

答え ⓐ60° ⓘ60° ⓤ120°

1 下の㋐から㋒の多角形のうち、正多角形はどれでしょうか。
また、それは何という図形でしょうか。　教科書 229ページ**1**

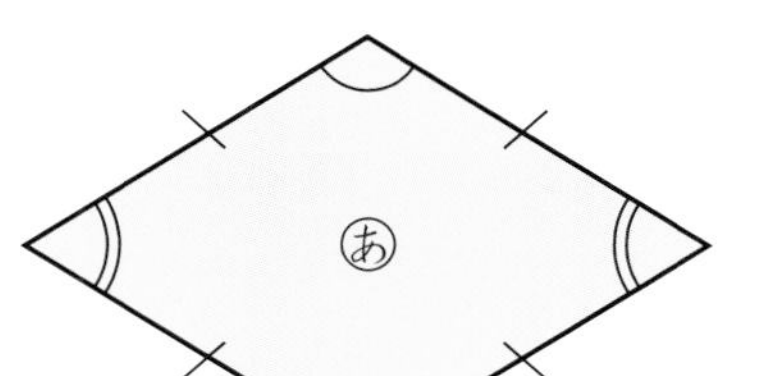
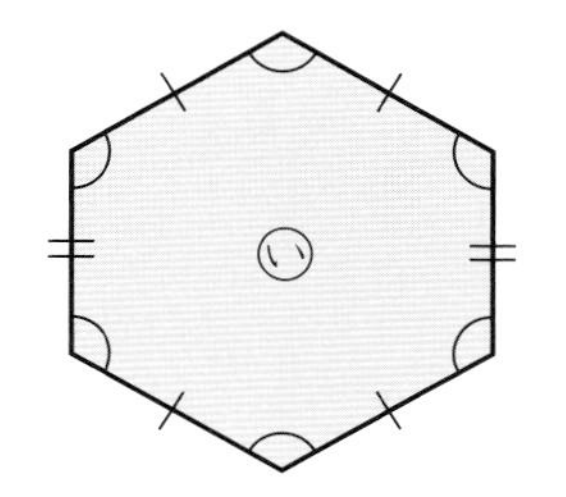
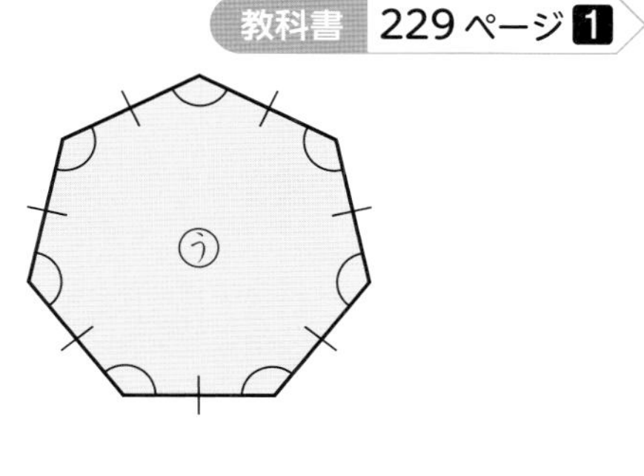

（　　　　）（　　　　）

2 円の中心の周りの角を等分する方法で正九角形をかきます。　教科書 231ページ**2**、232ページ**3**

① 等分する角度を何度にすればよいでしょうか。

（　　　　）

② 右の半径3cmの円に、正九角形をかきましょう。

分度器と
ものさしを
使ってかこう。

3 下の図は正多角形です。㋐から㋕の角度は何度でしょうか。　教科書 232ページ**3**

① 正五角形

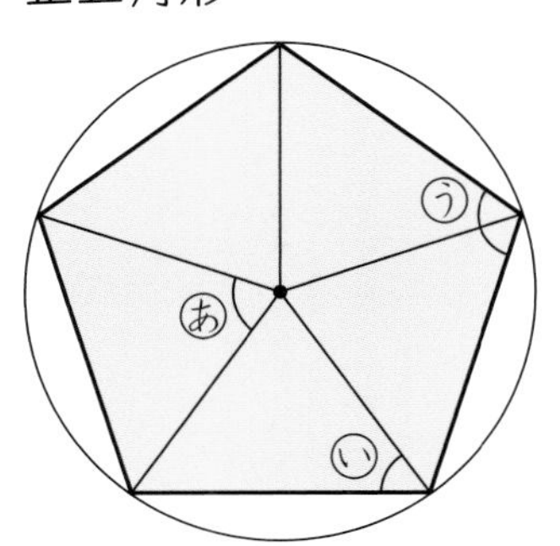

② 正八角形

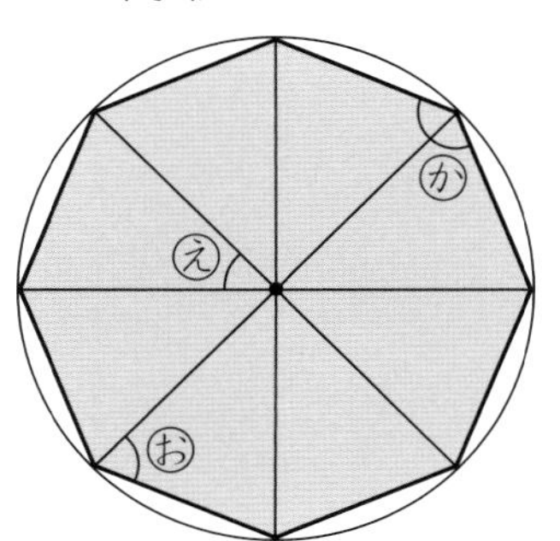

㋐（　　　　）
㋑（　　　　）
㋒（　　　　）
㋓（　　　　）
㋔（　　　　）
㋕（　　　　）

ヒント
3 正多角形は、どれも合同な二等辺三角形が集まった形をしています。

プログラミングにちょう戦

プログラミング

教科書 234～235ページ　答え 41ページ

コンピューターは、記号を順序（じゅんじょ）よく組み合わせた「プログラム」とよばれる命令を出すことで動かすことができます。

🚗は車のロボットで、→の方へ動きます。

例えば、下のような命令を出すと、①、②の順に動きます。

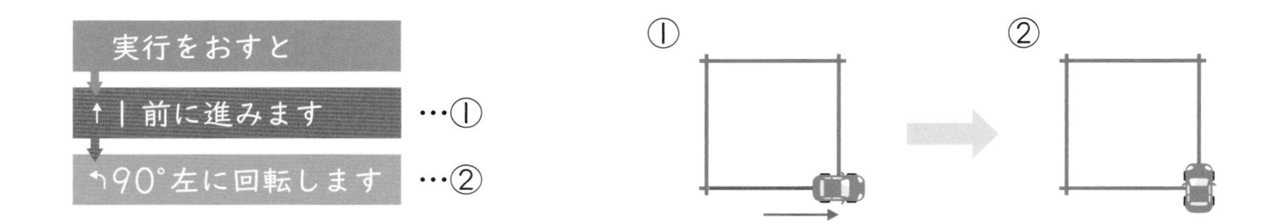

1辺1cmの正方形をかくプログラムをつくります。
□に数を書きましょう。

「1」を1cmとしよう。

実行をおすと

↑ [1] 前に進みます

↰ [90]° 左に回転します

↑ [あ] 前に進みます

↰ [い]° 左に回転します

↑ [う] 前に進みます

↰ [え]° 左に回転します

↑ [お] 前に進みます

2 コンピューターを使って、次のような1辺2cmの正五角形をかきます。
車のロボットを動かすための命令を［　］に書きましょう。

72°　54°　54°

108°　72°
あ　い

回転する角度は、
あといのどちらに
すればいいのかな。

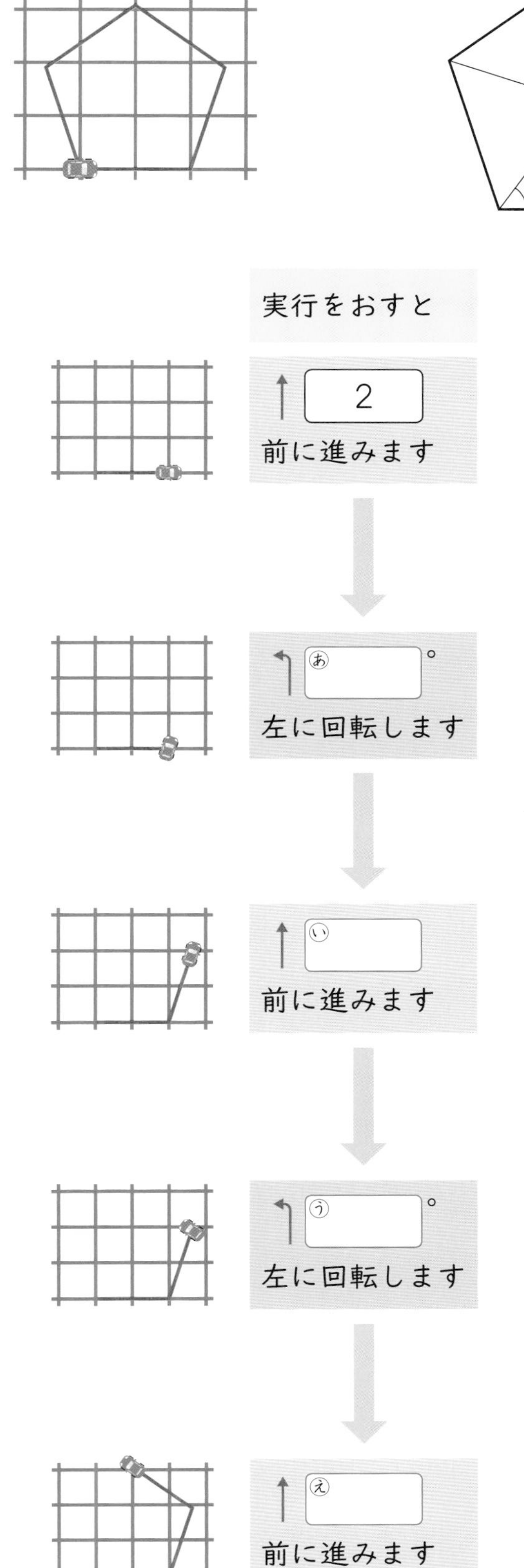

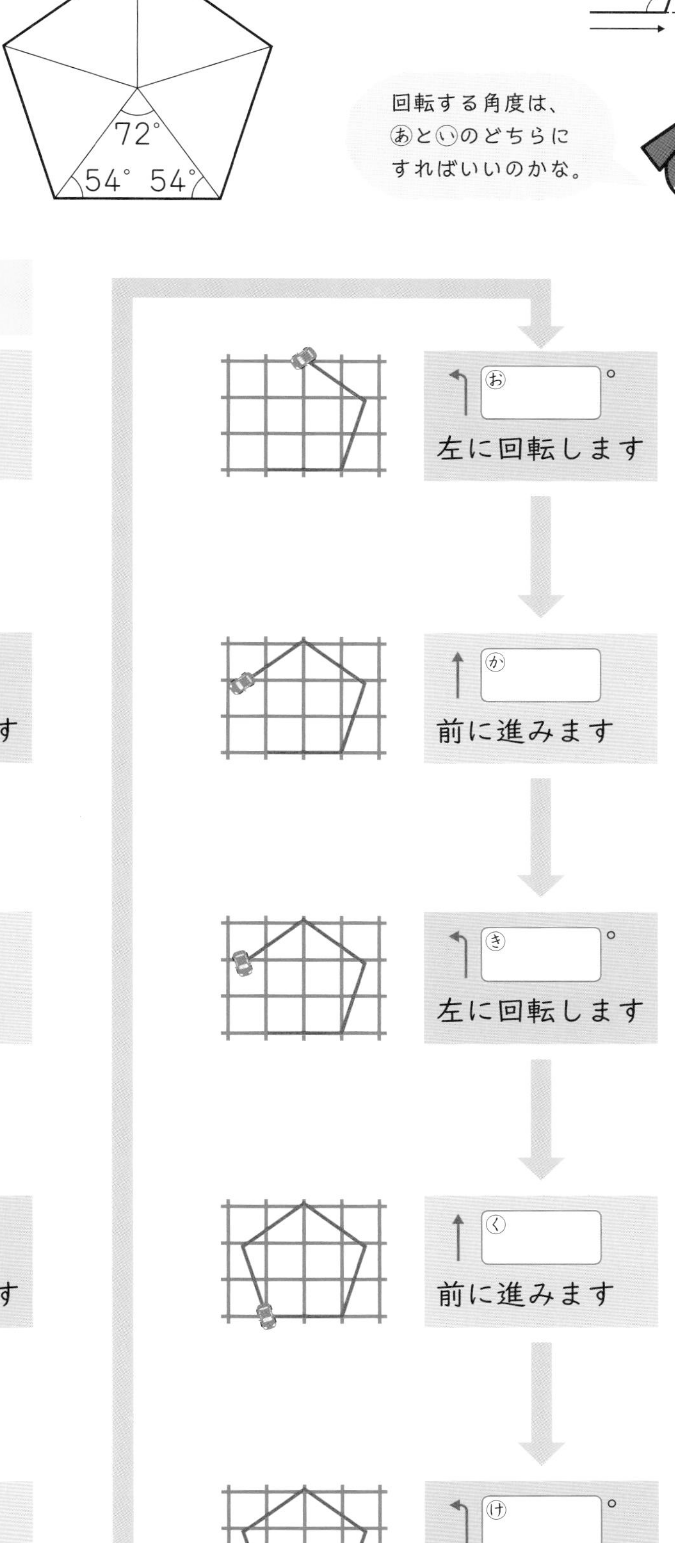

円周の長さ

教科書 236～241ページ　答え 42ページ

次の□にあてはまる数を書きましょう。

めあて 円周と直径の関係を理解しよう。　練習 1 2 3 →

円周の長さ

円の周りを**円周**といいます。

どんな大きさの円でも、円周÷直径　は同じ数になります。

円周率

円周の長さが直径の長さの何倍になっているかを表す数を**円周率**といいます。

円周率＝円周÷直径

円周の長さは、次の式で求められます。

円周＝直径×円周率

円周率は
3.14159……
だけど、ふつうは
3.14を使うよ。

1 右のような円の円周の長さを求めましょう。

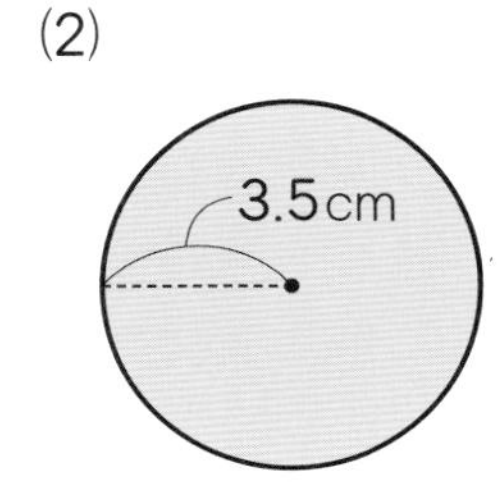

解き方 円周＝直径×円周率＝半径×2（直径）×円周率

(1) □（直径）×3.14（円周率）＝□

答え　31.4 cm

(2) □（半径）×2×□（円周率）＝□

答え　21.98 cm

めあて 円周の長さから直径の長さを求められるようにしよう。　練習 4 →

直径の長さの求め方

円周の長さから直径の長さを求めるときは、□を使ってかけ算の式に表してから、□にあてはまる数を求めます。

2 茶づつの周りの長さをはかったら、24 cm でした。
この茶づつの直径は約何 cm でしょうか。
四捨五入して $\frac{1}{10}$ の位までのがい数で求めましょう。

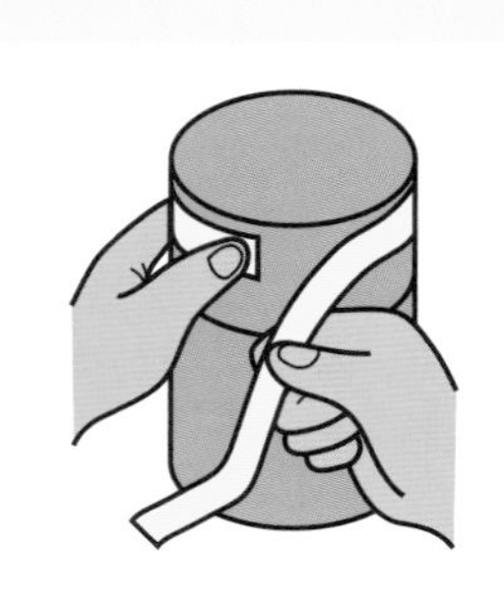

解き方 直径の長さを□ cm として式に表し、答えを求めます。

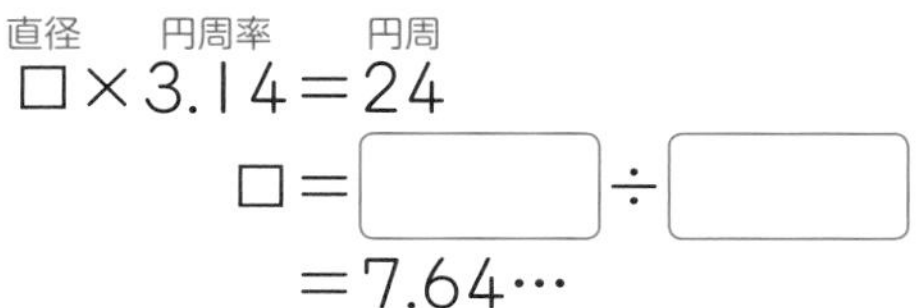

□（直径）×3.14（円周率）＝24（円周）

□＝□÷□

＝7.64…

答え　約 7.6 cm

1 次のような円の円周の長さを求めましょう。　教科書 238ページ 6

①
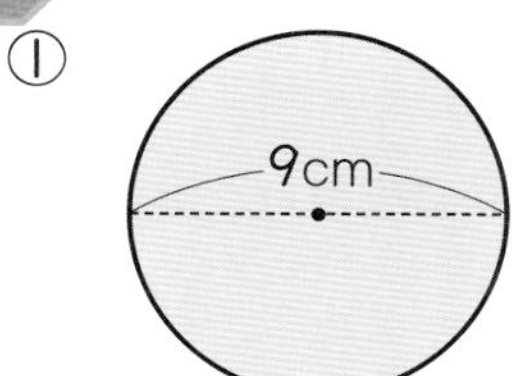

(　　　　　)

②
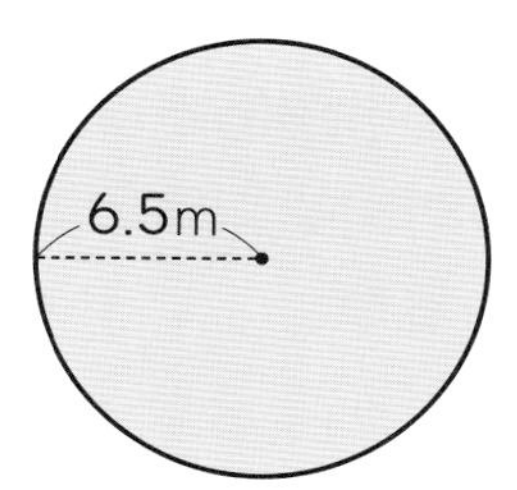

(　　　　　)

2 次のような図形の周りの長さを求めましょう。　教科書 239ページ ④

①
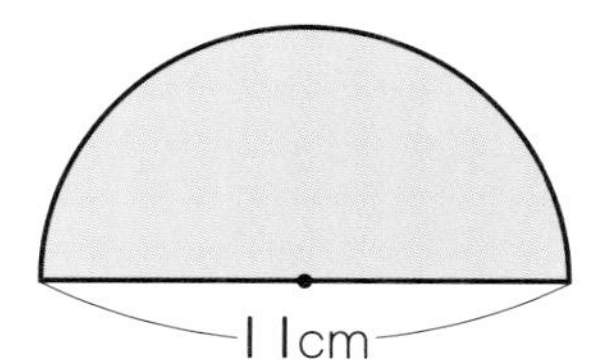

(　　　　　)

②

4m

(　　　　　)

3 円の直径の長さを1cm、2cm、……と変えていきます。下の表は、このときの直径の長さと円周の長さの関係を表にしたものです。　教科書 239ページ 7

直径(cm)	1	2	3	4	5	6	
円周(cm)	3.14	6.28	9.42	12.56	15.7	18.84	

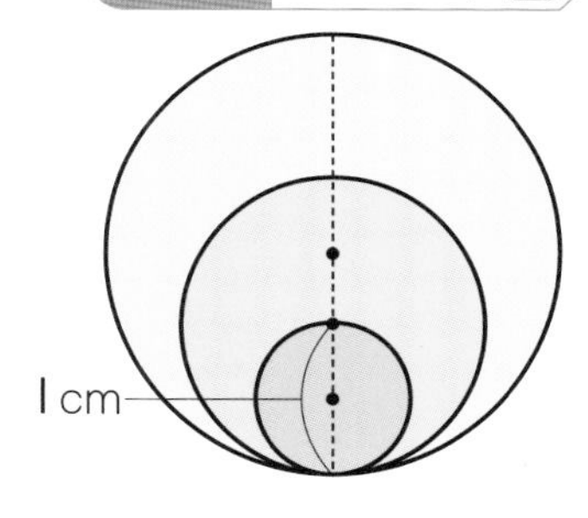

① 円周の長さは直径の長さに比例(ひれい)しているでしょうか。

(　　　　　)

② 直径の長さが18cmのとき、円周の長さは何cmになるでしょうか。

(　　　　　)

4 周りの長さが約4kmの池があります。池の形を円とみると、直径は約何kmでしょうか。四捨五入して、上から2けたのがい数で求めましょう。　教科書 240ページ 8

(　　　　　)

2 ① 直径が11cmの円周の半分の長さと直径の長さの和になります。
② 半径が4mの円周の$\frac{1}{4}$の長さと半径の2つ分の長さの和になります。

ぴったり3 確かめのテスト

15 正多角形と円

時間 30 分 ／100 合格 80 点

教科書 228～244 ページ　答え 42 ページ

知識・技能 ／54点

1 次の正多角形(せいたかくけい)は何という図形でしょうか。
また、円の中心の周りの角を等分する方法でその図形をかくには、円の中心の周りの角を何度で等分すればよいでしょうか。 各4点(16点)

① 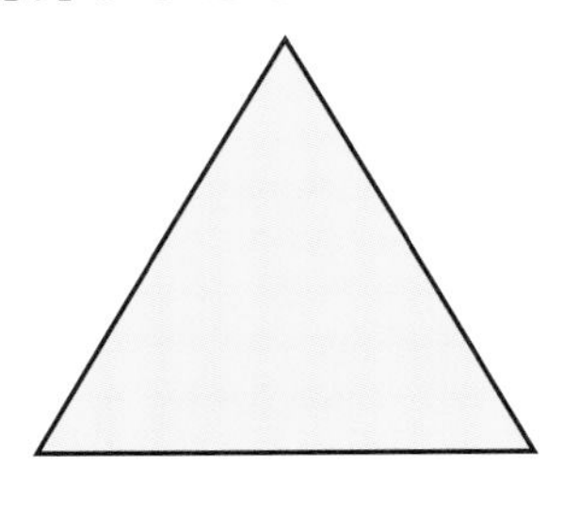 (　　　) (　　　)

② 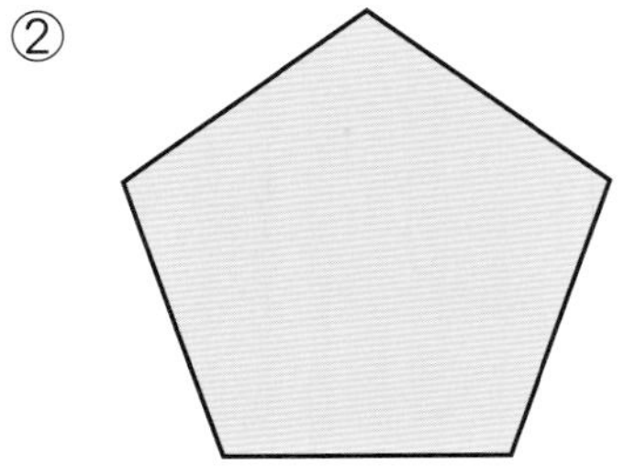 (　　　) (　　　)

2 よく出る 次の長さを求めましょう。 式・答え 各5点(30点)

① 直径 12 cm の円の円周(えんしゅう)の長さ

式

答え (　　　)

② 半径 8.5 m の円の円周の長さ

式

答え (　　　)

③ 円周の長さが 47.1 cm の円の半径の長さ

式

答え (　　　)

3 円の中心の周りの角を等分する方法で、直径6cm の円の中に正八角形をかきましょう。 (8点)

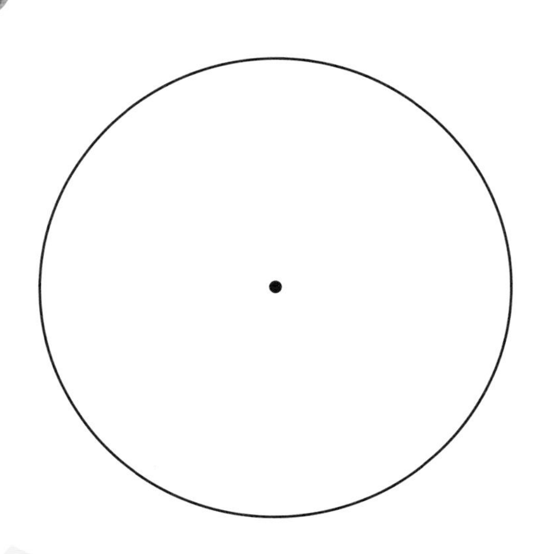

学習日　　月　　日

思考・判断・表現　　／46点

4 タイヤの直径が 70 cm の自転車があります。
この自転車は、タイヤが 150 回転すると、およそ何 m 進むでしょうか。
答えは四捨五入して、上から2けたのがい数で求めましょう。　　式・答え 各5点(10点)

式

答え（　　　　）

できたらスゴイ！

5 次のような図形の、色がついた部分の周りの長さを求めましょう。　　式・答え 各5点(20点)

①

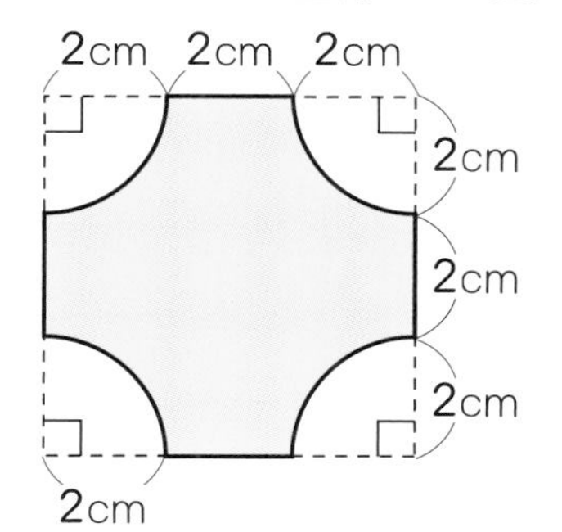

式

答え（　　　　）

②

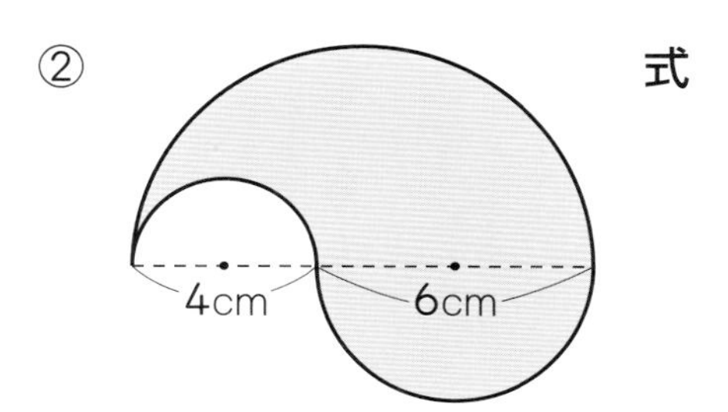

式

答え（　　　　）

できたらスゴイ！

6 活用 右のように、グラウンドの長方形と半円を組み合わせたいちばん内側の長さが1周 200 m のコースを4つつくりました。どのコースもはばを1m としてあります。円周率を 3.14 として、次の問題に答えましょう。　　式・答え 各4点(16点)

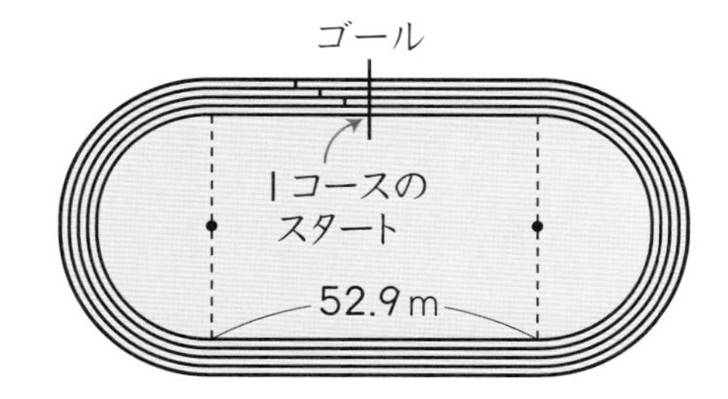

① 長方形のたての長さは何 m でしょうか。

式

答え（　　　　）

② どのコースも、内側の長さを 200 m にして、ゴールの位置が同じようにするには、スタートの位置を何 m ずつ前にずらせばよいでしょうか。

式

答え（　　　　）

1がわからないときは、110 ページの2にもどって確にんしてみよう。

(角柱と円柱)

教科書 246～250ページ　答え 43ページ

次の□にあてはまる言葉や数を書きましょう。

めあて 角柱を理解しよう。

練習 1 2 3 →

角柱

右のような立体を**角柱**といいます。

底面が三角形、四角形、五角形、……の角柱を、それぞれ三角柱、四角柱、五角柱、……といいます。

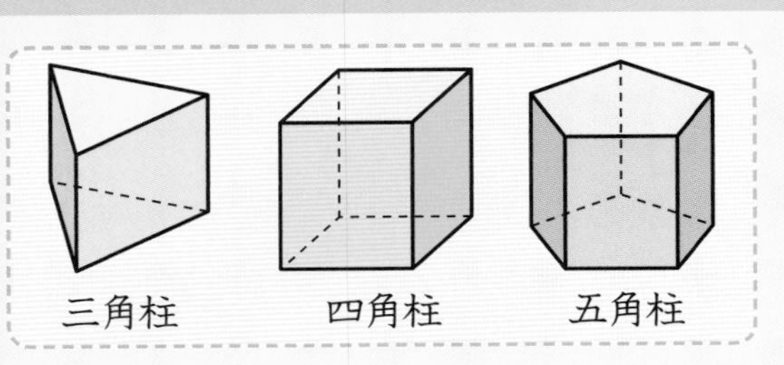

角柱の性質

① 2つの**底面**は合同な多角形

② 2つの底面は平行

③ **側面**は長方形か正方形

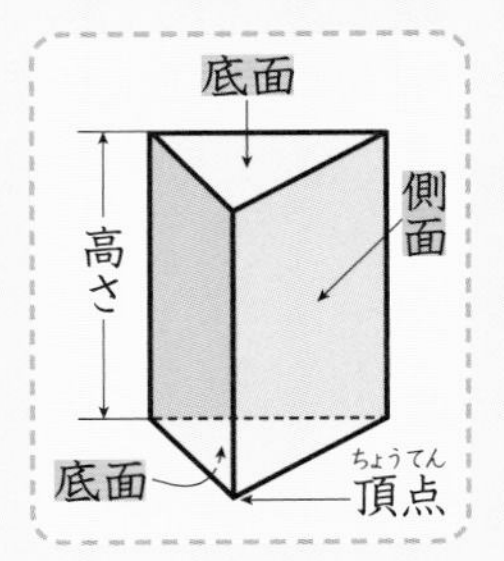

1 角柱について、次の問題に答えましょう。

(1) 側面はどんな形でしょうか。

(2) 三角柱、四角柱、五角柱には、側面がそれぞれいくつあるでしょうか。

(3) 三角柱、四角柱、五角柱には、頂点がそれぞれいくつあるでしょうか。

解き方 (1) 角柱の側面の形は、□か正方形です。

(2) 三角柱には側面が3、四角柱には側面が4、五角柱には側面が□あります。

(3) 三角柱には頂点が6、四角柱には頂点が□、五角柱には頂点が10あります。

めあて 円柱を理解しよう。

練習 1 2 →

円柱

右のような立体を**円柱**といいます。

円柱の性質

① 2つの底面は合同な円

② 2つの底面は平行

③ 側面は**曲面**

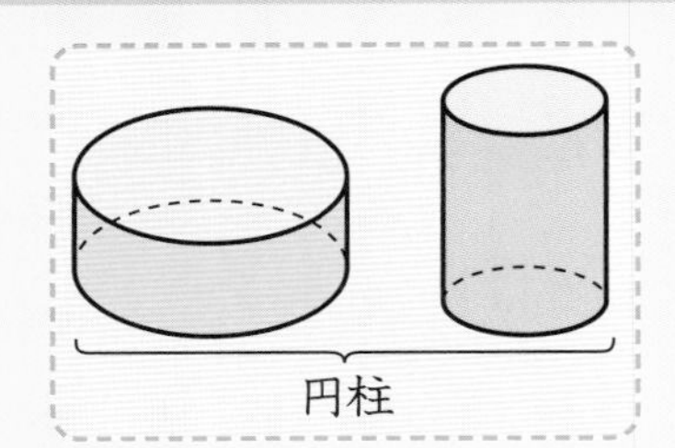

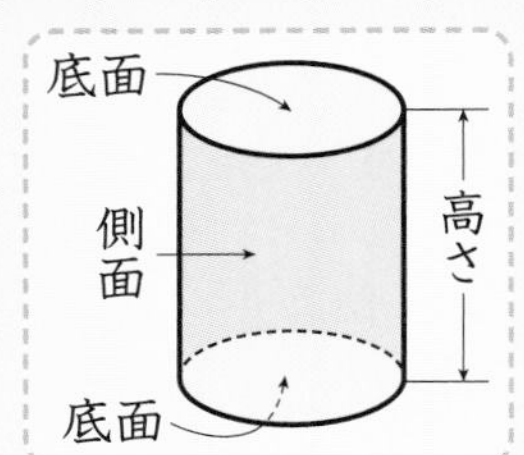

2 円柱について、次の問題に答えましょう。

(1) 底面はどんな図形でしょうか。

(2) 側面はどのような面になっているでしょうか。

解き方 (1) 円柱の2つの底面は、合同な□です。

(2) 円柱の側面は、平面ではなく、□になっています。

学習日　月　日

教科書 246〜250ページ　答え 44ページ

1 次の立体の底面はどんな図形でしょうか。また、立体の名前を書きましょう。

教科書 247ページ1、248ページ2

①
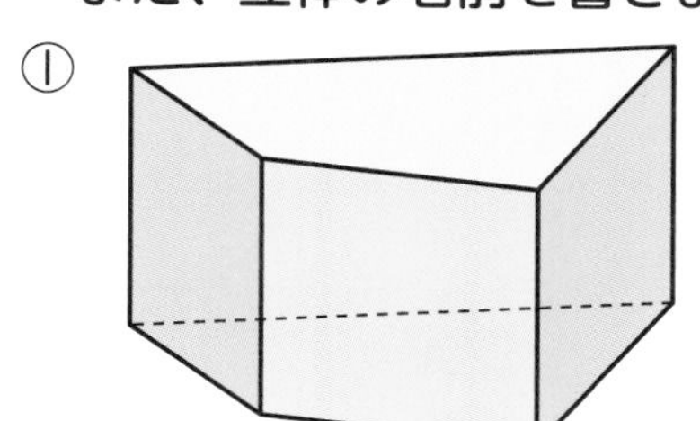

②
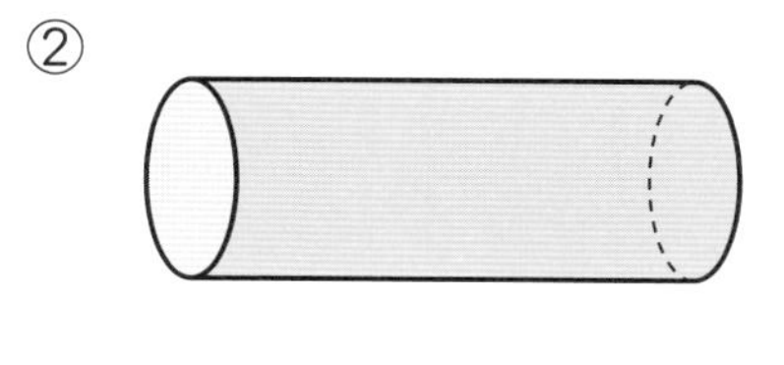

③
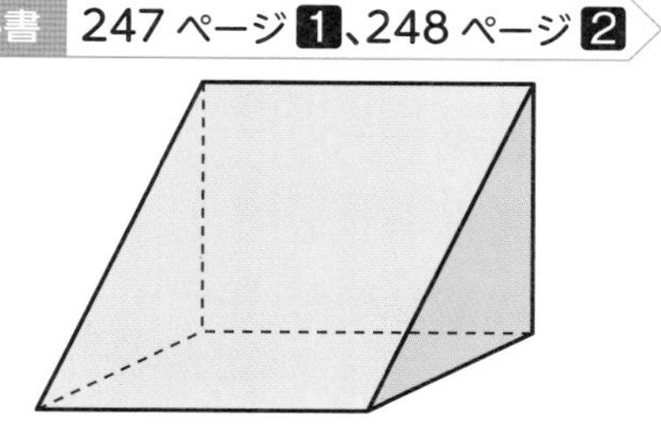

①　底面（　　　　）　名前（　　　　）

②　底面（　　　　）　名前（　　　　）

③　底面（　　　　）　名前（　　　　）

2 次の□にあてはまる言葉を、下から選んで書きましょう。

教科書 248ページ2

① 角柱や円柱の２つの底面は、□になっている。

② 角柱の底面と側面は、□になっている。

③ 角柱の側面の形は、□か□になっている。

④ 円柱の側面は□になっている。

円　二等辺三角形　長方形　正方形
曲面　平行　垂直（すいちょく）

3 下の表は、角柱の頂点、辺、面の数を調べたものです。

教科書 250ページ3

	三角柱	四角柱	五角柱	六角柱
１つの底面の辺の数	3	4	5	6
頂点の数	6	8	10	㋐
辺の数	9	12	15	㋑
面の数	5	6	7	㋒

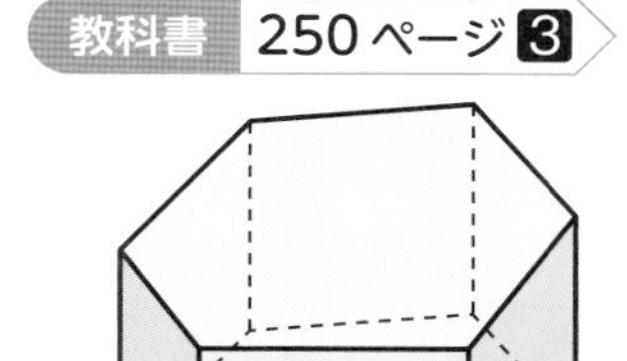

① 右の図は六角柱です。表のあいているところに、あてはまる数を書きましょう。

② 「１つの底面の辺の数を□」として、頂点の数、辺の数、面の数を、それぞれ式で表しましょう。

頂点の数（　　　　）　辺の数（　　　　）　面の数（　　　　）

3 ② 頂点の数は「１つの底面の辺の数」の２倍、辺の数は「１つの底面の辺の数」の３倍になっています。また、面の数は２を加えたものになっています。

見取図と展開図

学習日　月　日

教科書 251〜252ページ　答え 44ページ

次の□にあてはまる言葉や数を書きましょう。

めあて 角柱の見取図と展開図がかけるようにしよう。

練習 1 2 →

角柱の見取図

角柱の見取図は、平行な辺は平行に、同じ長さの辺は同じ長さにかきます。

また、見えない辺は点線でかきます。

角柱の展開図

角柱の展開図は、１つの面をかき、となり合う面を順にかいていきます。

また、切り開いていない辺は点線でかきます。

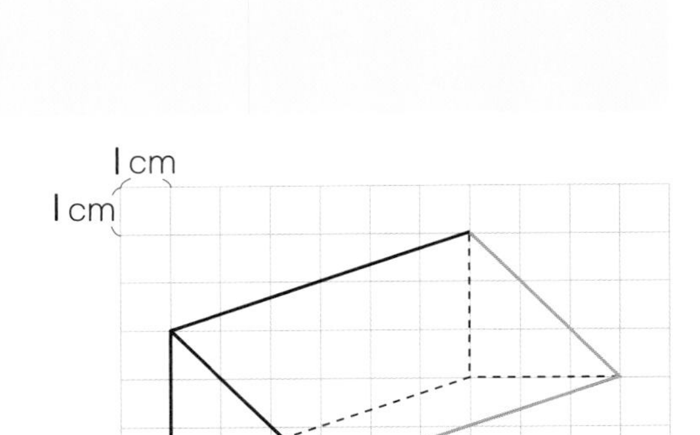

1 右のような三角柱の見取図のつづきをかきましょう。

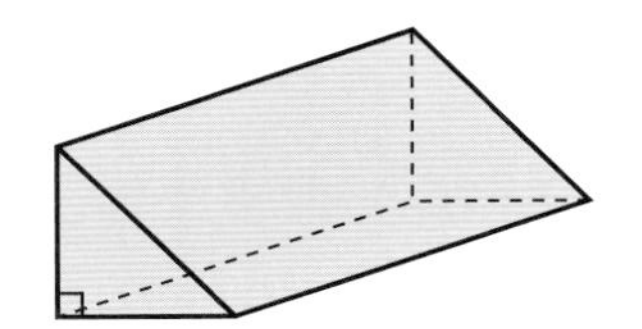

1cm
1cm

解き方 角柱の２つの底面は、□な多角形で、平行になっているから、底面の対応する辺どうしを、平行で同じ長さにしてかきます。

めあて 円柱の展開図がかけるようにしよう。

練習 3 →

円柱の展開図

円柱の展開図は、側面を長方形にしてかくことができます。この長方形の２つの辺の長さは、それぞれ円柱の高さと、底面の円周の長さに等しくなります。

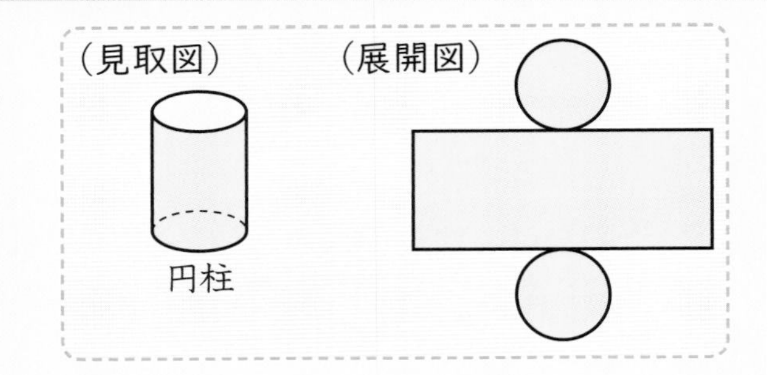

2 右のような円柱の展開図をかくとき、側面はどんな大きさの長方形にすればよいでしょうか。

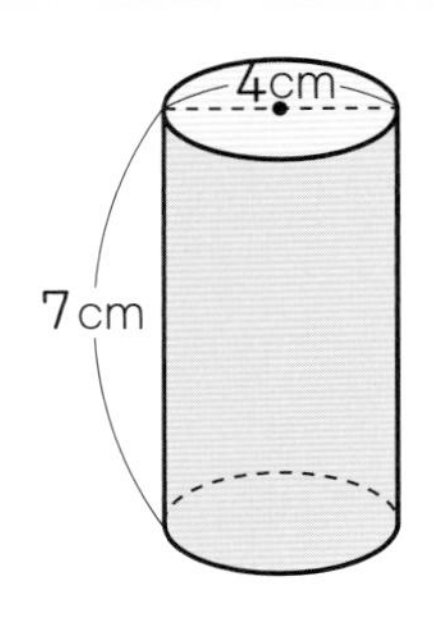

解き方 長方形のたての長さを円柱の高さにすると、横の長さは底面の円周の長さに等しくなります。

たての長さは、□cm

横の長さは、□×3.14＝□(cm)

答え　たて７cm、横12.56cm

1 下のような三角柱の見取図のつづきをかきましょう。

教科書 251ページ 4

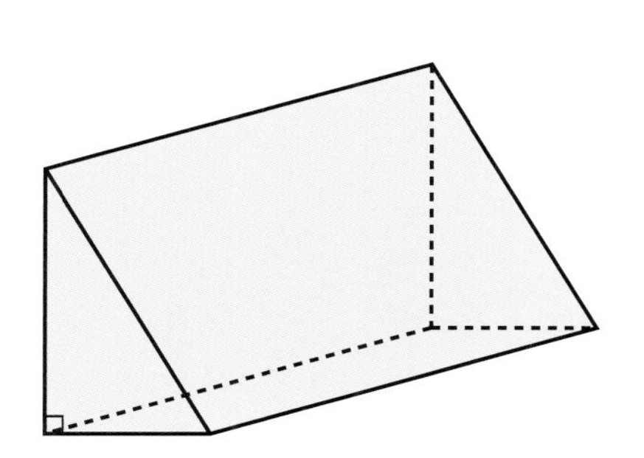

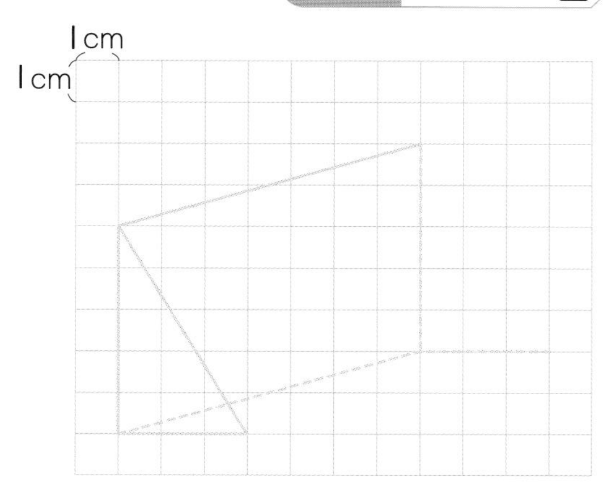

2 下のような三角柱の展開図をかきましょう。

教科書 252ページ 5

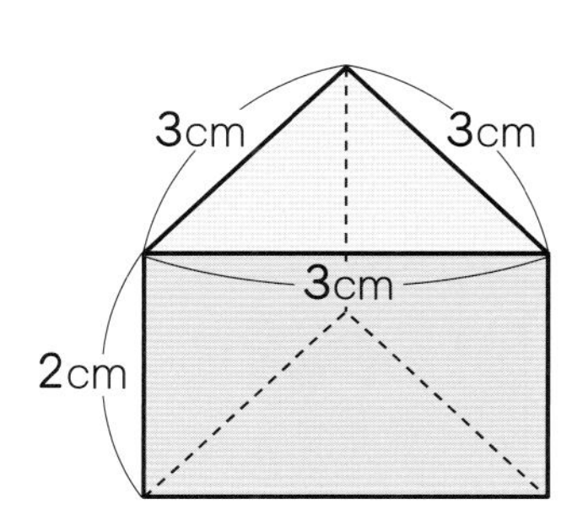

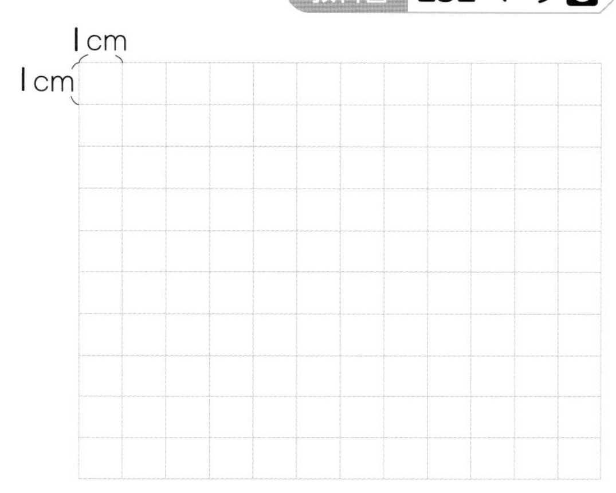

3 **下のような円柱の展開図をかきます。**

教科書 252ページ 5

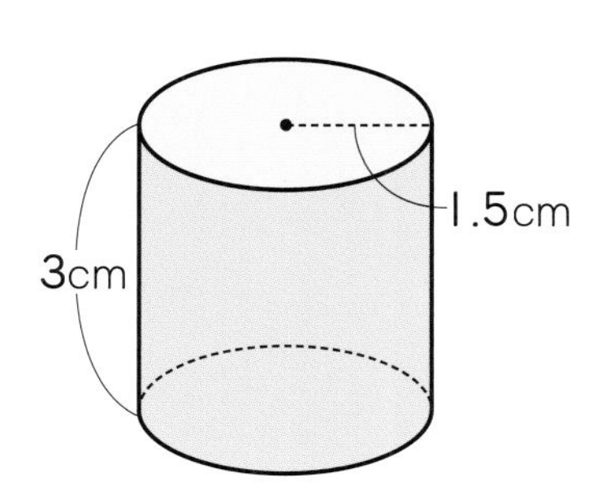

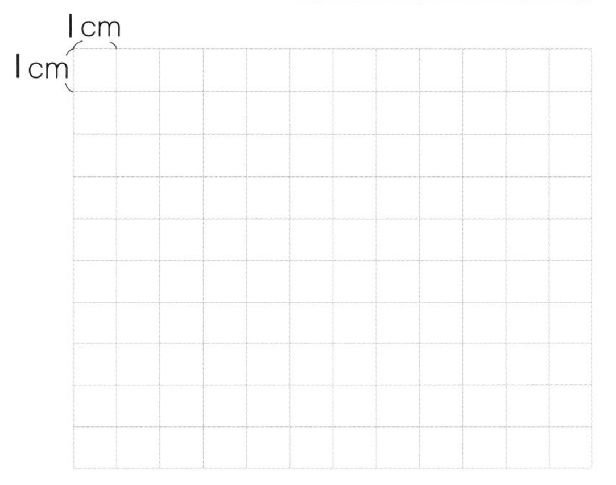

① 側面を長方形にしてかくとき、この長方形のたての長さは何cmに、横の長さは約何cmにすればよいでしょうか。

たて（　　　　　）　横（　　　　　）

② 展開図をかきましょう。

16 角柱と円柱

時間 30 分

／100

合格 80 点

教科書 246〜254 ページ　答え 45 ページ

知識・技能　／60点

1 よく出る 次の立体の底面はどんな図形でしょうか。また、立体の名前を書きましょう。　各4点(24点)

①

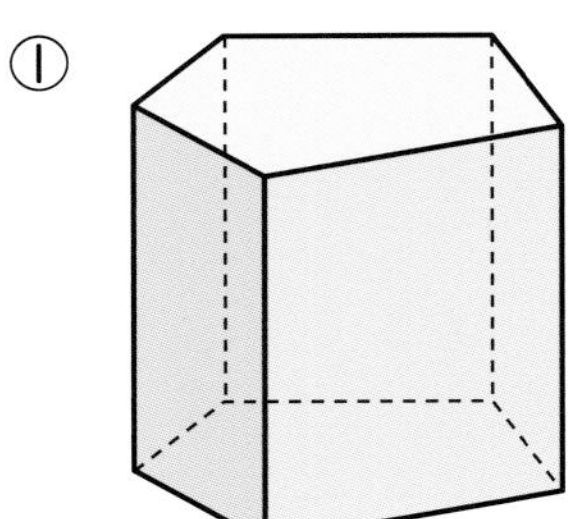

底面 (　　　)
名前 (　　　)

②

底面 (　　　)
名前 (　　　)

③

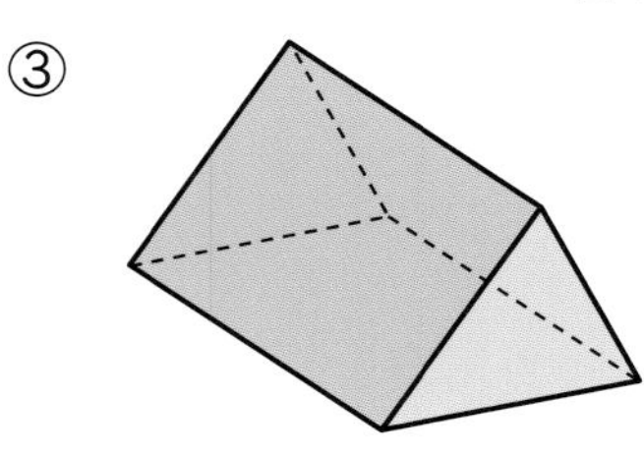

底面 (　　　)
名前 (　　　)

2 よく出る 右のような角柱(かくちゅう)があります。　各5点(25点)

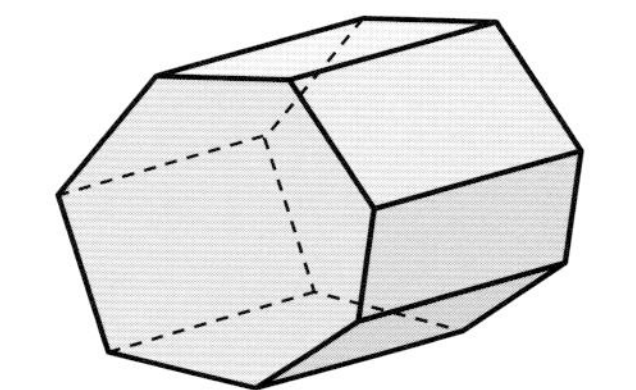

① この角柱の名前を答えましょう。

(　　　)

② この角柱には、底面と側面がそれぞれいくつずつあるでしょうか。

底面 (　　　)　側面 (　　　)

③ この角柱には、頂点(ちょうてん)はいくつあるでしょうか。

(　　　)

④ この角柱には、辺はいくつあるでしょうか。

(　　　)

3 下のあからおの中から、角柱にあてはまる性質(せいしつ)を、すべて選びましょう。　(5点)

あ 側面は長方形か正方形
い 側面は曲面
う 2つの底面は平行
え 2つの底面は合同(ごうどう)な円
お 2つの底面は合同な多角形

(　　　)

4 下の三角柱の展開図をかきましょう。　(6点)

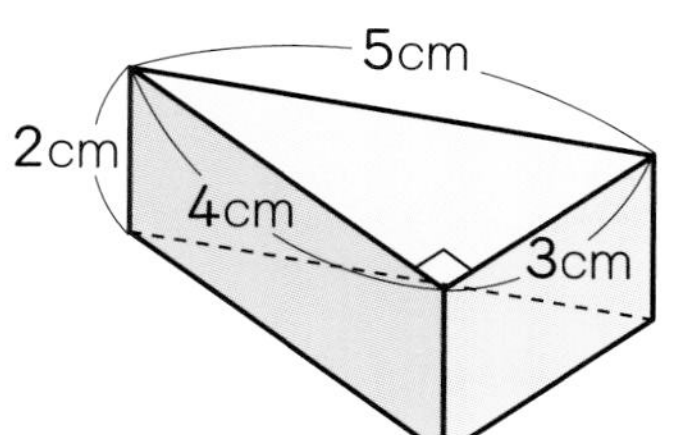

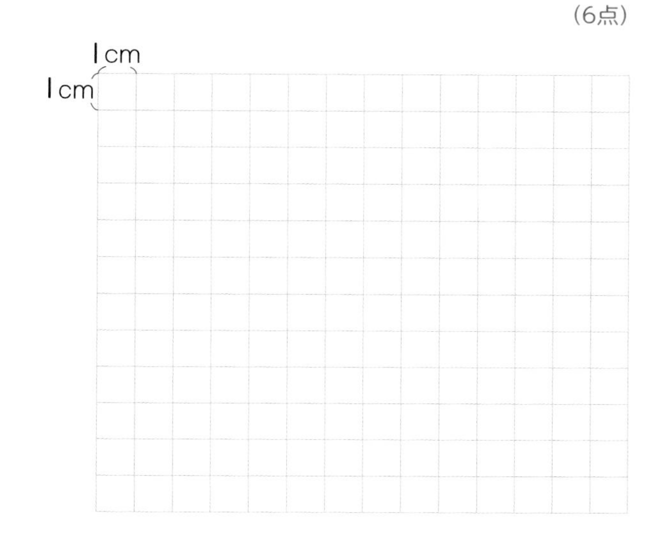

思考・判断・表現　／40点

5 右の展開図を組み立ててできる円柱について、次の問題に答えましょう。　各5点(10点)

① 円柱の高さは何cmでしょうか。

(　　　　　)

できたらスゴイ!

② 底面の円の半径は何cmでしょうか。

(　　　　　)

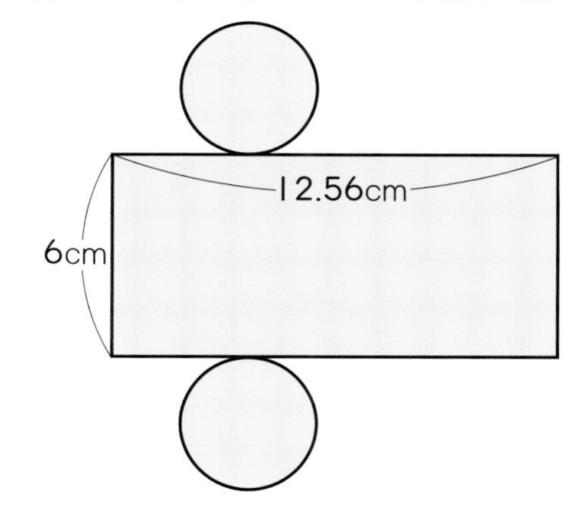

6 右の展開図を組み立ててできる三角柱について、次の問題に答えましょう。　各5点(30点)

① 点Cと重なる点はどれでしょうか。

(　　　　　)

② 辺HGと重なる辺はどれでしょうか。

(　　　　　)

③ 面㋔と平行になる面はどれでしょうか。
また、垂直になる面はどれでしょうか。

平行 (　　　　　)　垂直 (　　　　　)

④ 辺ABの長さは何cmでしょうか。
また、組み立ててできる三角柱の高さは何cmでしょうか。

辺AB (　　　　　)　高さ (　　　　　)

A 5cm B J C I ㋐ 8cm ㋑ ㋒ ㋓ 5cm H D E 5cm F ㋔ 2cm 2cm G

1①③がわからないときは、118ページの**1**にもどって確にんしてみよう。

算数を使って考えよう

算数を使って考えよう

教科書 256～259 ページ　答え 46 ページ

1 下のグラフや表は、ある弁当屋の９月から１２月の売り上げについての資料です。次の問題に答えましょう。

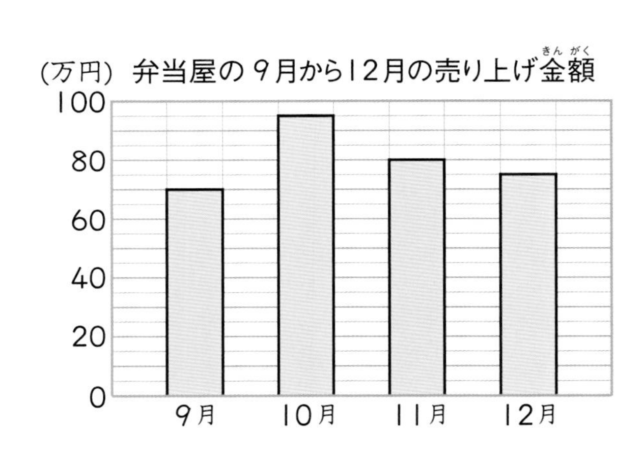

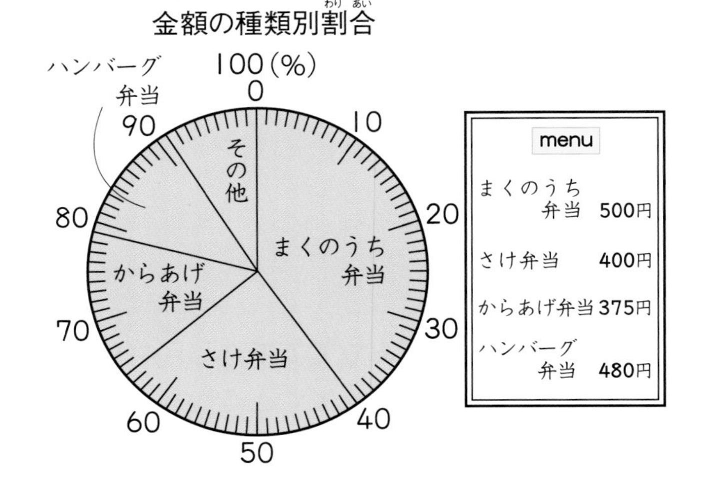

① いちばん売り上げが多かった月は何月で、その金額は何円だったでしょうか。

月（　　　　）　金額（　　　　）

② １１月と１２月の売り上げ金額の差は何円でしょうか。

（　　　　）

③ １１月のまくのうち弁当の売り上げ金額は何円でしょうか。

（　　　　）

④ １１月にまくのうち弁当は何個売れたでしょうか。

（　　　　）

⑤ からあげ弁当とハンバーグ弁当では、１１月にどちらの売り上げ金額が多かったでしょうか。

（　　　　）

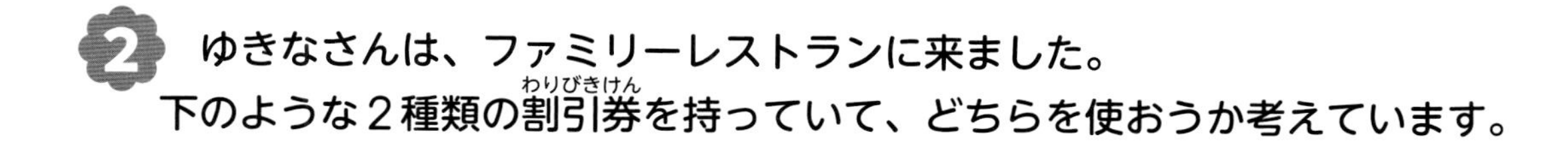

2 ゆきなさんは、ファミリーレストランに来ました。
下のような2種類の割引券を持っていて、どちらを使おうか考えています。

㋐ 割引券 100円引き

㋑ 割引券 15％引き

① ゆきなさんが注文しようとしているのは、500円のワッフルセットです。
㋐、㋑のどちらの割引券を使うほうが安くなるでしょうか。
式や言葉を使って説明しましょう。

（　　　　　　　　　　）

② ドリンクは、20％の増量キャンペーン中で、240 mL 入っています。
増量前のドリンクの量は何 mL だったでしょうか。

（　　　　　）

③ おねえさんは、右のような割引券を持っていました。
　ホットケーキセットにサラダをつけると、ちょうど700円になります。
㋒の割引券を使うと何円になるでしょうか。
式や言葉を使って説明しましょう。

㋒ 割引券 700円以上で 20％引き

（　　　　　　　　　　）

5年のまとめ

数と計算

学習日　　月　　日

時間 20 分　　／100　合格 80 点

教科書 260〜261 ページ　答え 47 ページ

1 □にあてはまる数を書きましょう。

各4点(24点)

① 1を6個と、0.1を7個と、0.001を5個あわせた数は□です。

② 2.06を100倍した数は□です。

③ 7.81を$\frac{1}{10}$にした数は□です。

④ $\frac{5}{8}=\square\div 8$

⑤ $0.94=\frac{94}{\square}$

⑥ $13=\frac{\square}{1}$

2 60以下の整数で、次の（　）の中の数の公約数、公倍数をすべて書きましょう。

各2点(8点)

① （16、24）

公約数（　　　　）

公倍数（　　　　）

② （12、3）

公約数（　　　　）

公倍数（　　　　）

3 計算をしましょう。

各4点(16点)

① 1.4 × 3.6

② 42.9 × 3.2

③ 0.75 × 0.86

④ 2.06 × 3.05

4 わりきれるまで計算をしましょう。

各4点(8点)

① $98.6 \div 6.8$

② $35.7 \div 4.2$

5 計算をしましょう。

各4点(24点)

① $\frac{6}{7}+\frac{1}{3}$

② $\frac{5}{6}+\frac{3}{10}$

③ $1\frac{4}{5}+1\frac{8}{15}$

④ $\frac{1}{2}-\frac{4}{9}$

⑤ $\frac{7}{4}-\frac{2}{3}$

⑥ $3\frac{5}{6}-1\frac{3}{10}$

6

5年1組の花だんの面積は6.5 m^2です。3年1組の花だんの面積は、その0.8倍です。

3年1組の花だんの面積は何m^2でしょうか。

式・答え 各5点(10点)

式

答え（　　　　）

7

6Lのスポーツドリンクを、1人に1.8dLずつ配ります。

何人に配ることができて、何dLあまるでしょうか。

式・答え 各5点(10点)

式

答え（　　　　）

5年のまとめ

図形

教科書 261〜262 ページ　答え 49 ページ

1 次の直方体の体積を求めましょう。

(10点)

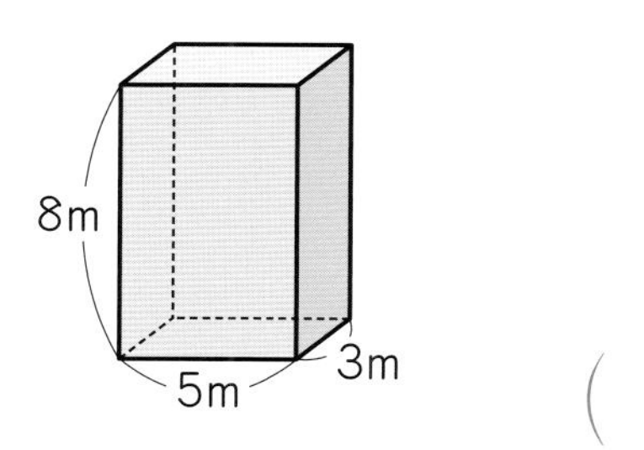

(　　　　　)

2 下のあ、いの角度を求めましょう。

各10点(20点)

①

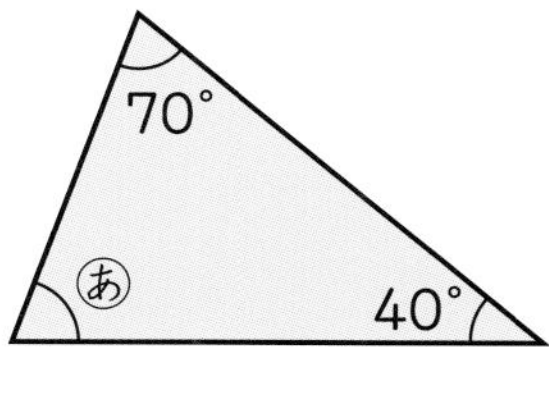

(　　　　　)

②

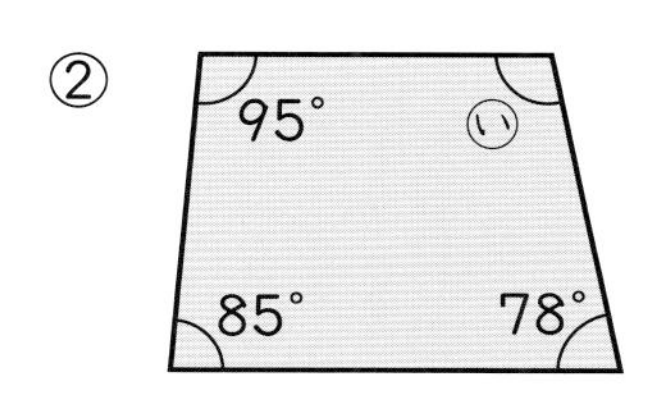

(　　　　　)

3 次のような三角形、平行四辺形の面積を求めましょう。

各10点(20点)

①

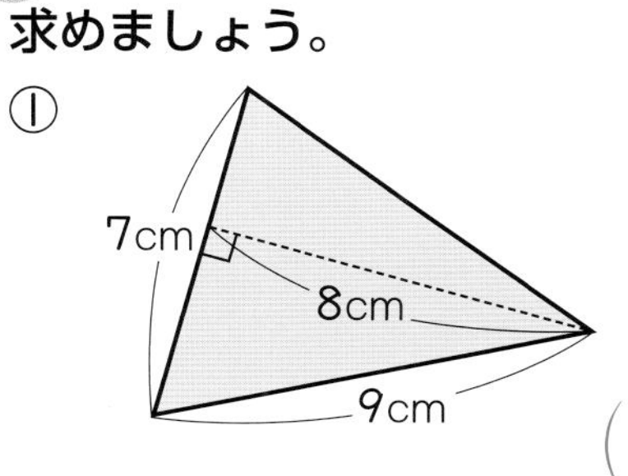

(　　　　　)

②

12cm
9cm
14cm

(　　　　　)

4 次のような図形の周りの長さを求めましょう。

(10点)

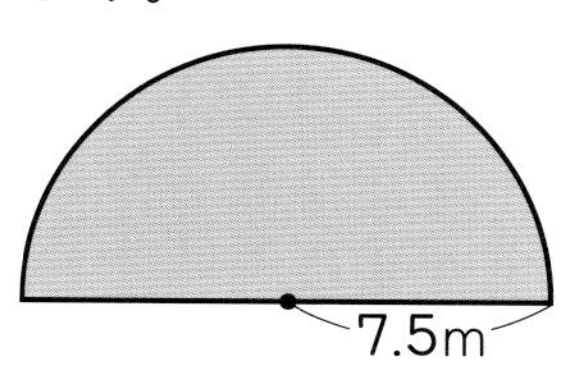

(　　　　　)

5 次のような立体の体積を求めましょう。

各15点(30点)

①

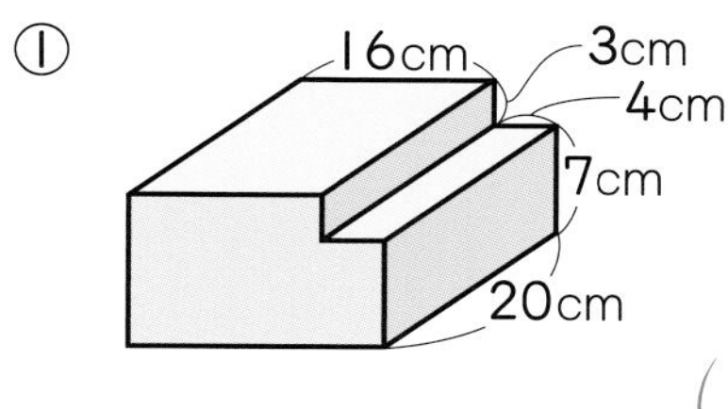

(　　　　　)

②

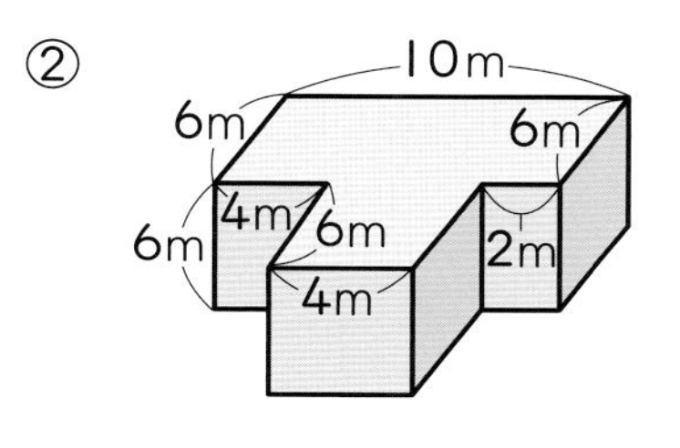

(　　　　　)

6 次のような四角柱の展開図を下の方眼用紙にかきましょう。

(10点)

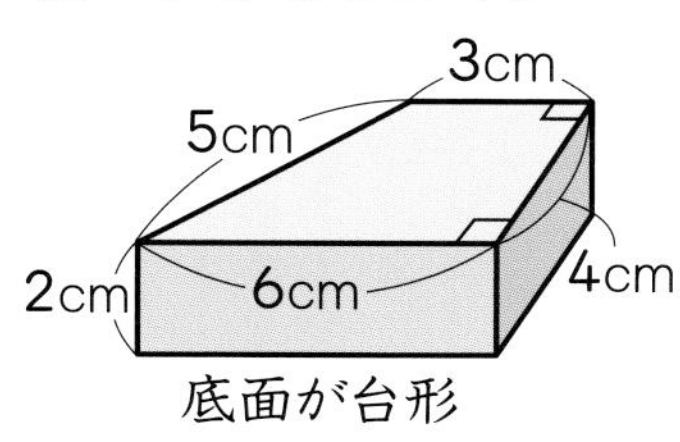

5年のまとめ

変化と関係
データの活用

教科書 262～263 ページ　答え 50 ページ

1 次の①から③について２つの数量○と△の関係を式に表しましょう。また、２つの数量が比例(ひれい)するものを選びましょう。

各5点(20点)

① 100gの箱に1本5gのくぎを入れるときの、くぎの本数○本と全体の重さ△g

(　　　　)

② 80ページあるノートの、使ったページ○ページと残りのページ△ページ

(　　　　)

③ 1Lのガソリンで31km走るバイクの、ガソリンの量○Lと進む道のり△km

(　　　　)

比例するもの (　　　　)

2 右のような底辺(ていへん)が3cmの二等辺三角形があります。高さを1cm、2cm、……と変えていくときの面積を考えます。

①10点 ②・③各5点(20点)

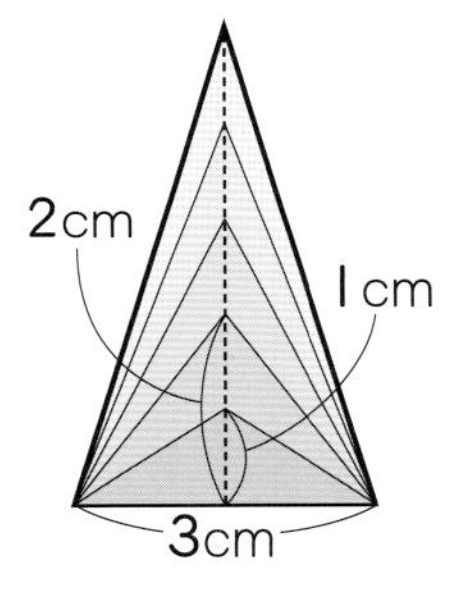

① 表に表しましょう。

高さ(cm)	1	2	3	4	5	
面積(cm^2)	1.5	3				

② 高さを○cm、面積を△cm^2として、○と△の関係を式に表しましょう。

(　　　　)

③ 面積が24cm^2のとき、高さは何cmになるでしょうか。

(　　　　)

3 定価(ていか)3200円のくつをA店では定価の20％引きで、B店では定価の600円引きで売っています。　①式・答え 各5点 ②10点(20点)

① A店では何円で売っているでしょうか。

式

答え (　　　　)

② A店とB店、どちらの店のほうが安く売っているでしょうか。

(　　　　)

4 みきさんの家の畑の面積は960m^2です。

式・答え 各5点(20点)

① 畑のうち720m^2は野菜畑です。
野菜畑の割合(わりあい)は何％でしょうか。

式

答え (　　　　)

② 花畑の面積は、畑全体の15％です。
花畑の面積は何m^2でしょうか。

式

答え (　　　　)

5 下の表は、四国の４つの県の面積の割合を表したものです。四国の４つの県の面積の割合を円グラフに表しましょう。　(20点)

四国の４つの県の面積の割合

県	割合(%)
徳島県	22
香川県	10
愛媛県	30
高知県	38
合計	100

四国の４つの県の面積の割合

100(%) 0, 10, 20, 30, 40, 50, 60, 70, 80, 90

夏のチャレンジテスト

教科書 11〜99ページ

月　日

名前

時間 40分

合格80点

／100

答え51ページ

知識・技能　／64点

1 次の数を書きましょう。　各2点(6点)

① 10を5個、1を2個、0.01を8個、0.001を7個あわせた数　（　　　）

② 0.306を100倍した数　（　　　）

③ 10.49を$\frac{1}{1000}$にした数　（　　　）

2 積や商が3.1より小さくなる式をすべて選びましょう。　(3点)

㋐ 3.1×0.3　㋑ 3.1×2　㋒ 3.1×1.4

㋓ 3.1÷0.2　㋔ 3.1÷1　㋕ 3.1÷1.2

（　　　）

3 下の㋐、㋑の角度を求めましょう。　各2点(4点)

①

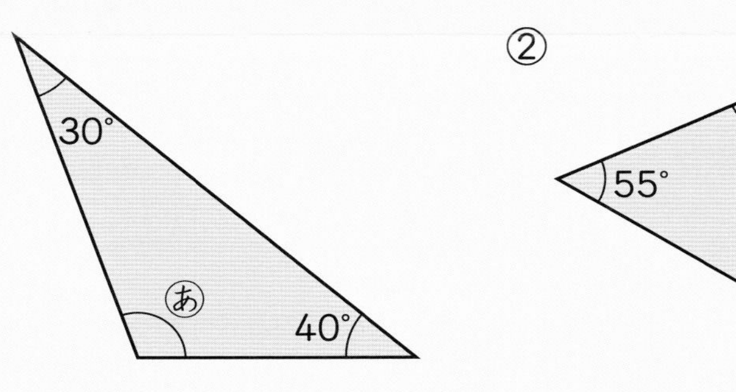

②

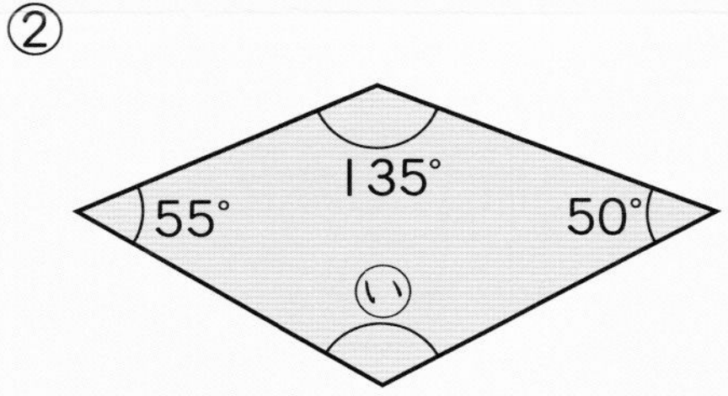

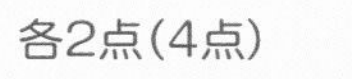

㋐（　　　）　㋑（　　　）

4 下の2つの図形は合同です。

辺HIの長さは何cmでしょうか。

また、角Fの角度は何度でしょうか。　各3点(6点)

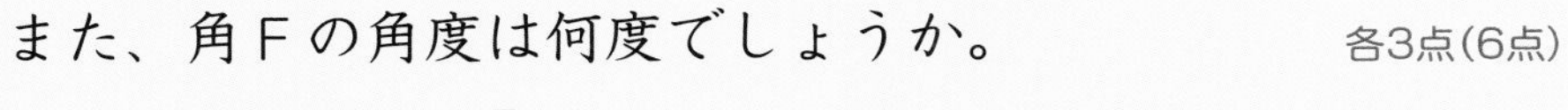

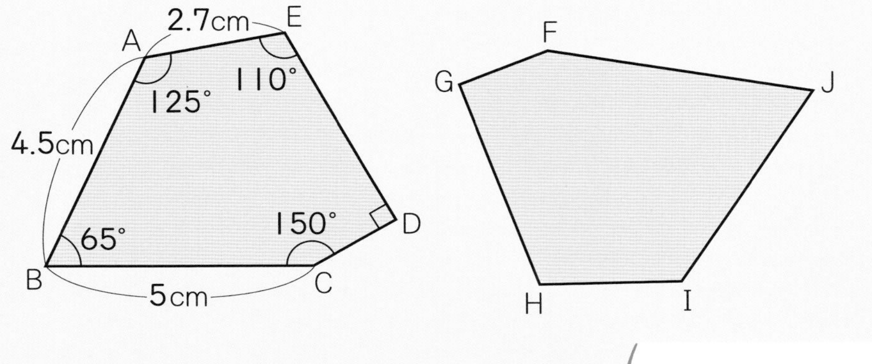

辺HIの長さ（　　　）

角Fの大きさ（　　　）

5 計算をしましょう。商は四捨五入して、上から2けたのがい数で求めましょう。　各3点(30点)

① 5.3 × 1.7

② 4.21 × 0.8

③ 3.25 × 1.55

④ 12.5 × 3.6

⑤ 0.75 × 0.02

⑥ 2.2) 5.4

⑦ 4.1) 0.23

⑧ 3.12) 7.582

⑨ 5.19) 6.2

⑩ 4.5) 3.2

うらにも問題があります。

6 右の三角形ＡＢＣと合同な三角形をかきます。

下のあからえのうち、その辺の長さや角の大きさだけを使って、合同な三角形をかくことができるのはどれでしょうか。すべて選びましょう。 (3点)

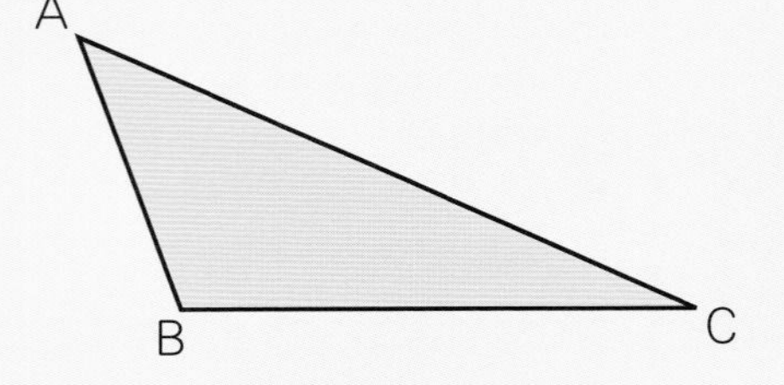

あ　辺ＡＢ、辺ＢＣ、辺ＣＡ
い　辺ＡＢ、辺ＢＣ、角Ｃ
う　辺ＢＣ、角Ｂ、角Ｃ
え　角Ａ、角Ｂ、角Ｃ

7 **次のような立体の体積を求めましょう。** 各3点(6点)

①

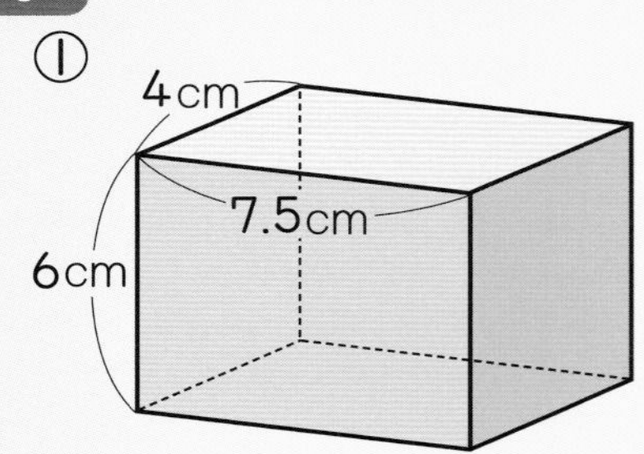

②

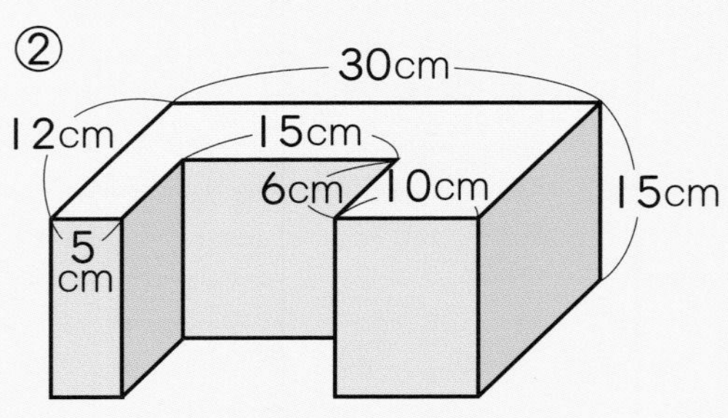

8 **右のような直方体の形をした水そうがあります。** 各3点(6点)

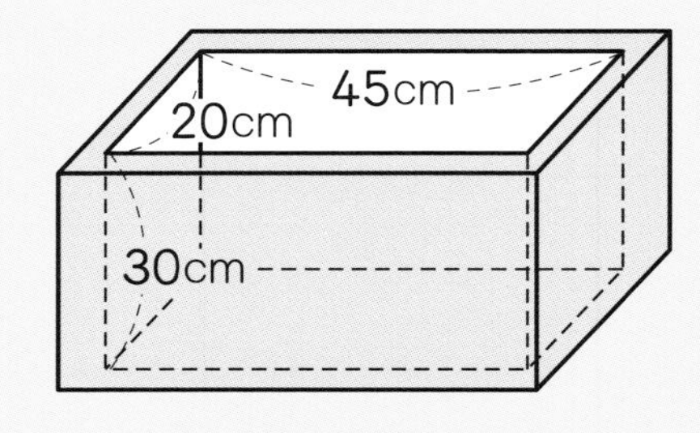

① この水そうの容積(ようせき)は何 cm^3 でしょうか。

② この水そうには何Ｌの水が入るでしょうか。

思考・判断・表現 ／36点

9 **0、4、5、6、9、. の5つの数字と小数点を使って、次の数をつくりましょう。ただし、右はしに0はこないものとします。** 各4点(8点)

① いちばん小さい小数

② 5にいちばん近い小数

10 **下の表は、直方体の形をした水そうに水を入れたときの深さを、1分ごとに調べたものです。** 各4点(8点)

時間　○(分)	1	2	3	4	5
水の深さ　△(cm)	4	8	12	16	20

① 時間を○分、水の深さを△cmとして、○と△の関係を式に表しましょう。

② 水の深さが52cmになるのは、何分たったときでしょうか。

11 1Ｌで6.4 m^2 の板をぬれるペンキがあります。0.75Ｌでは何 m^2 の板をぬれるでしょうか。 式・答え 各4点(8点)

式

答え

12 82.9cmのテープを6.3cmずつ切って輪かざりを作ります。

輪かざりは何個作れて、テープは何cmあまるでしょうか。 式・答え 各4点(8点)

式

答え

13 下のように、1辺が12cmの立方体があります。この立方体と同じ体積で、たて8cm、横9cmの直方体があります。

この直方体の高さは何cmでしょうか。 (4点)

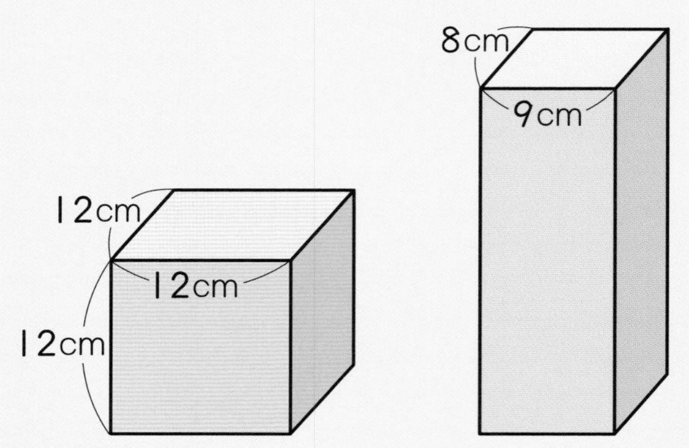

月　日
名前

答え52ページ

知識・技能　／78点

1 約分しましょう。　各2点(4点)

① $\frac{12}{18}$　② $1\frac{36}{48}$

(　　)　(　　)

2 数の大小を比べて、□に不等号を書きましょう。　各2点(4点)

① $\frac{4}{7}$ □ $\frac{5}{8}$　② $\frac{11}{6}$ □ $\frac{17}{10}$

3 商を分数で表しましょう。　各2点(4点)

① $2 \div 9$　② $25 \div 15$

(　　)　(　　)

4 小数を分数で表しましょう。　各2点(4点)

① 1.9　② 0.05

(　　)　(　　)

5 次の整数を、偶数と奇数に分けましょう。　各2点(4点)

3　17　25　32　123　870　9999

偶数 (　　)

奇数 (　　)

6 次の割合を、〔　〕の中の表し方で表しましょう。　各2点(8点)

① 0.52　〔百分率〕　② 7%　〔小数〕

(　　)　(　　)

③ 0.347　〔百分率〕　④ 155%　〔小数〕

(　　)　(　　)

7 5個のたまごの重さをはかったら、下のとおりでした。たまご1個の重さは、平均何gでしょうか。　式・答え 各2点(4点)

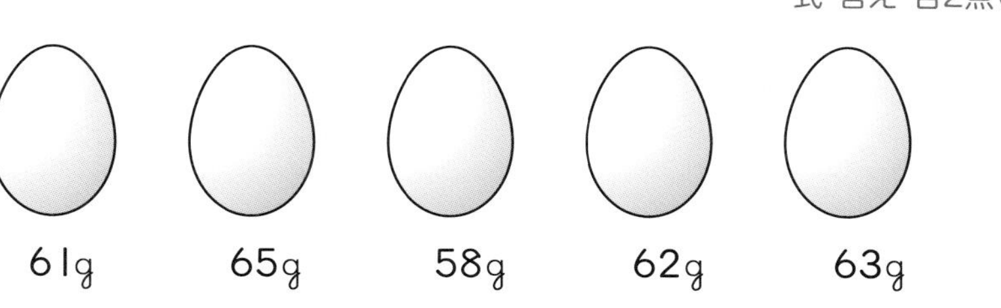

式

答え (　　)

8 計算をしましょう。　各2点(24点)

① $\frac{1}{4}+\frac{4}{7}$　② $\frac{8}{21}+\frac{1}{3}$

③ $1\frac{3}{5}+2\frac{11}{15}$　④ $1\frac{7}{12}+1\frac{2}{3}$

⑤ $\frac{3}{4}-\frac{1}{3}$　⑥ $\frac{9}{10}-\frac{1}{6}$

⑦ $3\frac{3}{14}-1\frac{5}{6}$　⑧ $1\frac{2}{3}-\frac{7}{15}$

⑨ $\frac{2}{3}+\frac{2}{15}+\frac{4}{5}$　⑩ $\frac{5}{6}-\frac{5}{18}-\frac{4}{9}$

⑪ $\frac{3}{4}+\frac{2}{5}-\frac{3}{10}$　⑫ $\frac{2}{3}-\frac{1}{6}+\frac{1}{10}$

うらにも問題があります。

9 (　)の中の数の最小公倍数と、最大公約数を求めましょう。

各2点(8点)

① (14、35)

最小公倍数 (　　　　)

最大公約数 (　　　　)

② (18、54)

最小公倍数 (　　　　)

最大公約数 (　　　　)

10 5年生120人に、いちばん好きな科目についてきいたところ、右の表のような結果になりました。

①各2点②4点(14点)

① 全体に対するそれぞれの割合を百分率で求めて、右の表に書きましょう。
　百分率は四捨五入して、整数で表しましょう。

② 好きな科目の人数の割合を円グラフに表しましょう。

好きな科目の人数と割合

科目名	人数(人)	割合(%)
国語	41	㋐
算数	28	㋑
体育	17	㋒
音楽	13	㋓
その他	21	㋔
合計	120	100

好きな科目の人数の割合

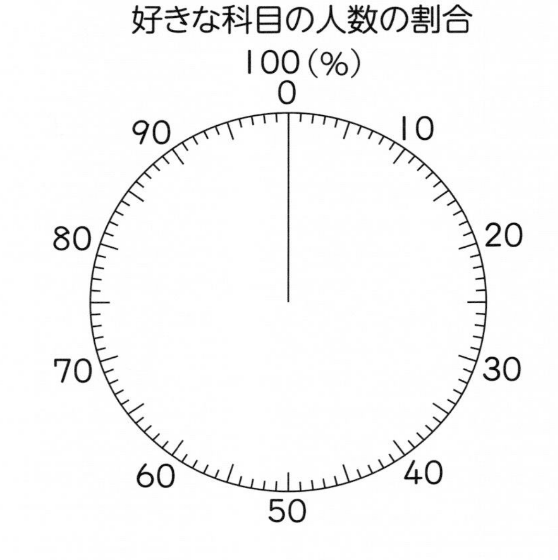

思考・判断・表現　／22点

11 北山公園には㋐、㋑、㋒の3つの砂場があります。砂場の面積と、そこで遊ぶ子どもの人数は下の表のとおりでした。

いちばんこんでいるのは、㋐から㋒のどの砂場でしょうか。

(4点)

砂場の面積と遊んでいる子どもの人数

	面積(m^2)	子ども(人)
㋐	6	8
㋑	7	9
㋒	8	10

(　　　　)

12 ひかるさんが10歩歩いた長さを調べたら5.4mでした。

また、運動場の周りを同じ歩はばになるように歩いたら、565歩ありました。

運動場の周りの長さは、約何mでしょうか。四捨五入して、整数で求めましょう。

式・答え 各3点(6点)

式

答え (　　　　)

13 東町小学校の昨年の人数は470人でした。今年は昨年より10％増えています。

今年の人数は何人でしょうか。

式・答え 各3点(6点)

式

答え (　　　　)

14 おもちゃが2600円で売られています。これは、定価の20％引きのねだんだそうです。

このおもちゃの定価は何円でしょうか。

式・答え 各3点(6点)

式

答え (　　　　)

春のチャレンジテスト

教科書 204〜259ページ

月　日　名前

時間 40分　合格80点　／100

答え54ページ

知識・技能　／72点

1 下のあからえの多角形のうち、正多角形はどれとどれでしょうか。
また、その図形の名前を書きましょう。　各2点(8点)

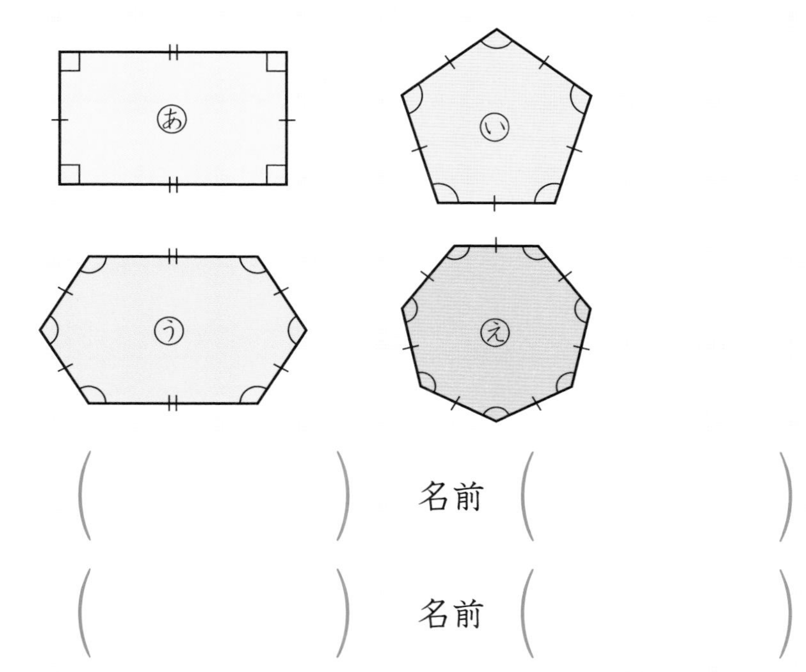

(　　)　名前 (　　)

(　　)　名前 (　　)

2 次の立体の名前を書きましょう。　各2点(8点)

①

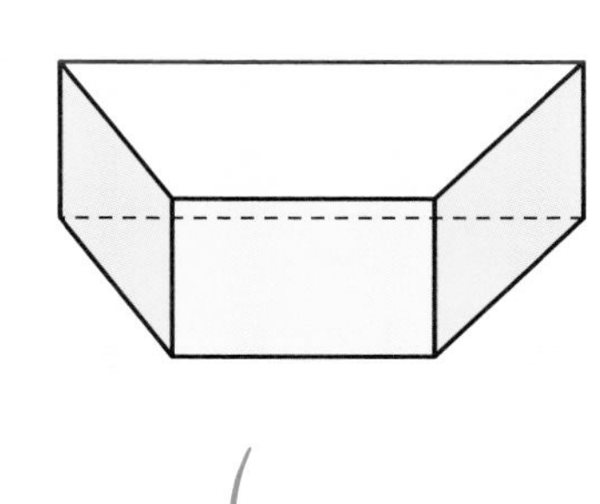

(　　)

②

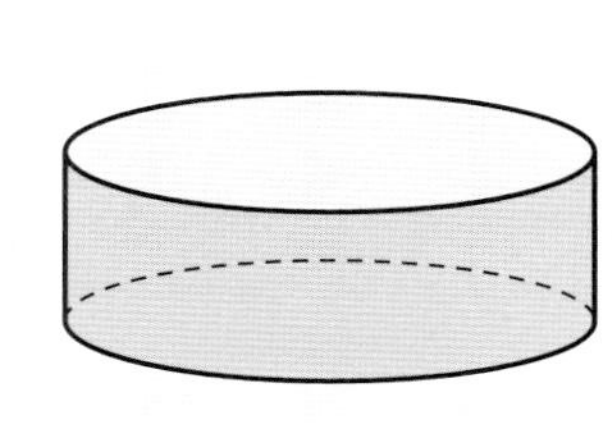

(　　)

③

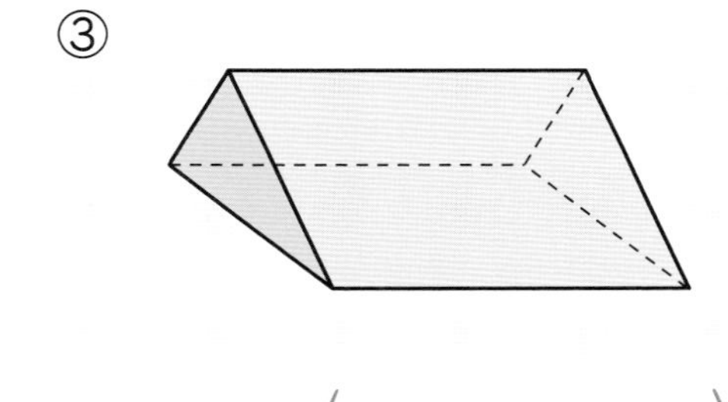

(　　)

④

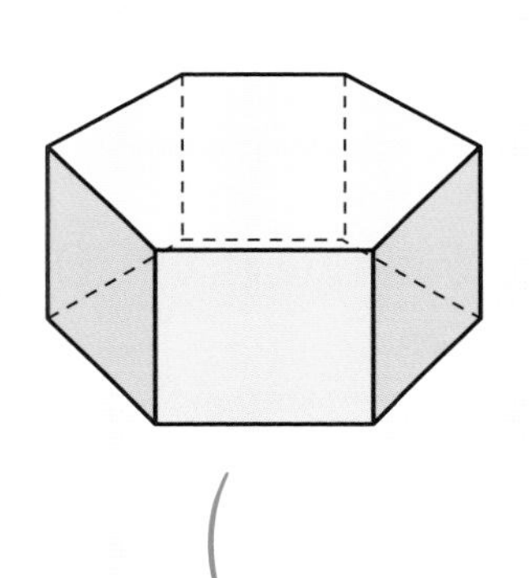

(　　)

3 □にあてはまる言葉や数を書きましょう。　各2点(4点)

① 台形の面積の公式は、

台形の面積＝(□＋下底)×高さ÷2

② ひし形の面積の公式は、

ひし形の面積＝一方の対角線

×もう一方の対角線÷□

4 □にあてはまる言葉を書きましょう。　各2点(6点)

① 円周の長さが直径の長さの何倍になっているかを表す数を□といい、ふつうは3.14を使います。

② 角柱や円柱で、上下に向かい合った2つの面を□といい、周りの面を□といいます。

5 次のような平行四辺形や三角形の面積を求めましょう。　各4点(16点)

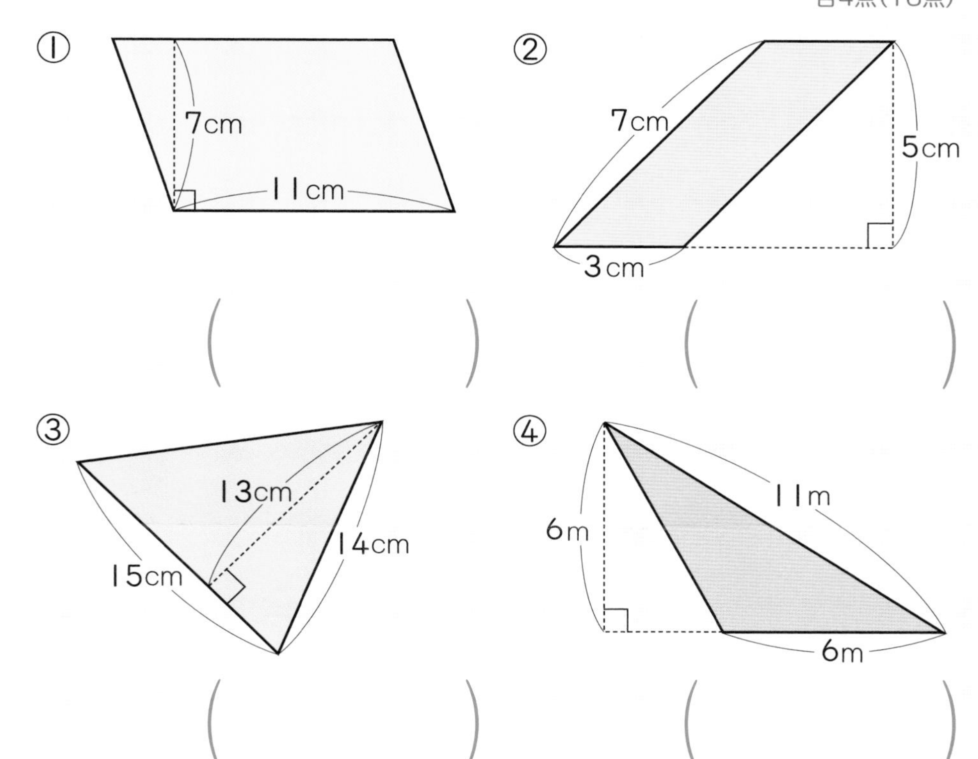

① (　　)　② (　　)

③ (　　)　④ (　　)

6 次のような台形やひし形の面積を求めましょう。　各4点(8点)

①

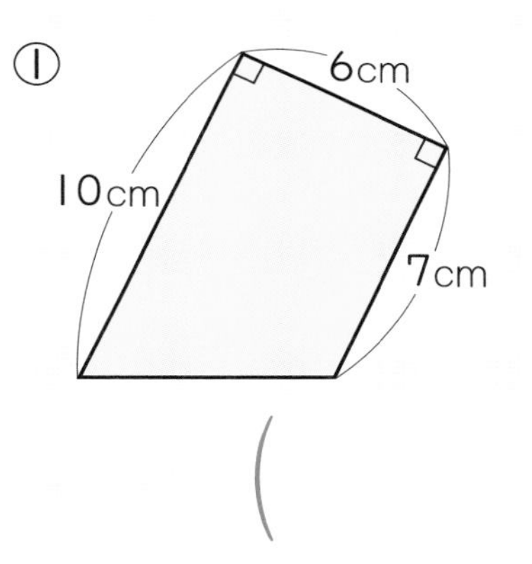

②

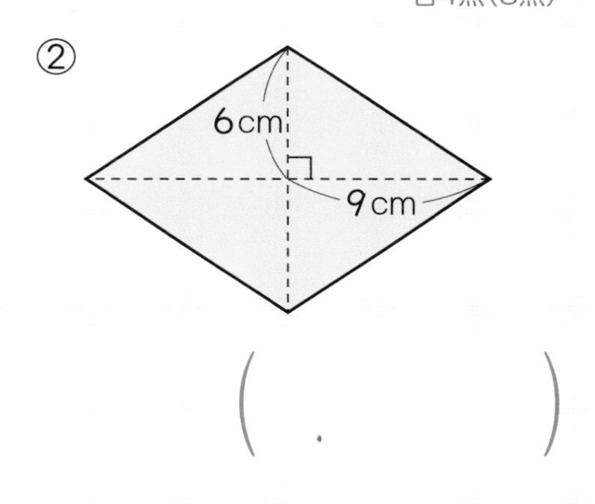

(　　)　(　　)

7 右のような形をしたクッキーがあります。
このクッキーの面積は約何cm^2でしょうか。　(5点)

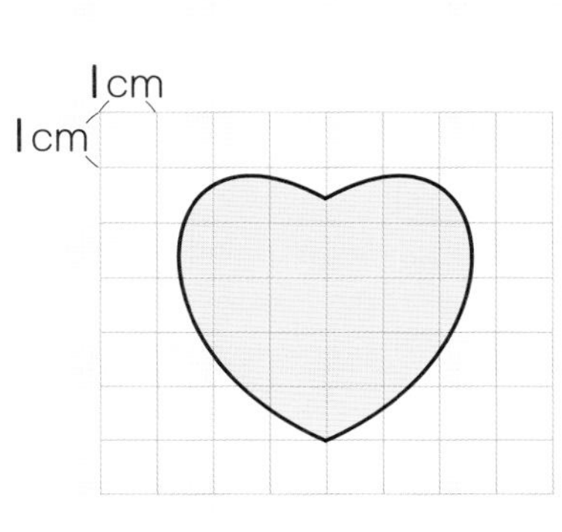

(　　)

うらにも問題があります。

8 次のような図形の周りの長さを求めましょう。

式・答え 各3点(12点)

①

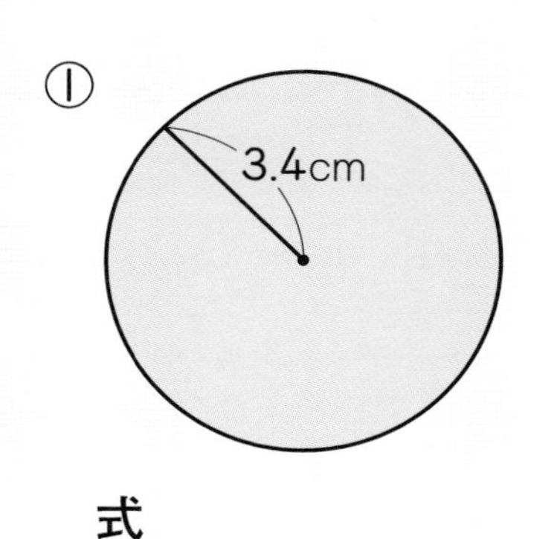

②

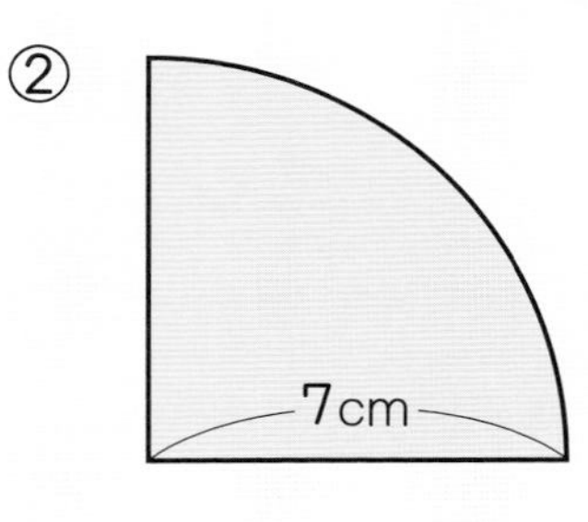

式

式

答え (　　　)　答え (　　　)

9 右のような円柱の展開図をかきましょう。 (5点)

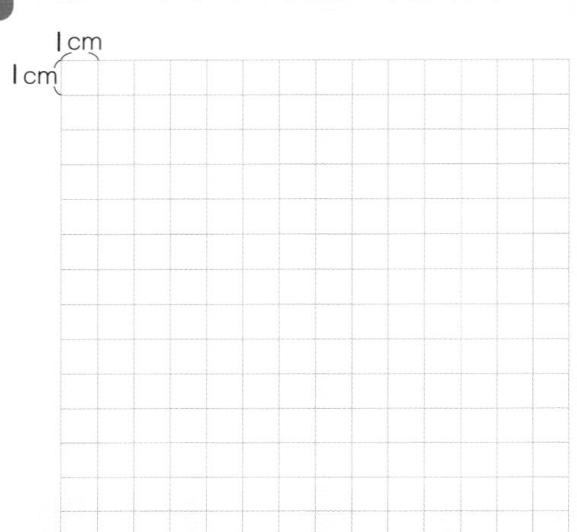

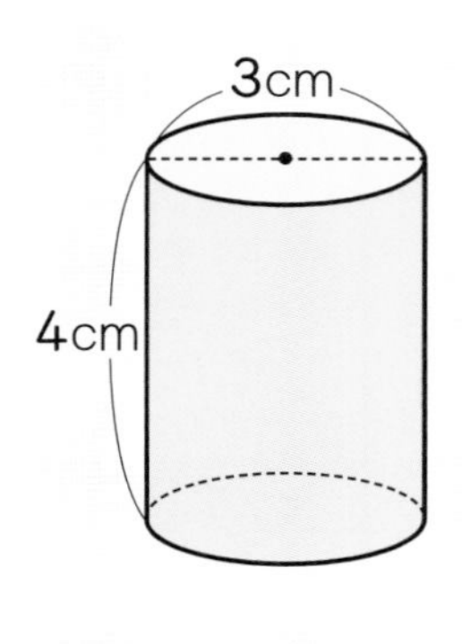

思考・判断・表現　／28点

10 次の展開図を組み立てると、何という立体ができるでしょうか。 (4点)

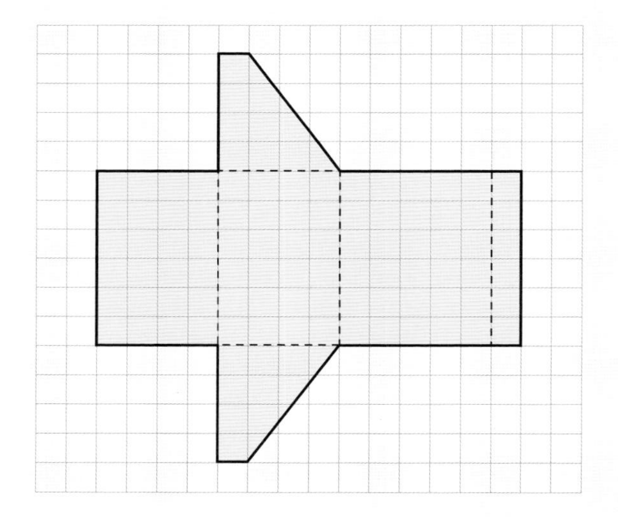

(　　　)

11 右の図は、円の中心の周りの角を等分する方法で、正九角形をかいたものです。

あ、いの角度を求めましょう。

各4点(8点)

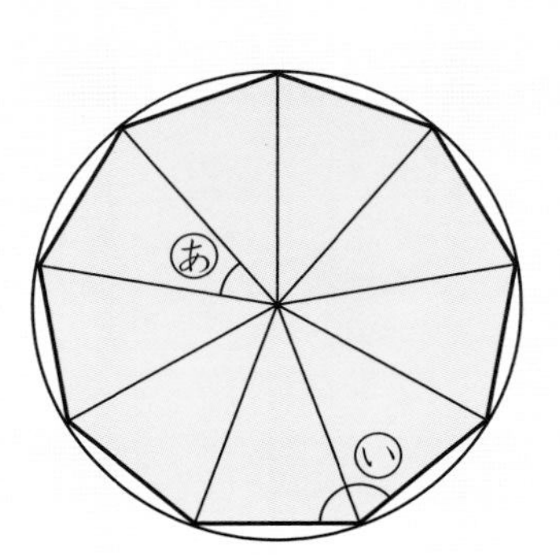

あ (　　　)　い (　　　)

12 右のような図形の、色のついた部分の面積を求めましょう。

式・答え 各4点(8点)

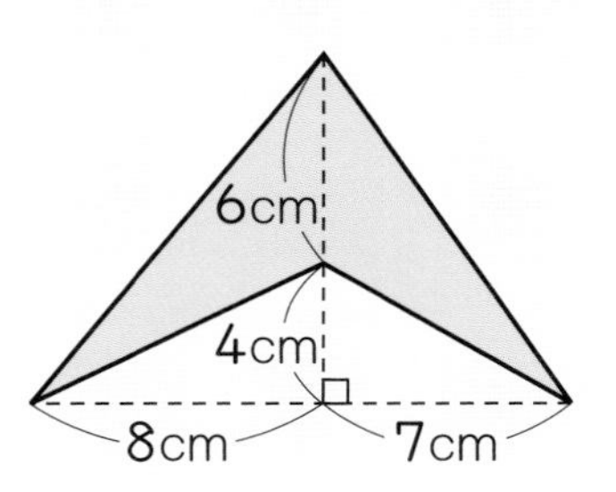

式

答え (　　　)

13 車輪の直径が 70 cm の自転車があります。

この自転車で 1.99 km の道のりを走ると車輪は何回転するでしょうか。$\frac{1}{10}$ の位を四捨五入して整数で答えましょう。

式・答え 各4点(8点)

式

答え (　　　)

◎用意するもの…定規

5年 算数のまとめ 学力診断テスト

月　日

名前

時間 40分

合格80点　／100

答え 56ページ

1 次の数を書きましょう。

各2点(4点)

① 0.68 を 100 倍した数　(　　　)

② 6.34 を $\frac{1}{10}$ にした数　(　　　)

2 次の計算をしましょう。④はわり切れるまで計算しましょう。

各2点(12点)

① 0.23×1.9

② 3.4×6.05

③ $62.4 \div 0.4$

④ $15.6 \div 4.8$

⑤ $\frac{2}{3}+\frac{8}{15}$

⑥ $\frac{7}{15}-\frac{3}{10}$

3 次の数を、大きい順に書きましょう。

(全部できて 3点)

$\frac{5}{2}$、$\frac{3}{4}$、0.5、2、$1\frac{1}{3}$

(　　　)

4 次のあ～うの速さを、速い順に記号で答えましょう。

(全部できて 3点)

あ 秒速 15 m　い 分速 750 m　う 時速 60 km

(　　→　　→　　)

5 次の問題に答えましょう。

各3点(6点)

① 9、12 のどちらでわってもわり切れる数のうち、いちばん小さい整数を答えましょう。

(　　　)

② 5年2組は、5年1組より1人多いそうです。5年2組の人数が偶数のとき、5年1組の人数は偶数ですか、奇数ですか。

(　　　)

6 えん筆が 24 本、消しゴムが 18 個あります。えん筆も消しゴムもあまりが出ないように、できるだけ多くの人に同じ数ずつ分けます。

各3点(9点)

① 何人に分けることができますか。　(　　　)

② ①のとき、1人分のえん筆は何本で、消しゴムは何個になりますか。

えん筆 (　　　)　消しゴム (　　　)

7 右のような台形ABCDがあります。

各3点(6点)

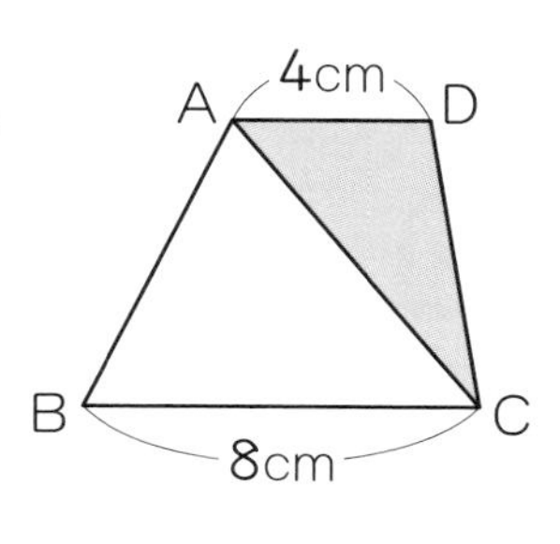

① 三角形ACDの面積は 12 cm^2 です。台形ABCDの高さは何 cm ですか。

(　　　)

② この台形の面積を求めましょう。

(　　　)

8 右のような立体の体積を求めましょう。

(3点)

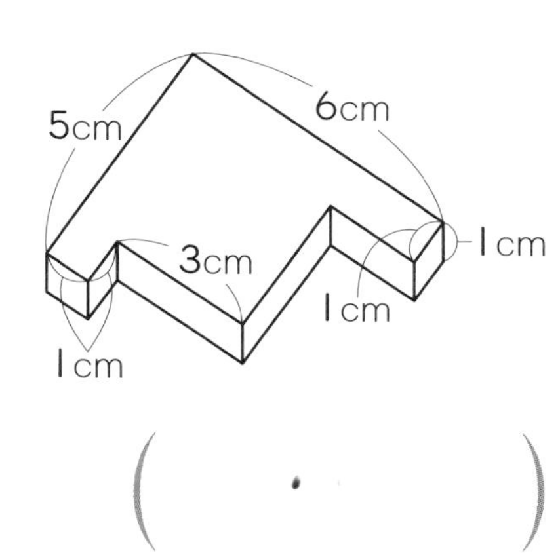

(　　　)

9 右のてん開図について答えましょう。

各3点(9点)

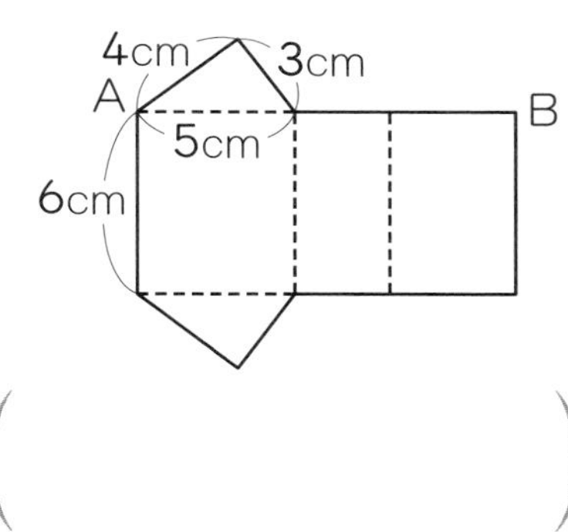

① 何という立体のてん開図ですか。

(　　　)

② この立体の高さは何 cm ですか。

(　　　)

③ ABの長さは何 cm ですか。

(　　　)

うらにも問題があります。

10 右の三角形と合同な三角形をかこうと思います。辺ABの長さと角Aの大きさはわかっています。

あと１つどこをはかれば、必ず右の三角形と同じ三角形をかくことができますか。下の□からあてはまるものをすべて答えましょう。（全部できて 3点）

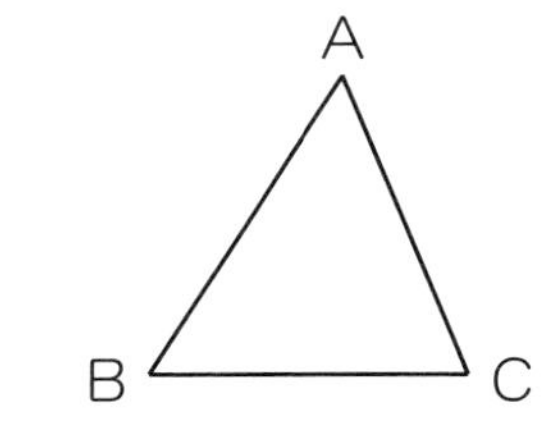

辺BC　　辺AC　　角B

（　　　　）

11 正五角形の１つの角の大きさは何度ですか。（3点）

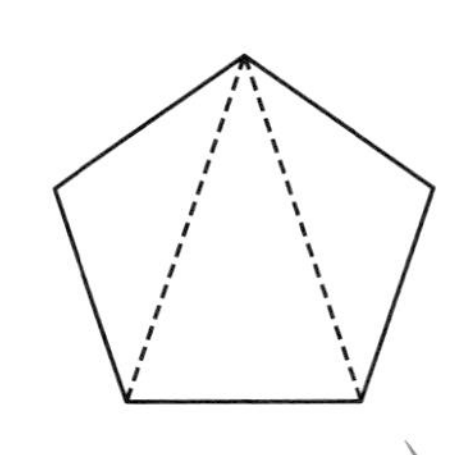

（　　　　）

12 お茶が、これまでよりも20％増量して１本600mLで売られています。

これまで売られていたお茶は、１本何mLでしたか。（3点）

（　　　　）

13 次の表は、ある町の農作物の生産量を調べたものです。

①式・答え 各3点、②③全部できて 各3点（12点）

ある町の農作物の生産量

農作物の種類	米	麦	みかん	ピーマン	その他	合計
生産量(t)	315			72	108	
割合(わりあい)(%)		25	20	8		100

① 生産量の合計は何tですか。

式

答え（　　　　）

② 表のあいている部分をうめましょう。

③ 種類別の生産量の割合を円グラフに表しましょう。

ある町の農作物の生産量

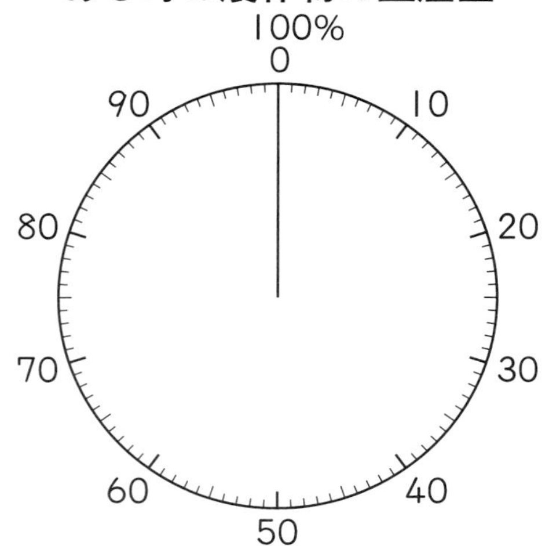

活用力をみる

14 右の表は、５年１組から４組までのそれぞれの花だんの面積と花の本数を表したものです。

①式・答え 各3点、②3点（9点）

5年生の花だんの面積と花の本数

	面積(m²)	花の本数(本)
１組	9	7
2組	8	6
3組	12	13
4組	12	9

① 花の本数は、１つの組平均(へいきん)何本ですか。

式

答え（　　　　）

② 次の㋐～㋒の文章で、内容がまちがっているものを答えましょう。

㋐ １組の花だんよりも４組の花だんのほうが、花の本数が多いので、こんでいる。

㋑ ２組の花だんと４組の花だんは、１m²あたりの花の本数が同じなので、こみぐあいは同じである。

㋒ ３組の花だんと４組の花だんは、面積が同じなので、花の本数が多い３組のほうがこんでいる。

（　　　　）

15 円の直径の長さと、円周の長さの関係について答えましょう。円周率(えんしゅうりつ)は3.14とします。

①全部できて 3点、②～④(　)各3点（15点）

① 下の表を完成させましょう。

直径の長さ(○cm)	1	2	3	4
円周の長さ(△cm)				

② 直径の長さを○cm、円周の長さを△cmとして、○と△の関係を式に表しましょう。（　　　　）

③ 直径の長さと円周の長さはどのような関係にあるといえますか。（　　　　）

④ 下の図のように、同じ大きさの３つの円が直線アイ上にならんでいます。このうちの１つの円の円周の長さと直線アイの長さとでは、どちらが短いですか。そう考えたわけも書きましょう。

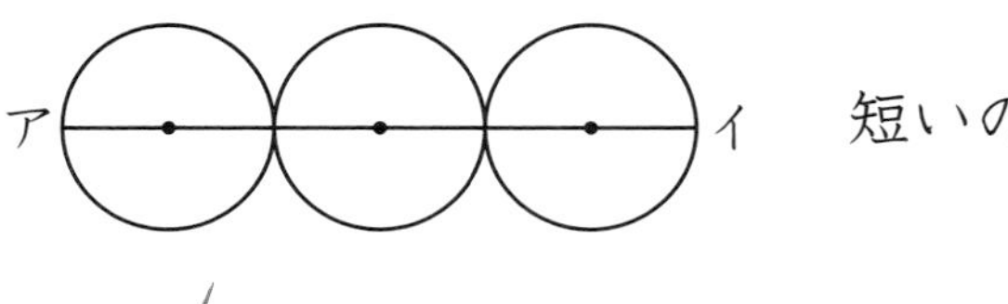

短いのは（　　　　）

わけ（　　　　）

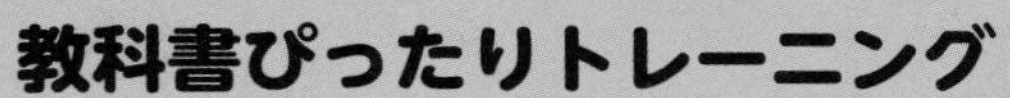

教科書ぴったりトレーニング

答えとてびき

教育出版版　算数５年

問題がとけたら…
①まずは答え合わせをしましょう。
②次にてびきを読んでかくにんしましょう。

おうちのかたへ　では、次のようなものを示しています。
・学習のねらいやポイント
・他の学年や他の単元の学習内容とのつながり
・まちがいやすいことやつまずきやすいところ
お子様への説明や、学習内容の把握などにご活用ください。

しあげの５分レッスン　では、
学習の最後に取り組む内容を示しています。
学習をふりかえることで学力の定着を図ります。

答え合わせの時間短縮に　丸つけラクラク解答　デジタルもご活用ください！

右の QR コードをスマートフォンなどで読み取ると、
赤字解答の入った本文紙面を見ながら簡単に答え合わせができます。

丸つけラクラク解答デジタルは以下の URL からも確認できます。
https://www.shinko-keirinwebshop.com/shinko/2024pt/rakurakudegi/MKS5da/index.html

※丸つけラクラク解答デジタルは無料でご利用いただけますが、通信料金はお客様のご負担となります。
※QR コードは株式会社デンソーウェーブの登録商標です。

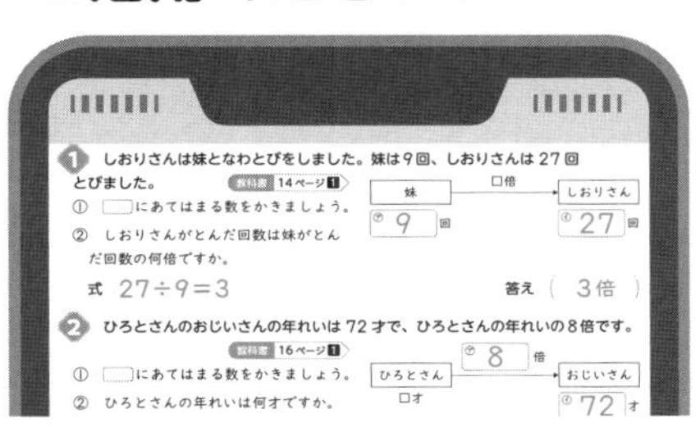

1 整数と小数

ぴったり1　準備　2ページ

1 ①5　②8　③1　④4　⑤0　⑥5
2 右、3.76、37.6、376
3 左、28.5、2.85、0.285

ぴったり2　練習　3ページ

1 ①㋐1　㋑4　㋒5　㋓6　㋔3
②㋐100　㋑10　㋒1　㋓0.1　㋔0.01
2 いちばん大きい数…86.421
いちばん小さい数…12.468
3 ①6.84　②7050
③0.392　④81.3
4 ①254　②1.9　③5200
④4.79　⑤0.8317　⑥0.02064

てびき

2 いちばん大きい数は、十の位にいちばん大きい８を入れ、順に数を小さくしていきます。いちばん小さい数は、十の位にいちばん小さい１を入れ、順に数を大きくしていきます。

3 整数や小数を 10 倍、100 倍、1000 倍すると、小数点は、それぞれ右へ１けた、２けた、３けた移ります。
整数や小数を $\frac{1}{10}$、$\frac{1}{100}$、$\frac{1}{1000}$ にすると、小数点は、それぞれ左へ１けた、２けた、３けた移ります。

ぴったり3 確かめのテスト 4〜5ページ

てびき

❶ ①㋐3 ㋑6 ㋒9 ㋓2 ㋔8
②㋐100 ㋑10 ㋒1 ㋓0.1 ㋔0.01

❷ ①9.8701 ②0.9871

❸ ①0.249 ②0.517
③0.182 ④268
⑤41.6 ⑥1680

❹ ①169 ②470 ③15
④43.8 ⑤0.9034 ⑥0.00054

❺ ㋐100
㋑$\frac{1}{100}$

❻ ㋐0.7
㋑1.9

❷ ①一の位にいちばん大きい9を入れ、順に数を小さくしていきますが、小数のいちばん下の位は0にできないので、0と1を入れかえます。
②1.0789は1より0.0789大きく、0.9871は1より0.0129小さいので、0.9871の方が1に近い数です。

❸ ①$\frac{1}{10}$にしたときは小数点が左へ1けた移(うつ)るので、一の位が0になります。
⑥1000倍したときは小数点が右へ3けた移るので、一の位が0になります。

❹ ②100倍したときは小数点が右へ2けた移るので、一の位が0になります。

❺ 0.26×3=0.78
↓100倍　　　↑$\frac{1}{100}$
26 ×3= 78

❻ 1の$\frac{1}{10}$は0.1です。いちばん小さいめもりは0.1なので、㋐は0.7です。

2 体積

ぴったり1 準備 6ページ

1 (1)①5 ②7 ③35 ④4
(2)①30 ②30 ③30

2 (1)4、6、8
(2)4、4、4

ぴったり2 練習 7ページ

てびき

❶ ①72 cm³ ②50 cm³

❷ ①0.5 cm³ ②0.5 cm³

❸ ①126 cm³ ②216 cm³

❶ ①たてに3個(こ)、横に6個ならんでいるので、3×6=18で、1だんに18個ならんでいます。それが4だんあるから、18×4=72　72 cm³
②正面から見た立方体は右のようになります。これが後ろにもう1列あるから、2倍して
25×2=50　50 cm³

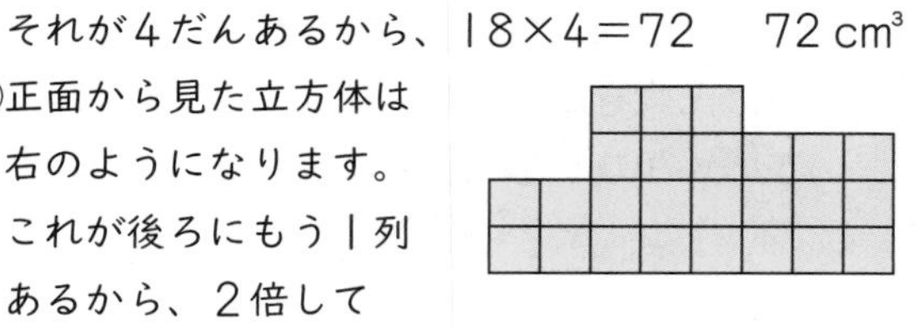

❷ ①も②も、同じ形をもう1つ組み合わせると、1辺が1cmの立方体になり、その体積は1cm³です。その半分の体積だから、①も②も体積は、1÷2=0.5で、0.5 cm³になります。

❸ ①6×7×3=126　126 cm³
②6×6×6=216　216 cm³

❹ 4 cm

❹ 高さを□cm とすると、体積について、
3×7×□＝84 となります。
□＝84÷3÷7＝4　　4 cm

ぴったり1 準備 8ページ

1 ①5　②7　③3　④105
2 (1)①100　②150　③40　(2)①600　②600

ぴったり2 練習 9ページ

❶ ①48 m^3　②343 m^3
❷ ①3000000　②17
❸ ①175000 cm^3　②175 L
❹ ①8000　②450　③2000　④10

てびき

❶ ①4×6×2＝48　　48 m^3
②7×7×7＝343　　343 m^3
❷ 1 m^3＝1000000 cm^3 をもとにします。
①3×1000000＝3000000　　3000000 cm^3
②17000000÷1000000＝17　　17 m^3
❸ ①50×50×70＝175000　　175000 cm^3
②1 L＝1000 cm^3 をもとにします。
175000÷1000＝175　　175 L
❹ ①8×1000＝8000　　8000 cm^3
②450000÷1000＝450　　450 L
③1辺が1mの立方体には1辺が10 cmの立方体が10×10×10＝1000で1000個入ります。
1 m^3＝1000 L だから、2 m^3＝2000 L です。
④1 L＝1000 cm^3 で、1 L＝1000 mL だから、1 mL＝1 cm^3 です。

ぴったり1 準備 10ページ

1 ①1 cm^3　②1 mL　③1 m^3　④1 kL
2 解き方1　3、6、84
解き方2　3、4、84

ぴったり2 練習 11ページ

❶ ①1000　②1000　③80000
④280　⑤4000000　⑥0.35
❷ ①236 cm^3　②590 cm^3　③234 cm^3
④220 cm^3

てびき

❶ 1 L の 1000 倍が 1 kL、1 mL の 1000 倍が 1 L です。
❷ ①あ8×3×4＝96
い5×7×4＝140
96＋140＝236

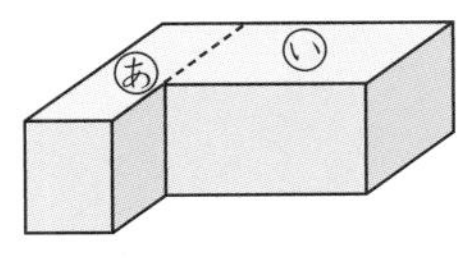

236 cm^3
次のように考えることもできます。

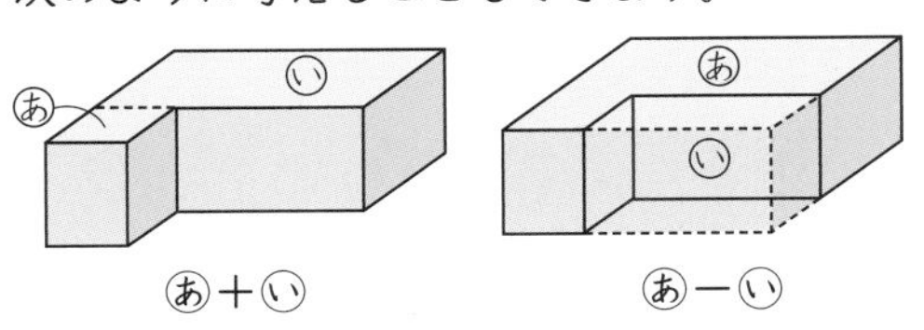

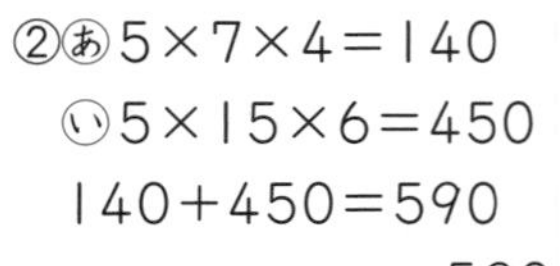

②(あ)5×7×4＝140

(い)5×15×6＝450

140＋450＝590

590 cm³

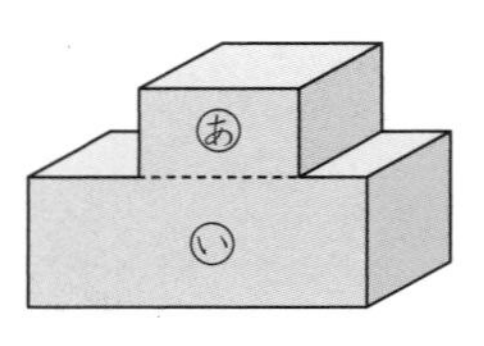

次のように考えることもできます。

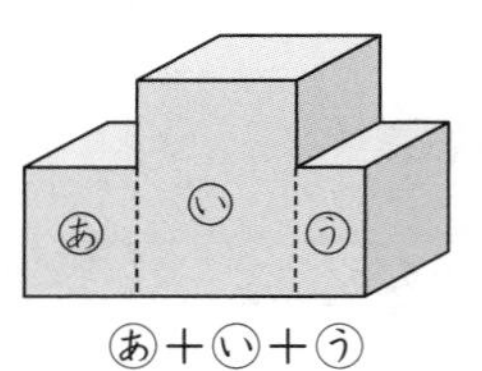

(あ)＋(い)＋(う)

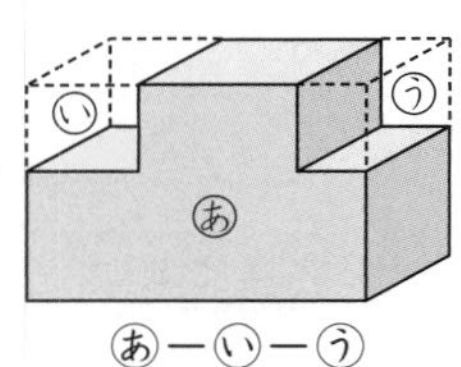

(あ)－(い)－(う)

③大きな直方体からへこんだ部分の直方体の体積をひいて求めます。

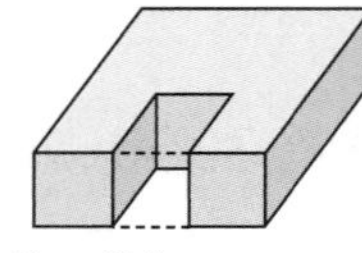

10×9×3＝270　4×3×3＝36

270－36＝234

234 cm³

次のように考えることもできます。

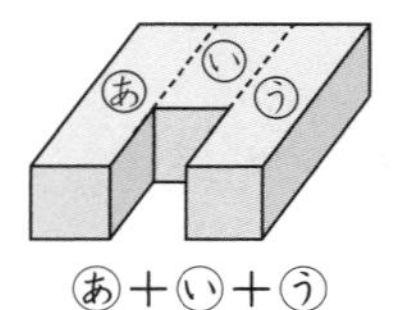

(あ)＋(い)＋(う)

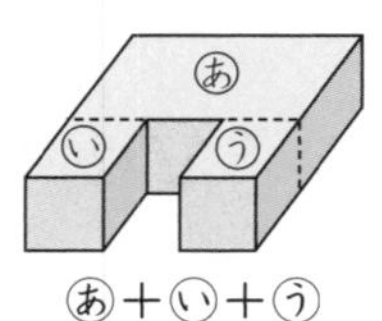

(あ)＋(い)＋(う)

ぴったり3 確かめのテスト 12～13ページ

❶ 24 cm³

❷ ①7000000　②4000　③9000

④15　⑤0.5　⑥200

❸ ①式　4×8×7＝224　答え　224 cm³

②式　9×9×9＝729　答え　729 m³

❹ ①441 cm³　②1032 cm³　③18 m³

てびき

❶ 12×2＝24

❷ ①1 m³＝1000000 cm³　②1 L＝1000 cm³

③⑤1 m³＝1000 L　④⑥1 cm³＝1 mL

❹ ①(あ)9×13×3＝351

(い)5×6×3＝90

351＋90＝441

441 cm³

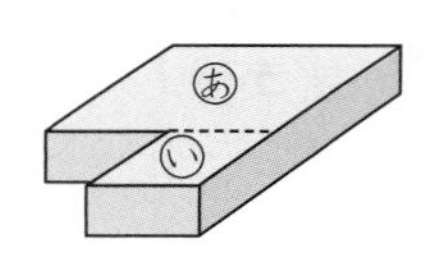

次のように考えることもできます。

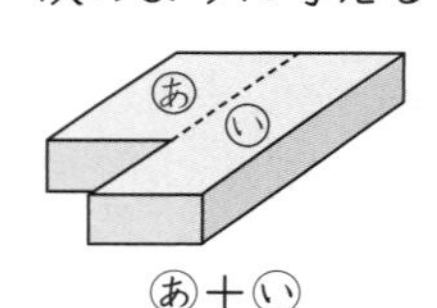

(あ)＋(い)

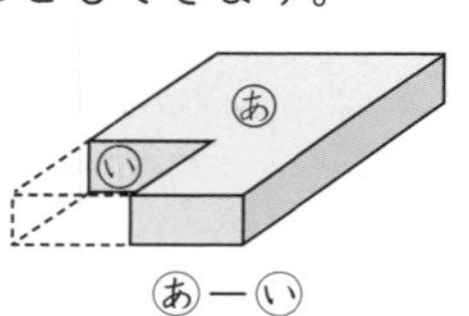

(あ)－(い)

②(あ)8×17×9＝1224

(い)8×6×4＝192

1224－192＝1032

1032 cm³

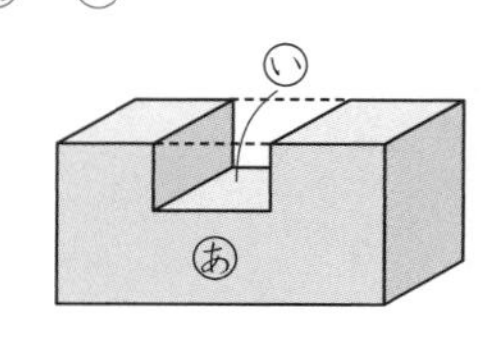

次のように考えることもできます。

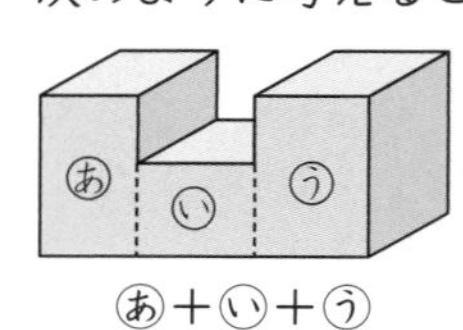

(あ)＋(い)＋(う)

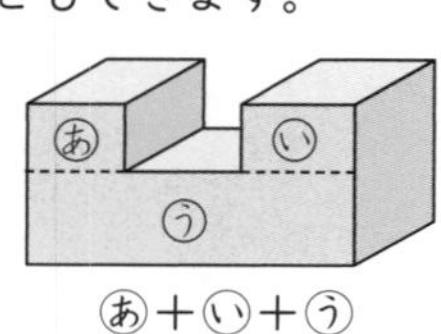

(あ)＋(い)＋(う)

③右のように、上のだんを下のだんに動かして１つの直方体にして求めます。

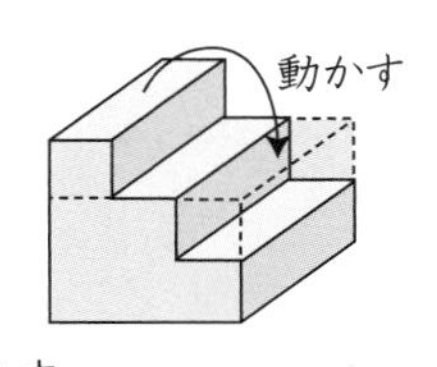

3×3×2＝18　18 m³

次のように考えることもできます。

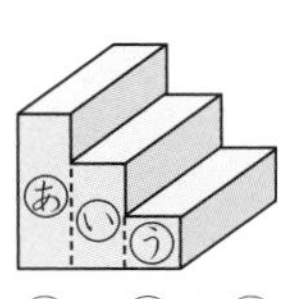

あ＋い＋う

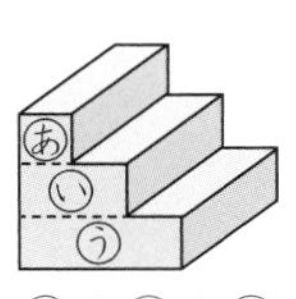

あ＋い＋う

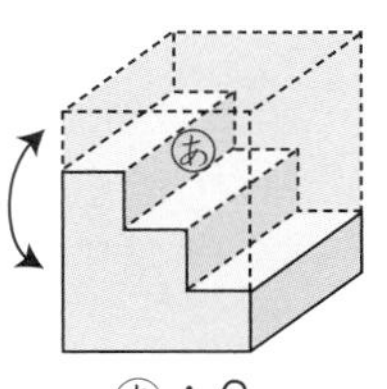

あ÷2

5 ①い
②あ

5 ①横に線を入れて、２つの直方体に分けて求めています。
②つぎたして大きな直方体とみて、つぎたした直方体をひきます。

6 ①式　20×60×40＝48000
答え　48000 cm³
②15 cm

6 ②18 L＝18000 cm³ です。
水の深さを□ cm とすると、
20×60×□＝18000
□＝18000÷1200
＝15　　15 cm

しあげの5分レッスン　直方体の体積の公式を使って、くふうして求めよう。

3　2つの量の変わり方

ぴったり1　準備　14ページ

1 ①48　②3　③120　④2倍　⑤3倍　⑥比例
2 (1)90
(2)①230　②410

ぴったり2　練習　15ページ

1

横の長さ(cm)	1	2	3	4	5	6
体積　(cm³)	21	42	63	84	105	126

②2倍、3倍、……になる。　③いえる。

2 ①ア30　イ60　ウ90
②15×○＝△

てびき

1 ③横の長さが2倍、3倍、……になると、体積も2倍、3倍、……になるので、比例の関係にあるといえます。

2 ①ア15×2＝30　イ15×4＝60
ウ15×6＝90
②1 mの重さ×長さ＝重さ　の式になります。

❸ ①15×○+80=△
(80+15×○=△
95+15×(○−1)=△)
②いえない。 ③380 g

❸ ①消しゴムの重さ＋箱の重さ＝全体の重さ
の式になるので、15×○+80=△となります。
また、表をみて考えると、

1ずつ増える

消しゴムの個数○(個)	1	2	3	4	5
全体の重さ　△(g)	95	110	125	140	155

15ずつ増える

95+15×(○−1)=△となります。

②

消しゴムの個数○(個)	1	2	3	4	5
全体の重さ　△(g)	95	110	125	140	155

消しゴムの個数○個が2倍、3倍、……になっても、全体の重さ△gは2倍、3倍、……になっていないので、比例の関係にあるとはいえません。
③①で求めた式に○=20をあてはめます。
15×20+80=380　　380 g

ぴったり3 確かめのテスト 16〜17ページ

❶ ①

ビー玉の個数○(個)	1	2	3	4	5
全体の重さ△(g)	120	140	160	180	200

式…20×○+100=△(100+20×○=△、120+20×(○−1)=△でもよいです。)
いえない。

②

姉のまい数○(まい)	1	2	3	4	5
妹のまい数△(まい)	15	14	13	12	11

式…○+△=16(16−○=△)
いえない。

③

ガソリン○(L)	1	2	3	4	5
道のり　△(km)	25	50	75	100	125

式…25×○=△　いえる。

④

長さ　○(m)	1	2	3	4	5
重さ　△(g)	60	120	180	240	300

式…60×○=△　いえる。

❷ ①1+2×○=△(3+2×(○−1)=△)
②21本

てびき

❶ ①ビー玉の重さ＋箱の重さ＝全体の重さ
になります。
ビー玉の個数○個が2倍、3倍、……になっても、全体の重さ△gは2倍、3倍、……になっていないので、比例の関係にあるとはいえません。
②姉のまい数＋妹のまい数＝16まい
になります。
姉のまい数○まいが2倍、3倍、……になっても、妹のまい数△まいは2倍、3倍、……になっていないので、比例の関係にあるとはいえません。
③1Lあたりに走る道のり×ガソリンの量＝道のり
になります。
ガソリン○Lが2倍、3倍、……になると、道のり△kmも2倍、3倍、……になっているので、比例の関係にあるといえます。
④1mの重さ×長さ＝重さ
になります。
長さ○mが2倍、3倍、……になると、重さ△gも2倍、3倍、……になっているので、比例の関係にあるといえます。

❷ ①

2本ずつ増えている
1+2×○=△となります。
次の図のように考えることもできます。

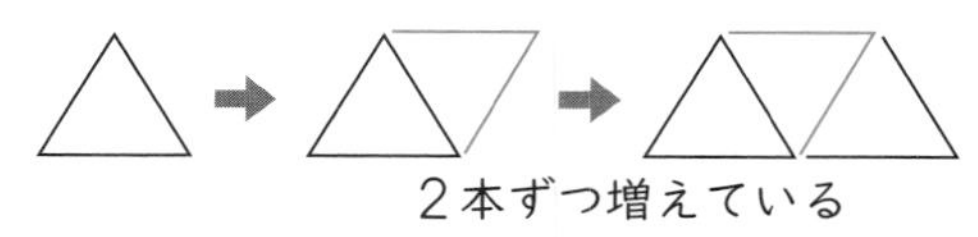

2本ずつ増えている
3+2×(○−1)=△となります。
②①で求めた式に○=10をあてはめます。
1+2×10=21　　21本

❸ ①0.8×○＝△　②720 g
③3.5 L

❸ ①80÷100＝0.8 で、1 mL の油の重さは 0.8 g です。1 mL の重さ×かさ＝重さ の式になるので、0.8×○＝△となります。
②①で求めた式に○＝900 をあてはめます。
0.8×900＝720　　720 g
③①で求めた式に△＝2800 をあてはめます。
0.8×○＝2800
○＝2800÷0.8＝3500　　3.5 L

❹ ①2倍、3倍、……になる。　②6倍

❹ ①

たての長さ(m)	2	4	6
体積　(m³)	70	140	210

たての長さを2倍、3倍、……にすると、体積も2倍、3倍、……になります。
②2×7×5＝70　　420÷70＝6
体積が6倍になっているので、たての長さを6倍にすればよいことになります。

しあげの5分レッスン　比例(ひれい)の関係は、表にかいて考えよう。

4 小数のかけ算

ぴったり1 準備　18ページ

1 ①1.3　②1.3　③9.36　④9.36
2 (1)7.2　(2)0.91

ぴったり2 練習　19ページ

❶ ①96　②42　③60

❷ ①8.32　②8.82　③9.52　④5.88
⑤5.58　⑥4.5　⑦0.4　⑧2.2　⑨6.86

❸ ①90.3　②9.03

❹ 3kg

てびき

❶ ①20×4.8＝20×48÷10＝960÷10＝96
②60×0.7＝60×7÷10＝420÷10＝42
③120×0.5＝120×5÷10＝600÷10＝60

❷ ①　3.2 × 2.6：192、64、8.32
②　6.3 × 1.4：252、63、8.82
④　8.4 × 0.7：5.88
⑥　5 × 0.9：4.5
⑦　0.8 × 0.5：0.40（0を消す）
⑧　5.5 × 0.4：2.20（0を消す）
⑨　0.7 × 9.8：56、63、6.86

❸ ①43×2.1＝43×21÷10＝903÷10＝90.3
②4.3×2.1＝(43÷10)×(21÷10)
＝43×21÷10÷10＝903÷100＝9.03

❹ 1.2×2.5＝3　　3kg

ぴったり1 準備　20ページ

1 (1)5.4498　(2)0.037
2 1、㋒

ぴったり2 練習 21ページ

1 ①12.47 ②2.52 ③5.12 ④11.096
⑤73.568 ⑥13.2727 ⑦0.2538
⑧0.4968 ⑨1.58

2 2.55 kg

3 ㋒、㋓

てびき

1

① $\begin{array}{r} 4.3 \\ \times 2.9 \\ \hline 387 \\ 86 \\ \hline 12.47 \end{array}$
② $\begin{array}{r} 3.6 \\ \times 0.7 \\ \hline 2.52 \end{array}$
③ $\begin{array}{r} 0.8 \\ \times 6.4 \\ \hline 32 \\ 48 \\ \hline 5.12 \end{array}$

④ $\begin{array}{r} 5.84 \\ \times\ 1.9 \\ \hline 5256 \\ 584 \\ \hline 11.096 \end{array}$
⑤ $\begin{array}{r} 9.68 \\ \times\ 7.6 \\ \hline 5808 \\ 6776 \\ \hline 73.568 \end{array}$
⑥ $\begin{array}{r} 4.69 \\ \times 2.83 \\ \hline 1407 \\ 3752 \\ 938 \\ \hline 13.2727 \end{array}$

⑦ $\begin{array}{r} 0.27 \\ \times 0.94 \\ \hline 108 \\ 243 \\ \hline 0.2538 \end{array}$
⑧ $\begin{array}{r} 0.69 \\ \times 0.72 \\ \hline 138 \\ 483 \\ \hline 0.4968 \end{array}$
⑨ $\begin{array}{r} 3.16 \\ \times\ 0.5 \\ \hline 1.58\cancel{0} \end{array}$

2 1.25×2.04＝2.55　　2.55 kg

3 1より小さい数をかけると、積はかけられる数よりも小さくなります。

ぴったり1 準備 22ページ

1 あ①3.8 ②8.74 ③8.74
い①2.5 ②1.7 ③5.95 ④5.95

2 (1)0.4、1.2 (2)2、1.8

ぴったり2 練習 23ページ

1 ①5.76 cm^2 ②0.216 m^3

2 ①式 1.6×3.2＋1.6×1.8＝8　答え 8 m^2
②式 1.6×(3.2＋1.8)＝8　答え 8 m^2

3 ①9×2.5×0.8＝9×(2.5×0.8)＝9×2＝18
②3.5×7.7＋6.5×7.7＝(3.5＋6.5)×7.7
＝10×7.7＝77
③8.1×5.4＝(8＋0.1)×5.4
＝8×5.4＋0.1×5.4＝43.2＋0.54
＝43.74
④76×0.9＝76×(1－0.1)
＝76×1－76×0.1＝76－7.6＝68.4

てびき

1 ①2.4×2.4＝5.76　　5.76 cm^2
②0.6×0.6×0.6＝0.216　　0.216 m^3

2 計算のきまりを使うと簡単(かんたん)に計算できる場合があります。○×△＋○×□＝○×(△＋□)

3 ①2.5×0.8＝2 と整数になることに注目します。
○×△×□＝○×(△×□)
②3.5＋6.5＝10 と整数になることに注目します。
○×△＋□×△＝(○＋□)×△
③8.1＝8＋0.1 となることに注目します。
(○＋△)×□＝○×□＋△×□
④0.9＝1－0.1 となることに注目します。
○×(△－□)＝○×△－○×□

ぴったり3 確かめのテスト 24～25ページ

1 ①6.24 ②6 ③8.82 ④9.86 ⑤4.75
⑥0.6 ⑦9.932 ⑧5.08 ⑨1.6128

てびき

1

② $\begin{array}{r} 7.5 \\ \times 0.8 \\ \hline 6.0\cancel{0} \end{array}$
⑤ $\begin{array}{r} 9.5 \\ \times 0.5 \\ \hline 4.75 \end{array}$
⑥ $\begin{array}{r} 0.4 \\ \times 1.5 \\ \hline 20 \\ 4 \\ \hline 0.6\cancel{0} \end{array}$

⑦ $\begin{array}{r} 3.82 \\ \times\ 2.6 \\ \hline 2292 \\ 764 \\ \hline 9.932 \end{array}$
⑧ $\begin{array}{r} 0.8 \\ \times 6.35 \\ \hline 40 \\ 24 \\ 48 \\ \hline 5.08\cancel{0} \end{array}$
⑨ $\begin{array}{r} 5.04 \\ \times 0.32 \\ \hline 1008 \\ 1512 \\ \hline 1.6128 \end{array}$

❷ ①0.84　②0.084

❷ ①$2.4 \times 0.35 = 24 \times 35 \div 10 \div 100$
$= 840 \div 1000 = 0.84$
②$0.24 \times 0.35 = 24 \times 35 \div 100 \div 100$
$= 840 \div 10000 = 0.084$

❸ ㋑、㋒

❸ かける数が1より大きいとき、積はかけられる数より大きくなります。かけられる数の大きさは1より大きくても小さくても関係ありません。

❹ 式　$7.52 \times 1.3 = 9.776$　　答え　9.776 km

❺ 式　$1.7 \times 2.08 = 3.536$
答え　およそ 3.536 km^2

❺ 長さが小数であるときの面積も、公式を使って求められます。

❻ ①44 cm^2　②13 m^3

❻ ①式　$7.2 \times 7.2 = 51.84$
$2.8 \times 2.8 = 7.84$
$51.84 - 7.84 = 44$
答え　44 cm^2

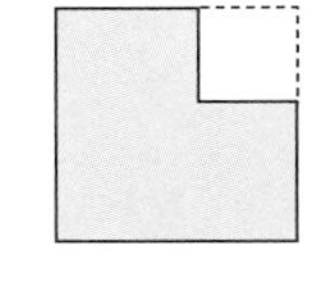

2つの長方形に分けて求めることもできます。

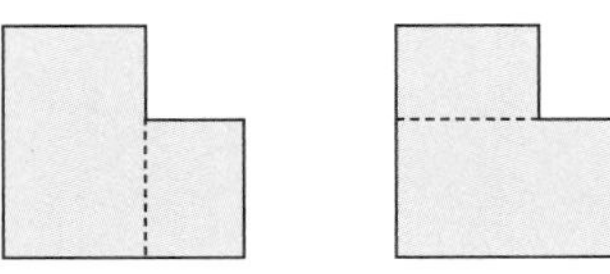

②式　$2 \times 3.5 \times 2.5 = 17.5$
$2 \times 1.5 \times 1.5 = 4.5$
$17.5 - 4.5 = 13$
答え　13 m^3

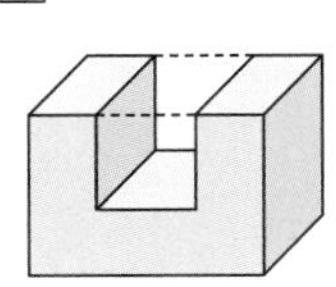

3つの直方体に分けて求めることもできます。

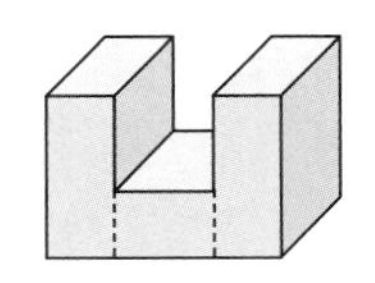
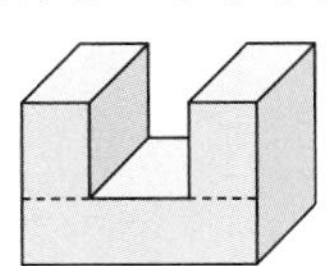

❼ ①$63 \times 5.8 + 63 \times 4.2 = 63 \times (5.8 + 4.2)$
$= 63 \times 10 = 630$
②$45 \times 7.9 - 45 \times 5.9 = 45 \times (7.9 - 5.9)$
$= 45 \times 2 = 90$

❼ 計算のきまりを使って整数どうしのかけ算にします。
①○×△＋○×□＝○×(△＋□)
②○×△－○×□＝○×(△－□)

5 合同と三角形、四角形

ぴったり1 準備　26ページ

1 ㋓、㋔
2 ①辺BC　②角D　③3　④65
3 三角形ADE、三角形CBE、三角形CDE（順不同）

ぴったり2 練習　27ページ

てびき

❶ ㋐と㋗、㋒と㋔

❶ ます目を数えて、まったく同じ辺の長さや同じ角の大きさの四角形をさがします。ななめの辺は通っているます目の数を数えて考えます。

❷ 
①点G　②3.8 cm　③65°

❷ うら返して同じ向きにすると、次のようになります。

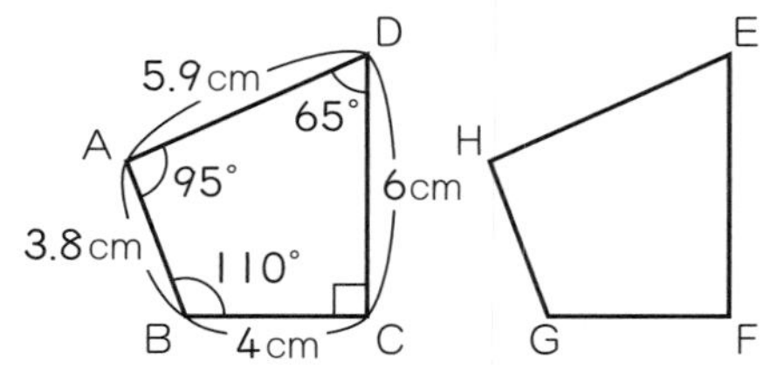

点Aは点Hに、点Bは点Gに、点Cは点Fに、点Dは点Eに対応（たいおう）します。

❸ ①三角形DCE　②三角形ADE
③三角形BAC、三角形DCA、三角形CDB

❸ ①②対角線により次の三角形の組が合同（ごうどう）になります。

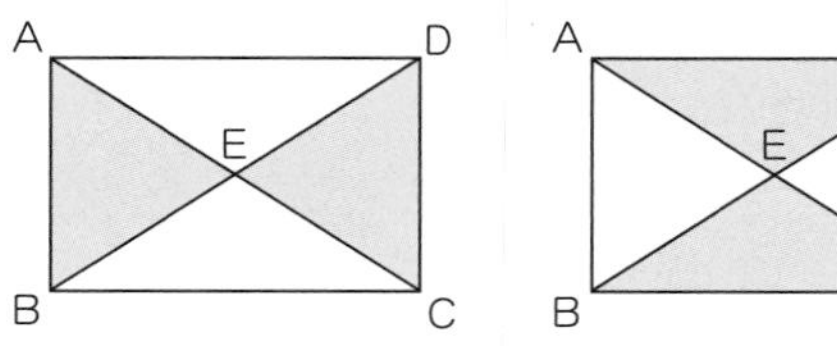

③対角線により次の三角形はすべて合同になります。

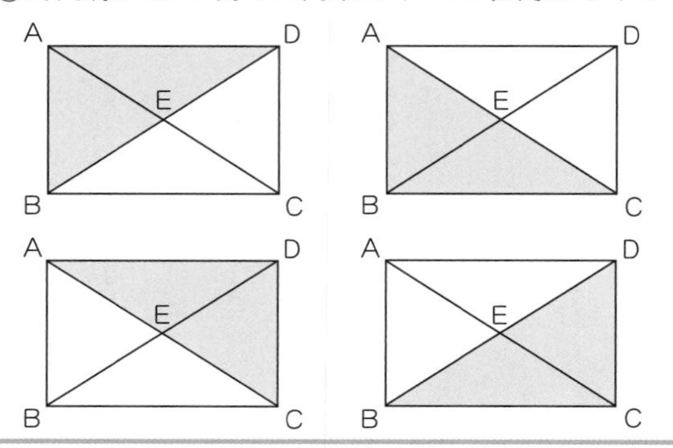

ぴったり1 準備　28ページ

1 AB、C
2 AC、BD

ぴったり2 練習　29ページ

❶ ①②③

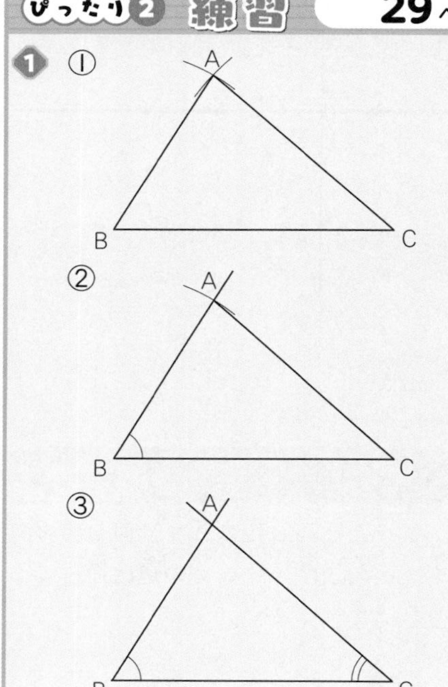

てびき

❶ ①辺BCと同じ長さの辺をかき、次に辺AB、辺ACと同じ長さを点Bと点Cからコンパスではかりとり、点Aを決めます。
②辺BCと同じ長さの辺をかき、次に角Bと同じ角になるように分度器で角の辺をかき、次に辺ABの長さをはかりとり、点Aを決めます。
③辺BCと同じ長さの辺をかき、次に角B、角Cと同じ角になるように分度器で角の辺をかき、点Aを決めます。

❷ ①

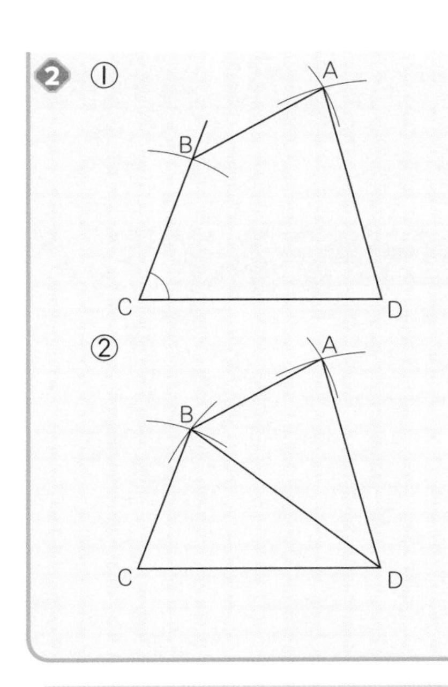

❷ ①辺CDと同じ長さの辺をかき、次に角Cと同じ大きさの角になるように分度器を使いながら角の辺をかきます。次に、辺BCの長さをはかりとり、点Bを決めます。それから、点Bと点Dからそれぞれ辺ABと辺ADと同じ長さをはかりとり、点Aを決めます。

②辺CDと同じ長さの辺をかき、まずはじめに三角形BCDと合同な三角形を、3つの辺の長さを使ってかき、点Bを決めます。次に三角形ABDと合同な三角形を、3つの辺の長さを使ってかき、点Aを決めます。

おうちのかたへ コンパスや分度器を的確に扱えないお子さまもいます。上手に使いこなせているか、時々みてあげましょう。

ぴったり1 準備 30ページ

1 あ60 い35、105

2 あ70、80 い40、30

ぴったり2 練習 31ページ

てびき

❶ あ40° い95° う80° え80° お20° か100° き30° く90°

❷ あ130° い95° う80° え160° お150°

❶ 三角形の3つの角の大きさの和は180°です。

あ180−(80+60)=40 40°

い180−(40+45)=95 95°

う二等辺三角形の2つの角の大きさは等しいから、残りの1つの角の大きさはうの角度と同じです。

(180−20)÷2=80 80°

え二等辺三角形の2つの角の大きさは等しいから、残りの1つの角の大きさは50°です。

180−(50+50)=80 80°

お180−160=20 20°

か180−(60+20)=100 100°

き180−150=30 30°

く180−120=60

180−(60+30)=90 90°

❷ 四角形の4つの角の大きさの和は360°です。

あ360−(85+70+75)=130 130°

い360−(105+105+55)=95 95°

う180−100=80 80°

え360−(50+80+70)=160 160°

おひし形は、向かい合った角の大きさは等しくなっています。

360−(30+30)=300

300÷2=150 150°

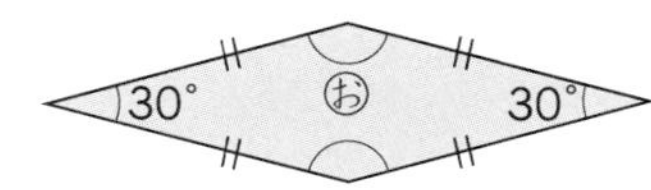

ぴったり1 準備 32ページ

1 (1)①4　②4　③720　④720
(2)①5　②5　③900　④900

ぴったり2 練習 33ページ

1 ①7個　②1260°

2 ①名前…五角形、角の大きさの和…540°
②名前…八角形、角の大きさの和…1080°

3 ①あ123°　②い156°

てびき

1 ①右のように、九角形は、１つの頂点から対角線をかくと７個の三角形ができます。

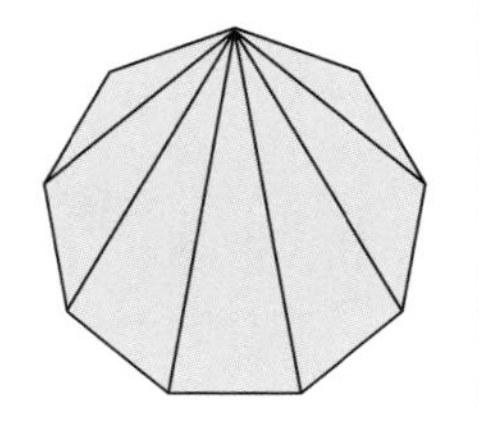

②三角形の角の大きさの和は180°なので、九角形の角の大きさの和は、
180×7＝1260　1260°

2 ①5本の直線で囲まれた図形は、五角形です。右のように、１つの頂点から対角線をかくと３個の三角形ができるから、五角形の角の大きさの和は、180×3＝540　540°

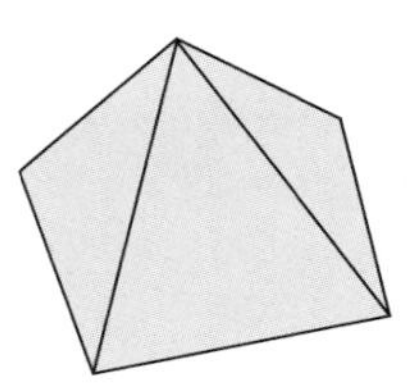

②8本の直線で囲まれた図形は、八角形です。右のように、１つの頂点から対角線をかくと６個の三角形ができるから、八角形の角の大きさの和は、180×6＝1080　1080°

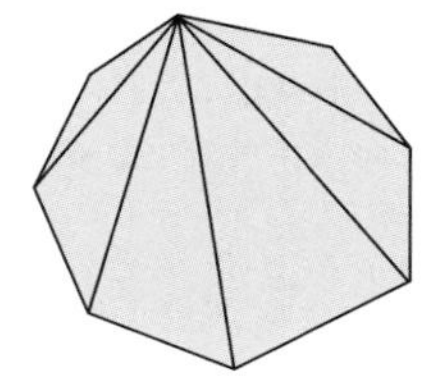

3 ①五角形の角の大きさの和は、
180×3＝540で、540°
よって、あの角度は、
540−(90＋150＋90＋87)＝123　123°
②六角形の角の大きさの和は、
180×4＝720で、720°
よって、いの角度は、
720−(117＋83＋114＋140＋110)
＝156　156°

ぴったり3 確かめのテスト 34〜35ページ

1 あとえ、いとお、うとか

てびき

1 ます目を数えて、合同な図形を見つけます。円はすべて同じ形ですが、直径の長さがちがうとぴったり重ならないので、あえとけの円は合同にはなりません。

❷ ①頂点H　②8cm　③90°

❸ あ40°　い65°　う30°

❹ あ125°　い35°　う110°

❺ ①(例)

②(例)

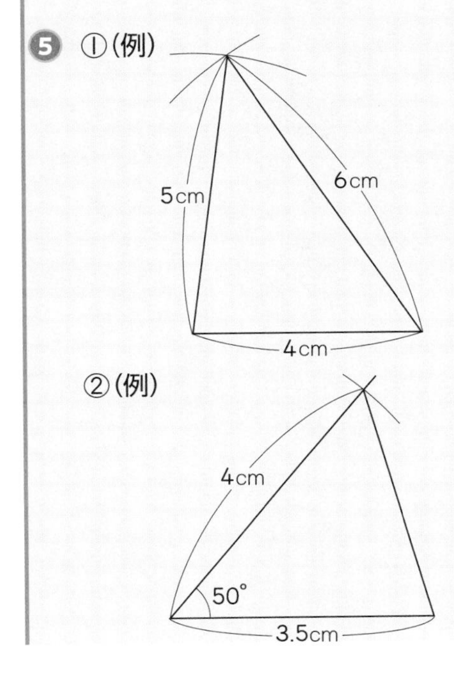

❷ うら返して同じ向きにすると、対応する頂点、辺、角がわかりやすくなります。

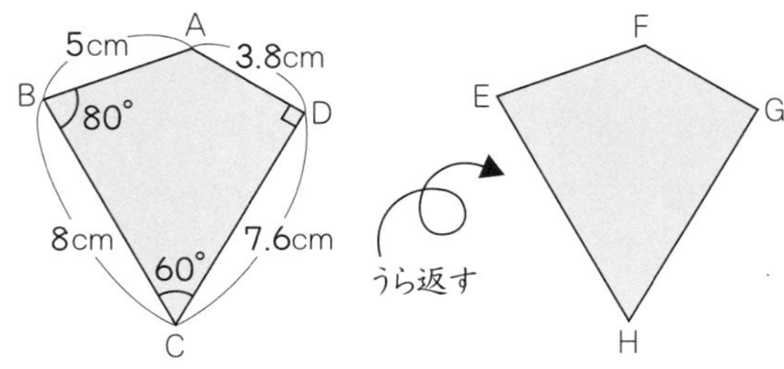

①頂点Cには頂点Hが対応します。

②辺EHには辺BCが対応するから、長さは8cmです。

③角Gには角Dが対応するから、角Dが直角なので、角Gの大きさは90°です。

❸ 三角形の3つの角の大きさの和は180°です。

あ180−(75+65)=40　　40°

い右のかの角度は

180−(35+30)

=115

よって、いの角度は

180−115=65　　65°

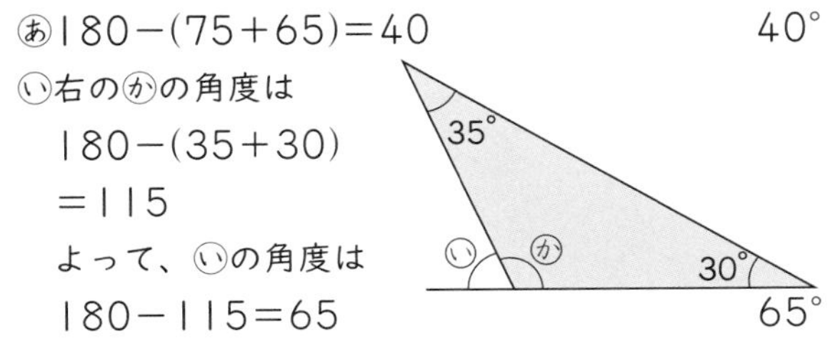

う二等辺三角形の2つの角の大きさは等しくなっているから、残りの1つの角の大きさは、うの角度と同じです。

180−75×2=30　　30°

❹ 四角形の4つの角の大きさの和は360°です。

あ360−(75+90+70)=125　　125°

い360−(60+80+110+75)=35　　35°

う平行四辺形の向かい合った角の大きさは等しくなっています。

360−(70+70)=220

220÷2=110

110°

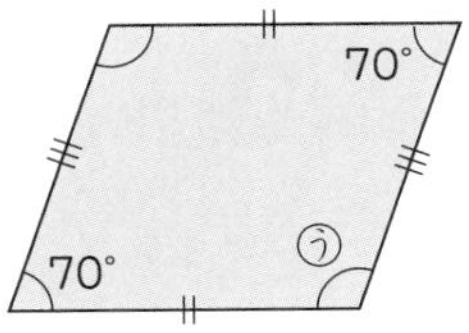

❺ ①まず4cmの辺をかきます。次に、5cmと6cmの長さをコンパスでとり、4cmの辺の両方のはしを中心に、それぞれの長さを半径として円の一部をかきます。そして、2つの円の交わった点を頂点として、辺のはしから直線で結びます。(どの辺からかきはじめてもよいです。)

②まず3.5cmの辺をかきます。次に一方のはしに角が50°の大きさになるような辺を分度器を使ってひきます。次に、コンパスで4cmをとり、この辺の長さを4cmにして、3.5cmの辺のもう一方のはしと直線で結びます。(4cmの辺からかきはじめてもよいです。)

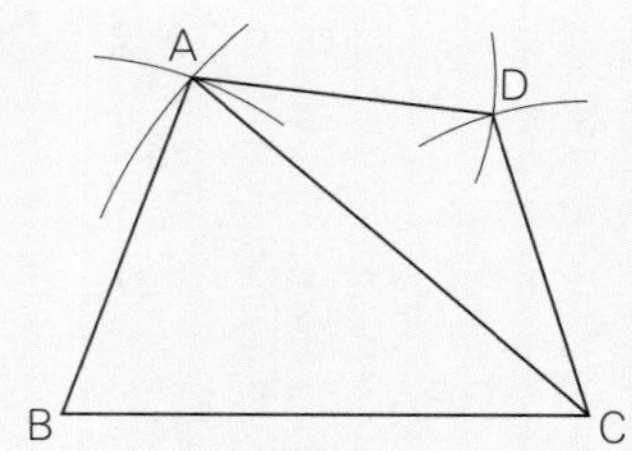

❼ ①三角形CBE　②三角形ADE

❻ 4辺の長さと、1つの対角線を使って、2つの三角形を組み合わせてかきます。まず、辺BCをかき、点Bを中心に辺ABの長さを半径にした円の一部をかきます。次に点Cを中心に対角線ACの長さを半径にした円の一部をかき、交わった点を点Aとし、直線で結びます。（三角形ABCがかけます。）同様にして、辺ACから辺DAと辺DCの長さをコンパスでうつしとり、点Dを決めます。（三角形DACがかけます。）2つの三角形から、四角形ABCDがかけます。

❼ ひし形に1本の対角線BDをひいてできる2つの三角形、三角形ABDと三角形CBDは合同（ごうどう）です。

①三角形ABDと三角形CBDが合同だから、辺ABと辺EBにはさまれた角と辺CBと辺EBにはさまれた角は等しくなります。また、辺ABと辺CBは等しく、辺EBは共通な辺で等しいので、三角形ABEと三角形CBEは合同です。

②三角形ABDと三角形CBDが合同だから、辺ADと辺EDにはさまれた角と辺CDと辺EDにはさまれた角は等しくなります。また、辺ADと辺CDは等しく、辺EDは共通な辺で等しいので、三角形CDEと三角形ADEは合同です。

6 小数のわり算

ぴったり1 準備 36ページ

1 (1)18、40　(2)161、46、3.5

2 (1)10、10、2.3　(2)100、100、1.8

ぴったり2 練習 37ページ

❶ ①15　②120　③260

❷ ①1.6　②14.5　③29.5　④8.2　⑤0.65
⑥0.08

てびき

❶ わられる数とわる数をともに10倍して整数どうしのわり算になおします。

①$39 \div 2.6 = (39 \times 10) \div (2.6 \times 10)$
$= 390 \div 26 = 15$

❷
```
①     1.6      ②    14.5      ③    29.5
1.5)2.4       0.6)8.7        0.4)11.8
    15            6               8
     90           27              38
     90           24              36
      0            30              20
                   30              20
                    0               0

④     8.2      ⑤    0.65      ⑥    0.08
3.5)28.7      4.8)3.12       9.5)0.760
    280           288             760
     70            240              0
     70            240
      0              0
```

3 ①1.9 ②0.45 ③2.5 ④0.8 ⑤2.4 ⑥47.5

3 ① 2.73)5.187 = 1.9
273
2457
2457
0

② 0.56)0.252 = 0.45
224
280
280
0

③ 3.64)9.10 = 2.5
728
1820
1820
0

④ 7.25)5.800 = 0.8
5800
0

⑤ 2.5)6.0 = 2.4
50
100
100
0

⑥ 0.8)38.0 = 47.5
32
60
56
40
40
0

ぴったり1 準備 38ページ

1 1

2 $\frac{1}{1000}$、0.87

3 ①一 ②12 ③12 ④12

ぴったり2 練習 39ページ

てびき

1 い、え

1 わる数が1より小さいものをさがします。
あ2.5＞1 い0.8＜1 う16＞1 え0.06＜1
よりいとえが商がわられる数より大きくなります。

2 ①0.51 ②0.71 ③2.3

2 ① 2.7)1.37 = 0.507 → 0.51
135
200
189
11

② 8.4)6.0 = 0.714 → 0.71
588
120
84
360
336
24

③ 1.7)3.92 = 2.30 → 2.3
34
52
51
10

3 ①8あまり2.2 ②4あまり0.12 ③3あまり0.44

3 ① 5.1)43.0 = 8
408
2.2

② 1.6)6.52 = 4
64
0.12

③ 1.45)4.79 = 3
435
0.44

4 約1.2kg

4 8.27÷6.9の式で求められます。
答えは$\frac{1}{100}$の位まで求め、四捨五入(ししゃごにゅう)します。

5 12本とれて、0.5cmあまる。

5 42.5÷3.5の式で求められます。
答えは一の位まで求め、あまりを出します。

ぴったり1 準備 40ページ

1 ①1.5　②1.5　③0.5　④0.5

2 1.4、25、25

ぴったり2 練習 41ページ

❶ ①2.7 km　②0.6 km

❷ ①2.5 倍　②0.75 倍

❸ 70 人

てびき

❶ 小数の倍にあたる大きさは、整数の倍と同じように、かけ算で求められます。

①1.5×1.8＝2.7　　2.7 km

②1.5×0.4＝0.6　　0.6 km

❷ 何倍かを表す数は、わり算で求められます。また、何倍かを表す数は、小数で表すことができます。

①6÷2.4＝2.5　　2.5 倍

②1.8÷2.4＝0.75　　0.75 倍

❸ 求める数を□として、かけ算の式に表して、答えを求めます。

２年生の人数を□人とすると、

□×1.3＝91

　□＝91÷1.3

　　＝70　　70 人

ぴったり3 確かめのテスト 42～43ページ

❶ ①35　②3.5　③2.2　④13　⑤2.5

⑥8.2　⑦7.5　⑧30　⑨1.7

❷ ㋐、㋓

❸ ①0.82　②1.9　③0.71

てびき

❶

```
①        35     ⑤       2.5     ⑥        8.2
 1.6 ) 56.0      2.4 ) 6.0       0.6 ) 4.9.2
       48              48              48
        80             120              12
        80             120              12
         0               0               0

⑦              7.5       ⑧            30
  2.16 ) 16.20              0.28 ) 8.40
         1512                      84
          1080                      0
          1080
             0
```

❷ 1より小さい数でわると、商はわられる数より大きくなります。

㋐0.8＜1　㋑2.5＞1　㋒1.2＞1　㋓0.04＜1

㋐と㋓は、商がわられる数より大きくなります。

❸ 上から3けためまで商を求め、3けためを四捨五入（ししゃごにゅう）します。

```
①      0.824           ②         9
 9.7 ) 8.0                       1.86
       776               2.2 ) 4.1
        240                     22
        194                     190
         460                    176
         388                     140
          72                     132
                                   8
```

4 ①27 あまり 2.2　②25 あまり 0.5
③11 あまり 0.2　④3あまり 7.2
⑤6あまり 0.11　⑥9あまり 0.35

4 あまりの小数点は、わられる数のもとの小数点のところにそろえます。

①
```
      27
2.4 ) 67.0
      48
      190
      168
       2.2
```
②
```
      25
1.9 ) 48.0
      38
      100
       95
       0.5
```
③
```
      11
3.7 ) 40.9
      37
       39
       37
       0.2
```
④
```
       3
9.3 ) 35.1
      279
       7.2
```
⑤
```
       6
0.7 ) 4.3.1
      42
      0.11
```
⑥
```
       9
0.9 ) 8.4.5
      81
      0.35
```

5 式　8.69÷1.4＝6 あまり 0.29
答え　6本できて、0.29 m あまる。

6 ①式　3.6÷1.5＝2.4　答え　2.4 倍
②式　1.5×1.8＝2.7　答え　2.7 km

6 ①、②ともにCのコースの長さをもとにする大きさとして考えます。

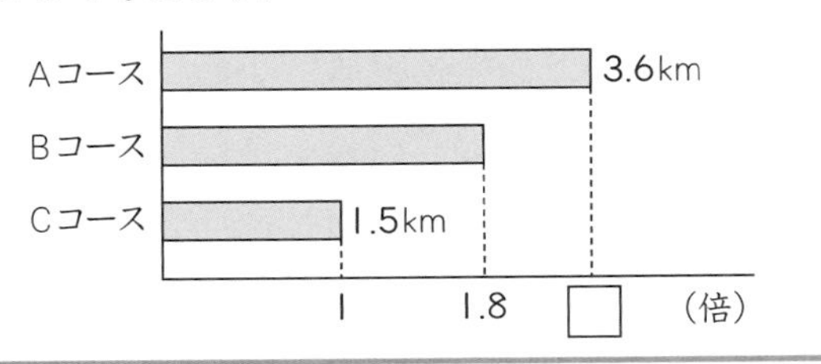

7 整数の見方

ぴったり1 準備　44 ページ

1 偶数（ぐうすう）、奇数（きすう）
2 ①偶数　②奇数　③偶数
④150　⑤81

ぴったり2 練習　45 ページ

1 ①偶数、奇数
②偶数、奇数
2 ①左足…奇数
右足…偶数
②左足　③右足
3 偶数…0、26、104
奇数…47、283、1569
4 奇数

てびき

1 ①2、4、6、……のように、2でわりきれる整数を偶数といいます。0も偶数です。
1、3、5、……のように、2でわりきれないで1あまる整数を奇数といいます。
②偶数は2×□、奇数は2×□＋1 の式で表せます。
奇数の式の ＋1 は、あまりの1です。
2 左足は、1、3、5、……となるので奇数、右足は、2、4、6、……となるので偶数になります。
3 一の位の数字を見ます。一の位が偶数ならば偶数、一の位が奇数ならば奇数です。0は偶数です。
4 偶数を2、奇数を3と考えると、
2＋3＝5 となります。5÷2＝2 あまり 1
5は2でわりきれないので、奇数です。

ぴったり1 準備　46 ページ

1 14、21、28
2 ①24　②36
③24　④36

ぴったり2 練習 47ページ

❶ ①6、12、18　②8、16、24
③10、20、30　④11、22、33

❷ ①15、30、45　②20、40、60
③24、48、72　④30、60、90

❸ ①40　②36　③60

❹ 18 cm

てびき

❶ それぞれの数を1倍、2倍、3倍します。
①6×1=6、6×2=12、6×3=18
②8×1=8、8×2=16、8×3=24
③10×1=10、10×2=20、10×3=30
④11×1=11、11×2=22、11×3=33

❷ ①②それぞれの数の倍数（ばいすう）を調べ、共通な数を見つける方法と、大きい方の数の倍数を調べ、それらが小さい方の数でわりきれるかどうかで見つける方法があります。
③④3つの数それぞれの倍数を調べたり、いちばん大きい数の倍数をほかの小さい数でわったりする方法もありますが、③では8が4の倍数に、④では10が5の倍数になっているから、
③(3、8)、④(6、10)の公倍数（こうばいすう）を求めればよいということになります。

❸ ①公倍数は、㊵、80、120、……
③公倍数は、(60)、120、180、……

❹ 正方形の1辺の長さは等しいので、たてと横の長さが同じになるように考えます。
9の倍数　9、18、27　…
6の倍数　6、12、18　…
9と6の最小公倍数（さいしょうこうばいすう）は18になるので、正方形の1辺の長さは18 cmです。

ぴったり1 準備 48ページ

1 ①3　②5　③3　④5
2 ①4　②8　③4　④5　⑤4
3 6

ぴったり2 練習 49ページ

❶ ①1、3、9　②1、3、7、21
③1、2、4、8、16、32

❷ ①1、7　②1、2、4
③1、5　④1、7

❸ ①3　②2

てびき

❶ 1から順にわっていき、わりきることができる数を求めます。わりきれたときの商も約数（やくすう）になるから、全部の数を計算しなくてもよいことになります。

❷ それぞれの数の約数を調べ、共通な数を見つけます。1は必ず約数にふくまれます。
②16の約数　①、②、④、8、16
　28の約数　①、②、④、7、14、28

❸ 小さいほうの数の大きい約数から順に、大きいほうの数をわっていき、はじめてわりきれた数が最大公約数（さいだいこうやくすう）になります。
①6の約数は、1、2、3、6
　21を、6、3、2、1の順にわっていき、はじめてわりきれる数を調べると、3になります。

❹ 14

❹ お茶28本とおにぎり42個の両方をあまりがでないように分けていくには、28と42の公約数を考えます。
できるだけ多くのふくろに分けるので、最大公約数を求めます。
28の約数　1、2、4、7、14、28
42の約数　1、2、3、6、7、14、21、42
28と42の最大公約数は14

ぴったり3 確かめのテスト　50〜51ページ

❶ ①○　②×　③○

❷ ①9、18、27、36、45
②13、26、39、52、65

❸ ①1、2、3、5、6、10、15、30
②1、2、3、6、7、14、21、42

❹ ①公倍数…35、70、105　最小公倍数…35
②公倍数…40、80、120　最小公倍数…40

❺ ①公約数…1、2、4、8　最大公約数…8
②公約数…1、3、9　最大公約数…9

❻ 午前9時30分

❼ ①6cm　②28まい

てびき

❶ 一の位の数字を見ます。一の位が偶数である30と778は偶数、一の位の数字が奇数の205は奇数です。

❷ 1倍、2倍、……、5倍と計算します。
①9×1=9、9×2=18、……、9×5=45
②13×1=13、13×2=26、……、
13×5=65

❸ 1、2、……と順にわっていき、わりきることのできる数を見つけます。

❹ ①7の倍数のなかで5でわりきることのできるものを見つけます。5の倍数は、一の位が0か5になる数です。このことを利用して見つけてもよいです。
②10の倍数のなかで8でわりきることのできるものを見つけます。10の倍数は、一の位が0です。これを利用して、8の倍数のなかで一の位が0になるものを見つけてもよいです。

❺ ①16と40の約数を順に調べ、共通な数を見つけます。
②18と45の約数を調べ、共通な数を見つけます。

❻ 午前9時から6分と10分の公倍数の分ごとに電車とバスが同時に発車します。
6と10の公倍数は30、60、90、120、……だから、次に同時に発車するのは最小公倍数の30分後で、午前9時30分です。

❼ ①24cmと42cmの公約数を1辺とする正方形なら、切り分けたとき紙はあまりません。
24と42の公約数は、1、2、3、6だから、できるだけ大きくするには最大公約数の6cmを1辺とする正方形にします。

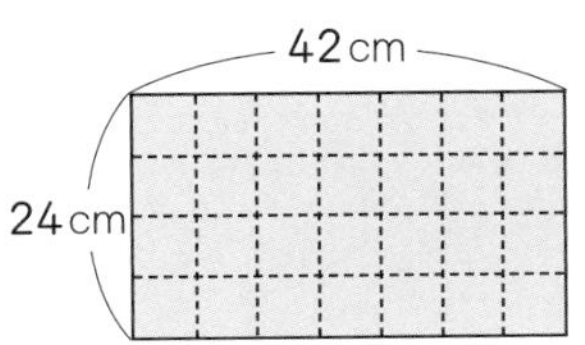

②24÷6=4でたてに4列、42÷6=7で横に7列切り分けられるから、
4×7=28　　28まい

❽ ⓘ

❽ ⓐ…5の倍数は、5、10、15、20、……と、奇数になったり、偶数になったりします。
ⓘ…6の倍数は、6、12、18、24、……と、必ず偶数になります。
ⓤ…18の約数は1、2、3、6、9、18で、偶数と奇数があります。

❾ 1、1、1、5、1、奇数

❾ 2でわったとき、わりきれる整数を偶数というので、偶数は2×□と表せます。
2でわったとき、あまりが1になる整数を奇数というので、奇数は2×□+1と表せます。

8 分数の大きさとたし算、ひき算

ぴったり1 準備 52ページ

1 6、21、12
2 12、4、3
3 25、30

ぴったり2 練習 53ページ

❶ ①10、12、16
②9、4、27

❷ ①$\frac{1}{7}$ ②$\frac{2}{9}$ ③$\frac{5}{6}$ ④$\frac{4}{7}$ ⑤$\frac{5}{3}$ ⑥$2\frac{7}{9}$

❸ ①< ②< ③>

❹ ①$\left(\frac{5}{10}、\frac{4}{10}\right)$ ②$\left(\frac{3}{9}、\frac{2}{9}\right)$
③$\left(1\frac{5}{20}、1\frac{18}{20}\right)$
④$\left(\frac{18}{48}、\frac{20}{48}、\frac{21}{48}\right)$

てびき

❶ ①$\frac{4}{5}\overset{\times 2}{=}\frac{8}{10}$　$\frac{4}{5}\overset{\times 3}{=}\frac{12}{15}$　$\frac{4}{5}\overset{\times 4}{=}\frac{16}{20}$
②$\frac{10}{45}\overset{\div 5}{=}\frac{2}{9}$　$\frac{2}{9}\overset{\times 2}{=}\frac{4}{18}$　$\frac{2}{9}\overset{\times 3}{=}\frac{6}{27}$

❷ 分母と分子をその最大公約数でわります。
①$\frac{4\div 4}{28\div 4}=\frac{1}{7}$ ②$\frac{6\div 3}{27\div 3}=\frac{2}{9}$
③$\frac{25\div 5}{30\div 5}=\frac{5}{6}$ ⑥$2\frac{42\div 6}{54\div 6}=2\frac{7}{9}$

❸ 通分して、分子の大きさを比べます。
①$\frac{2}{3}=\frac{14}{21}$、$\frac{5}{7}=\frac{15}{21}$ だから、$\frac{2}{3}<\frac{5}{7}$ です。
②$\frac{3}{4}=\frac{9}{12}$、$\frac{5}{6}=\frac{10}{12}$ だから、$\frac{3}{4}<\frac{5}{6}$ です。
③$\frac{11}{10}=\frac{33}{30}$、$\frac{16}{15}=\frac{32}{30}$ だから、$\frac{11}{10}>\frac{16}{15}$ です。

❹ 分母の最小公倍数を共通の分母にします。
①$\left(\frac{1\times 5}{2\times 5}、\frac{2\times 2}{5\times 2}\right)=\left(\frac{5}{10}、\frac{4}{10}\right)$
③$\left(1\frac{1\times 5}{4\times 5}、1\frac{9\times 2}{10\times 2}\right)=\left(1\frac{5}{20}、1\frac{18}{20}\right)$
④$\left(\frac{3\times 6}{8\times 6}、\frac{5\times 4}{12\times 4}、\frac{7\times 3}{16\times 3}\right)=\left(\frac{18}{48}、\frac{20}{48}、\frac{21}{48}\right)$

ぴったり1 準備 54ページ

1 (1)12、12、12 (2)10、1、5
(3)24、24、24
2 (1)24、24、24 (2)8、1、2
(3)12、10、12

❶ ① $\frac{7}{10}$　② $\frac{13}{24}$　③ $\frac{34}{15}\left(2\frac{4}{15}\right)$

❶ 通分して計算します。答えが仮分数になるときは、仮分数のままでも、帯分数になおしてもかまいません。

① $\frac{1}{2}+\frac{1}{5}=\frac{5}{10}+\frac{2}{10}=\frac{7}{10}$

② $\frac{1}{6}+\frac{3}{8}=\frac{4}{24}+\frac{9}{24}=\frac{13}{24}$

❷ ① $\frac{5}{6}$　② $\frac{1}{4}$　③ $\frac{8}{3}\left(2\frac{2}{3}\right)$　④ $2\frac{5}{18}$

⑤ $2\frac{1}{2}$　⑥ $3\frac{5}{6}$

❷ 計算の答えが約分できるときは約分します。また帯分数のたし算は、整数どうし、分数どうしを計算します。

① $\frac{3}{4}+\frac{1}{12}=\frac{9}{12}+\frac{1}{12}=\frac{\overset{5}{\cancel{10}}}{\underset{6}{\cancel{12}}}=\frac{5}{6}$

③ $\frac{9}{5}+\frac{13}{15}=\frac{27}{15}+\frac{13}{15}=\frac{\overset{8}{\cancel{40}}}{\underset{3}{\cancel{15}}}=\frac{8}{3}\left(=2\frac{2}{3}\right)$

④ $1\frac{5}{6}+\frac{4}{9}=1\frac{15}{18}+\frac{8}{18}=1\frac{23}{18}=2\frac{5}{18}$

⑤ $1\frac{3}{10}+1\frac{1}{5}=1\frac{3}{10}+1\frac{2}{10}=2\frac{\overset{1}{\cancel{5}}}{\underset{2}{\cancel{10}}}=2\frac{1}{2}$

❸ ① $\frac{4}{21}$　② $\frac{1}{5}$　③ $\frac{13}{18}$

❸ 通分して計算します。答えが約分できるときは、約分します。

① $\frac{1}{3}-\frac{1}{7}=\frac{7}{21}-\frac{3}{21}=\frac{4}{21}$

② $\frac{7}{10}-\frac{1}{2}=\frac{7}{10}-\frac{5}{10}=\frac{\overset{1}{\cancel{2}}}{\underset{5}{\cancel{10}}}=\frac{1}{5}$

❹ ① $\frac{11}{20}$　② $\frac{9}{10}$　③ $1\frac{5}{6}$

❹ 帯分数のひき算は、整数どうし、分数どうしを計算します。

① $1\frac{2}{15}-\frac{7}{12}=1\frac{8}{60}-\frac{35}{60}=\frac{68}{60}-\frac{35}{60}=\frac{\overset{11}{\cancel{33}}}{\underset{20}{\cancel{60}}}$

$=\frac{11}{20}$

③ $3\frac{1}{4}-1\frac{5}{12}=3\frac{3}{12}-1\frac{5}{12}=2\frac{15}{12}-1\frac{5}{12}$

$=1\frac{\overset{5}{\cancel{10}}}{\underset{6}{\cancel{12}}}=1\frac{5}{6}$

❺ ① $\frac{11}{15}$　② $\frac{55}{36}\left(1\frac{19}{36}\right)$　③ $\frac{7}{12}$

❺ 3つの分数の分母の最小公倍数を分母として通分してから計算します。

① $\frac{5}{6}+\frac{7}{10}-\frac{4}{5}=\frac{25}{30}+\frac{21}{30}-\frac{24}{30}=\frac{\overset{11}{\cancel{22}}}{\underset{15}{\cancel{30}}}=\frac{11}{15}$

③ $1\frac{3}{4}-\frac{2}{3}-\frac{1}{2}=1\frac{9}{12}-\frac{8}{12}-\frac{6}{12}$

$=\frac{21}{12}-\frac{8}{12}-\frac{6}{12}=\frac{7}{12}$

1 ① $\frac{2}{12}$、$\frac{3}{18}$、$\frac{4}{24}$ ② $\frac{8}{18}$、$\frac{12}{27}$、$\frac{16}{36}$

2 ① $\frac{1}{8}$ ② $\frac{3}{11}$ ③ $\frac{4}{9}$

3 ①＞ ②＜

4 ① $\left(\frac{5}{15}、\frac{6}{15}\right)$ ② $\left(\frac{15}{24}、\frac{14}{24}\right)$
③ $\left(\frac{15}{18}、\frac{14}{18}\right)$ ④ $\left(\frac{7}{18}、\frac{8}{18}\right)$

5 ① $\frac{11}{12}$ ② $\frac{5}{4}\left(1\frac{1}{4}\right)$ ③ $2\frac{5}{24}$ ④ $3\frac{2}{5}$

6 ① $\frac{3}{40}$ ② $\frac{1}{2}$ ③ $\frac{17}{30}$ ④ $\frac{19}{21}$ ⑤ $\frac{5}{12}$
⑥ $\frac{11}{18}$

7 ①式 $\frac{17}{20}+\frac{5}{6}=\frac{101}{60}\left(1\frac{41}{60}\right)$

答え $\frac{101}{60}$L$\left(1\frac{41}{60}\text{L}\right)$

②式 $\frac{17}{20}-\frac{5}{6}=\frac{1}{60}$ 答え $\frac{1}{60}$L

てびき

1 分母と分子をともに、2倍、3倍、4倍します。

2 分母と分子の最大公約数(さいだいこうやくすう)で、分母と分子をともにわります。

3 通分(つうぶん)して、分子の大きさを比(くら)べます。

① $\frac{2}{3}=\frac{16}{24}$、$\frac{5}{8}=\frac{15}{24}$ だから、$\frac{2}{3}>\frac{5}{8}$ です。

② $\frac{5}{7}=\frac{20}{28}$、$\frac{3}{4}=\frac{21}{28}$ だから、$\frac{5}{7}<\frac{3}{4}$ です。

4 ① $\left(\frac{1}{3}、\frac{2}{5}\right)=\left(\frac{1\times5}{3\times5}、\frac{2\times3}{5\times3}\right)=\left(\frac{5}{15}、\frac{6}{15}\right)$

② $\left(\frac{5}{8}、\frac{7}{12}\right)=\left(\frac{5\times3}{8\times3}、\frac{7\times2}{12\times2}\right)=\left(\frac{15}{24}、\frac{14}{24}\right)$

5 ② $\frac{7}{12}+\frac{2}{3}=\frac{7}{12}+\frac{8}{12}=\frac{\cancel{15}^{5}}{\cancel{12}_{4}}=\frac{5}{4}\left(=1\frac{1}{4}\right)$

③ $1\frac{3}{8}+\frac{5}{6}=1\frac{9}{24}+\frac{20}{24}=1\frac{29}{24}=2\frac{5}{24}$

④ $1\frac{1}{15}+2\frac{1}{3}=1\frac{1}{15}+2\frac{5}{15}=3\frac{\cancel{6}^{2}}{\cancel{15}_{5}}=3\frac{2}{5}$

6 ② $\frac{13}{14}-\frac{3}{7}=\frac{13}{14}-\frac{6}{14}=\frac{\cancel{7}^{1}}{\cancel{14}_{2}}=\frac{1}{2}$

③ $1\frac{7}{15}-\frac{9}{10}=1\frac{14}{30}-\frac{27}{30}=\frac{44}{30}-\frac{27}{30}=\frac{17}{30}$

④ $3\frac{2}{7}-2\frac{8}{21}=3\frac{6}{21}-2\frac{8}{21}=2\frac{27}{21}-2\frac{8}{21}$
$=\frac{19}{21}$

⑤ $\frac{7}{12}+\frac{5}{9}-\frac{13}{18}=\frac{21}{36}+\frac{20}{36}-\frac{26}{36}=\frac{\cancel{15}^{5}}{\cancel{36}_{12}}=\frac{5}{12}$

⑥ $1\frac{3}{4}-\frac{7}{12}-\frac{5}{9}=\frac{63}{36}-\frac{21}{36}-\frac{20}{36}=\frac{\cancel{22}^{11}}{\cancel{36}_{18}}=\frac{11}{18}$

7 通分して計算します。

① $\frac{17}{20}+\frac{5}{6}=\frac{51}{60}+\frac{50}{60}=\frac{101}{60}\left(=1\frac{41}{60}\right)$

② $\frac{17}{20}=\frac{51}{60}$、$\frac{5}{6}=\frac{50}{60}$ より、$\frac{17}{20}>\frac{5}{6}$
$\frac{17}{20}-\frac{5}{6}=\frac{51}{60}-\frac{50}{60}=\frac{1}{60}$

おうちのかたへ 分母が異なる分数のたし算やひき算では、通分することが大切です。最小公倍数で通分できているかをみてあげましょう。

9 平均

ぴったり1 準備 58ページ

1 5600、5600、800
2 16、192、192

ぴったり2 練習 59ページ

1 280 g
2 86.5 点
3 840 g
4 ①約 1.6 kg ②48 kg

てびき

1 平均＝合計÷個数 の式にあてはめます。
(260＋270＋290＋300＋270＋290)÷6
＝1680÷6＝280 280 g
2 85×5＋94＝519
519÷6＝86.5 86.5 点
3 合計＝平均×個数 の式にあてはめます。
21×40＝840 840 g
4 ①(1.4＋1.7＋1.4＋1.8＋1.6＋1.9＋1.5)÷7
＝11.3÷7＝1.61… 約 1.6 kg
②1.6×30＝48 48 kg

ぴったり1 準備 60ページ

1 ①4 ②0 ③1 ④2.5

ぴったり2 練習 61ページ

1 36.2 度
2 2.8 個
3 ①0.55 m
②㋐約 63 m ㋑約 198 m ㋒約 703 m

てびき

1 とびぬけて高かった木曜日はふくめないで計算します。
(36.3＋36.0＋36.1＋36.4)÷4＝36.2
36.2 度
2 4回の合計は 3.5×4＝14(個)
5回目は0個なので合計はかわりません。
(3.5×4＋0)÷5＝2.8 2.8 個
3 ①5.5÷10＝0.55(m)
②0.55 m に歩数をかけて求めます。㋐、㋒は $\frac{1}{10}$ の位を四捨五入して整数で答えます。

ぴったり3 確かめのテスト 62～63ページ

1 ①式 (40＋25＋20＋35＋20＋30＋40)÷7
＝30
答え 30 分
②式 (60＋15＋30＋40＋0＋45＋55)÷7
＝35
答え 35 分
2 式 64×50＝3200 答え 3200 g
3 式 (7＋3＋0＋5＋0＋6)÷6＝3.5
答え 3.5 点

てびき

1 平均＝合計÷個数 にあてはめます。
②さやかさんの平均を求めるときは、木曜日の0分もふくめて計算します。
2 合計＝平均×個数 にあてはめます。
3 第3試合と第5試合の0点の場合もふくめて、
平均＝合計÷個数 にあてはめます。
ふつうは小数で表せない得点も、平均では小数で表すことがあります。

❹ ①式　6.2÷10＝0.62　　答え　0.62 m
②式　0.62×645＝399.9（400）　答え　約 400 m
❺ ①式　90÷5＝18　　答え　18 ページ
②式　288÷18＝16　　答え　16 日
❻ ①式　(92＋80＋78＋84)÷4＝83.5
答え　83.5 点
②式　85×5－83.5×4＝91
答え　91 点以上

❹ ①1歩の平均は、10 歩の長さを 10 でわって求めます。
②小数点以下を四捨五入します。
❺ ①平均＝合計÷個数　にあてはめます。
②個数は、合計÷平均　で求めることができます。
❻ ①平均＝合計÷個数　にあてはめます。
②5回の平均点が 85 点のとき、5回の点数の合計は 85×5＝425(点)になります。
4回の点数の合計は 83.5×4＝334(点)だから、425－334＝91(点)以上をとればよいことになります。

10 単位量あたりの大きさ

ぴったり1 準備　64 ページ

1 ①8　②12　③0.125　④100
⑤2
2 ①14　②27　③い

ぴったり2 練習　65 ページ

❶ 1組のほうがこんでいる。
❷ 南庭の花だん
❸ 3L で 27 m² のゆかをふけるワックス
❹ ①ゆみさんの家の畑
②ゆみさんの家の畑

てびき

❶ 1ぴきあたりの水の量で比べます。
1組　100÷40＝2.5(L)
2組　80÷25＝3.2(L)
1ぴきあたりの水の量が少ないから、1組のほうがこんでいます。また、1L あたりのめだかの数で比べることもできます。
❷ 1 m² あたりの花の本数で比べます。
南庭　72÷ 8＝9(本)
中庭　80÷10＝8(本)
1 m² あたりの花の本数が多いから、南庭のほうがこんでいます。また、1本あたりの面積で比べることもできます。
❸ 1L あたりにふけるゆかの面積で比べます。
27÷3＝9(m²)　　34÷4＝8.5(m²)
1L あたりにふけるゆかの面積が大きいから、3L で 27 m² ふけるワックスのほうがよくゆかをふけるといえます。また、1 m² あたりに使うワックスの量で比べることもできます。
❹ ①ちかさんの家の畑　63÷50＝1.26(kg)
ゆみさんの家の畑　108÷80＝1.35(kg)
1 m² あたりにとれるさつまいもの量が多いから、ゆみさんの家の畑のほうがよくとれたといえます。
②ちかさんの家の畑　50÷ 63＝0.79…(m²)
ゆみさんの家の畑　80÷108＝0.74…(m²)
1 kg あたりに使った畑の面積が小さいから、ゆみさんの家の畑のほうがよくとれたといえます。

ぴったり1 準備 66ページ

1 ①125 ②85100 ③925 ④A
2 120、480、480
3 ①120 ②120 ③2.5 ④2.5

ぴったり2 練習 67ページ

❶ ①佐賀県…336人 長崎県…329人
②佐賀県

❷ 6500円

❸ 2.5 dL

てびき

❶ ①人口密度＝人口÷面積 にあてはめます。
佐賀県 820000÷2440＝336.0…
長崎県 1350000÷4106＝328.7…
②人口密度が多い佐賀県のほうがこんでいるといえます。

❷ 金のねだん＝1gあたりの金のねだん×金の重さ で求められます。
1300×5＝6500 6500円

❸ □の式で表すとわかりやすくなります。
たんぱく質の重さ＝1dLあたりの重さ×牛乳の量
3.2×□＝8
□＝8÷3.2
＝2.5 2.5 dL

ぴったり1 準備 68ページ

1 ①24 ②0.25 ③20
④6 ⑤4 ⑥4 ⑦かずや
2 ①5 ②60 ③60 ④20 ⑤20

ぴったり2 練習 69ページ

❶ ゆかさん

❷ 理由(例) 1時間あたりに走った道のりは
はやぶさ号 630÷3＝210(km)
さくら号 900÷4＝225(km)
同じ時間に走った道のりは、さくら号のほうが長い。 答え さくら号

❸ ①時速150 km ②分速2.5 km

❹ ①秒速5m ②分速360 m ③Bさん

てびき

❶ えみさんとゆかさんは、かかった時間が同じだから、走った道のりが長いゆかさんのほうが速い。
えみさんとけんたさんは、道のりが同じだから、かかった時間が短いけんたさんのほうが速い。
ゆかさんとけんたさんの速さを比べます。
1分間あたりに進んだ道のりは
ゆか 7÷25＝0.28(km)
けんた 5÷20＝0.25(km)
道のりが長いゆかさんのほうが速いといえます。

❷ 同じ時間に進んだ道のりで比べると、進んだ道のりが長いほうが速いといえます。

❸ ①1350÷9＝150(km)
②1時間＝60分だから、150÷60＝2.5(km)

❹ ①分速は 900÷3＝300(m)
秒速にすると 300÷60＝5(m)
②秒速は 240÷40＝6(m)
分速にすると、1分＝60秒だから、
6×60＝360(m)

ぴったり1 準備 70ページ

1 50×4、200、200
2 120÷40、3、3

ぴったり2 練習 71ページ

❶ 270 km
❷ ①800 m　②6.4 km
❸ 12 秒
❹ 20 分
❺ ①180 km　②20 分

てびき

❶ 45×6=270(km)
❷ ①160×5=800(m)
②160×40=6400(m)　6400 m=6.4 km
❸ 求める時間を□秒として、道のりの式を使うと
15×□=180
□=180÷15
=12　12 秒
❹ 時速(じそく) 90 km を分速になおすと、
90÷60=1.5(km)
30 km 進むのにかかる時間(分)は、
30÷1.5=20(分)
❺ ①60×3=180
②時速 60 km を分速になおすと、
60÷60=1(km)
20 km 進むのにかかる時間(分)は、
20÷1=20(分)

ぴったり1 準備 72ページ

1 (1)①8　②520　③520
(2)①65　②22　③22　④3時 22 分
2 ①1900　②1900　③190　④190
⑤950

ぴったり2 練習 73ページ

❶ ①分速 60 m　②1380 m　③9時 35 分
❷ ①分速 56 m
②標識(ひょうしき)から 1120 m 進んだところ
待ち合わせの時刻にまにあわない。
③分速 60 m

てびき

❶ ①分速は　900÷15=60(m)
②60×23=1380(m)
③学校から公園まで歩くのにかかる時間は
1200÷60=20(分)
だから、公園に着く時刻(じこく)は
9時 15 分の 20 分後で　9時 35 分
❷ ①分速は　(2600−1200)÷25=56(m)
②分速 56 m で歩き続けるとき、待ち合わせの時刻までの残り 20 分で進む道のりは
56×20=1120(m)
残りの道のり 1200 m を進むことはできません。
③1200 m を 20 分で進めばよいから、
分速は　1200÷20=60(m)

❶ ①式　10÷25＝0.4　　答え　0.4人
②B

❷ 式　120÷200＝0.6
175÷300＝0.583…
答え　300 mLで175円の野菜ジュース

❸ ①Bさん　②Cさん

❹ ①300 km　②21 km　③32秒　④50分

❺ 式　760÷2＝380
380×3.3＝1254　　答え　1254 kg

❻ 式　31820÷310＝102.6…　答え　103人

❼ 式　30÷4＝7.5
54÷6＝9
9÷7.5＝1.2　　答え　1.2倍

てびき

❶ ②BとCの部屋の1 m^2 あたりの人数を求めます。
Bの部屋　22÷40＝0.55(人)
Cの部屋　15÷30＝0.5(人)
Aの部屋の1 m^2 あたりの人数は0.4人だから、1 m^2 あたりの人数がいちばん多いBの部屋が、いちばんこんでいます。

❷ 200 mLで120円の野菜ジュースは1 mLあたり0.6円で、300 mLで175円の野菜ジュースは1 mLあたり約0.58円なので、300 mLで175円の野菜ジュースのほうが安いといえます。

❸ ①1秒間あたりに走った道のりで比(くら)べます。
Aさん　100÷25＝4(m)
Bさん　90÷18＝5(m)
道のりが長いBさんのほうが速いといえます。
②1分間あたりに歩いた道のりで比べます。
Cさん　310÷5＝62(m)
Dさん　180÷3＝60(m)
道のりが長いCさんのほうが速いといえます。

❹ ①75×4＝300(km)
②840×25＝21000(m)
21000 m＝21 km
③800÷25＝32(秒)
④3 km＝3000 m　　3000÷60＝50(分)

❺ 1 m^2 あたりのコンクリート使用量を求めた後、**1 m^2 あたりに使う重さ×面積**　で計算します。

❻ **人口密度(じんこうみつど)＝人口÷面積**　で求めます。
小数第一位の6を四捨五入(ししゃごにゅう)します。

❼ **ぬれる面積÷使うペンキの量**　で、ペンキ㋐、㋑のそれぞれで1 Lあたりにぬれるかべの面積を求めます。そして、ペンキ㋑の1 Lあたりにぬれるかべの面積が、ペンキ㋐の1 Lあたりにぬれるかべの面積の何倍になっているかを求めます。

⑪ わり算と分数

ぴったり1 準備 76ページ

1 (1)3　(2)7、2　(3)1、2

2 (1)1.5　(2)11、11、2.75

ぴったり2 練習 77ページ

❶ ①$\frac{3}{7}$L　②$\frac{12}{5}$kg

❷ ①$\frac{4}{9}$　②$\frac{3}{10}$　③$\frac{1}{4}$　④$\frac{8}{3}\left(2\frac{2}{3}\right)$

❸ ①1÷5　②5÷7　③4÷13　④9÷8

❹ ①0.3　②1.8　③0.625　④1.4　⑤3.75　⑥2.625

てびき

❶ ①3Lを7等分した1つ分の量は、$\frac{1}{7}$Lの3個分です。3÷7＝$\frac{3}{7}$　　$\frac{3}{7}$L

②12kgを5等分した1つ分の重さは、$\frac{1}{5}$kgの12個分です。12÷5＝$\frac{12}{5}$　　$\frac{12}{5}$kg

❷ 整数どうしのわり算の商は、わる数を分母、わられる数を分子として、分数で表すことができます。約分できるときは、約分します。

❸ ○÷△＝$\frac{○}{△}$だから分子をわられる数、分母をわる数として、分数はわり算の式で表すことができます。

❹ 分子を分母でわります。

①$\frac{3}{10}$＝3÷10＝0.3

③$\frac{5}{8}$＝5÷8＝0.625

④$1\frac{2}{5}$＝$\frac{7}{5}$＝7÷5＝1.4

⑥$2\frac{5}{8}$＝$\frac{21}{8}$＝21÷8＝2.625

ぴったり1 準備 78ページ

1 (1)9、9、10
(2)237、237、100　(3)21、1

2 (1)5
(2)2、2

ぴったり2 練習 79ページ

てびき

❶ ① $\frac{7}{10}$ ② $\frac{51}{10}$ ③ $\frac{259}{100}$ ④ $\frac{83}{100}$ ⑤ $\frac{14}{1}$ ⑥ $\frac{30}{1}$

❷ $\frac{7}{10}$(0.7)

❸ ① $\frac{7}{6}$倍 ② $\frac{6}{7}$倍

❹ 式 $2 \div 5 = \frac{2}{5}$ 答え $\frac{2}{5}$倍

❶ $\frac{1}{10}$ の位までの小数は分母を10に、$\frac{1}{100}$ の位までの小数は分母を100にします。また、整数はふつう分母を1にした分数で表します。

❷ $0.4 = \frac{4}{10}$ なので、$\frac{3}{10} + 0.4 = \frac{3}{10} + \frac{4}{10} = \frac{7}{10}$

❸ ①もとにするものは高さです。$7 \div 6 = \frac{7}{6}$

②もとにするものは底辺の長さです。$6 \div 7 = \frac{6}{7}$

❹ 青いバケツを1とみたとき、赤いバケツが何倍にあたるかを求めます。何倍かを表す数が分数になる計算です。

おうちのかたへ ❹は、何倍かを表す数が、整数や小数から分数になった形です。
問題の解き方は、整数のときと変わりません。式の立て方で悩んでいるお子さまには、まず整数倍になる問題(赤いバケツに4L、青いバケツに2L)などで説明してあげるとよいでしょう。

ぴったり3 確かめのテスト 80〜81ページ

てびき

❶ ① $\frac{7}{3}$倍 ② $\frac{3}{8}$倍 ③ $\frac{8}{7}$

❷ ① $\frac{4}{7}$ ② $\frac{7}{10}$ ③ $\frac{1}{6}$ ④ $\frac{11}{3}\left(3\frac{2}{3}\right)$

❸ ①0.7 ②1.375 ③0.12 ④2.6

❹ ① $\frac{13}{10}$ ② $\frac{417}{100}$ ③ $\frac{36}{1}$ ④ $\frac{201}{100}$ ⑤ $\frac{98}{100}\left(\frac{49}{50}\right)$ ⑥ $\frac{25}{1}$

❶ ① $7 \div 3 = \frac{7}{3}$ ② $3 \div 8 = \frac{3}{8}$ ③ $8 \div 7 = \frac{8}{7}$

❷ $○ \div △ = \frac{○}{△}$ です。
約分(やくぶん)ができるときは、必ず約分します。

❸ 分子を分母でわります。

③ $\frac{3}{25} = 3 \div 25 = 0.12$

④ $2\frac{3}{5} = \frac{13}{5} = 13 \div 5 = 2.6$

❹ $\frac{1}{10}$ の位までの小数は分母を10に、$\frac{1}{100}$ の位までの小数は分母を100にします。また、整数はふつう分母を1にした分数で表します。

5 ①< ②> ③< ④>

6 ①式 $7 \div 4 = \frac{7}{4}$ 答え $\frac{7}{4}$倍

②式 $4 \div 7 = \frac{4}{7}$ 答え $\frac{4}{7}$倍

5 小数、または分数にそろえて大きさを比べます。

①小数にそろえると、$\frac{5}{6} = 0.83\cdots$ だから、

$\frac{5}{6} < 0.9$

②小数にそろえると、$\frac{9}{11} = 0.81\cdots$ だから、

$0.82 > \frac{9}{11}$

③小数にそろえると、$1\frac{6}{25} = 1.24$ だから、

$1\frac{6}{25} < 1.28$

④小数にそろえると、$2\frac{7}{20} = 2.35$ だから、

$2.45 > 2\frac{7}{20}$

6 ある量の何倍かを表すときにも分数を使います。

①塩の重さを１とみたときのさとうの重さを求めます。

②さとうの重さを１とみたときの塩の重さを求めます。

算数ワールド

九九の表を調べよう 82～83ページ

1 ①㋐5 ㋑10 ㋒15 ㋓5 ②㋐9 ㋑9

てびき

1 ①4のだんの答えの平均は
$(4+8+12+16+20+24+28+32+36) \div 9$
$=180 \div 9=20$
5のだんの答えの平均は
$(5+10+15+20+25+30+35+40+45) \div 9$
$=225 \div 9=25$
6のだんの答えの平均は
$(6+12+18+24+30+36+42+48+54) \div 9$
$=270 \div 9=30$
7のだんの答えの平均は
$(7+14+21+28+35+42+49+56+63) \div 9$
$=315 \div 9=35$
8のだんの答えの平均は
$(8+16+24+32+40+48+56+64+72) \div 9$
$=360 \div 9=40$
9のだんの答えの平均は
$(9+18+27+36+45+54+63+72+81) \div 9$
$=405 \div 9=45$

②5のだんの答えがたてに9れつならんでいると考えます。5のだんの答えの和は、平均が25であることから、**平均×個数** の式にあてはめて、
$25 \times 9=225$ となります。
たてに9れつならんでいると考えて、
$225 \times 9=2025$ が九九の表の答えの全部の和になります。

2 ①㋐2×6　㋑3×6　㋒3×6　㋓2×6
②㋐1×2×3×4×5×6
㋑1×2×3×4×5×6

2 ①九九の表の答えを九九で表して考えます。ななめにかけ合わせた2個の数の積は、同じ計算の式になるので、答えは同じになります。
右のような場所でも、答えは同じになります。

21	24
28	32

21×32=(3×7)×(4×8)
=3×4×7×8
28×24=(4×7)×(3×8)
=3×4×7×8
②ななめの3個の数をかけ合わせたときの積も、同じ計算になり、答えは同じになります。

3 ①㋐45　㋑45　㋒15　㋓5
②㋐20　㋑20　㋒180

3 ①十の字の形に囲んだときの5個の数の平均は、まん中の数になるので、5個の数の和は、まん中の数×5の式で求めることができます。
②十の字の形に囲んだときの9個の数の平均も、まん中の数になります。9個の数の和は、まん中の数×9の式で求めることができます。

12 割合

ぴったり1 準備　84ページ

1 9、36
2 0.25、25、25

ぴったり2 練習　85ページ　てびき

1 5年2組

1 割合=比かく量÷基準量　で求めます。
5年1組　8÷13=0.61…
5年2組　5÷7=0.71…
試合数を1とみたとき、勝った試合が5年1組は約0.6、5年2組は約0.7にあたるので、5年2組のほうが勝った割合が大きいといえます。

2 ①3%　②50%　③280%　④400%
⑤0.06　⑥0.72　⑦1.3　⑧0.867
⑨0.295

2 割合を表す0.01が1%です。小数や整数で表された割合を100倍すると、百分率で表せます。
①0.03×100=3　④4×100=400
百分率で表された割合は、100でわると小数で表せます。
⑤6÷100=0.06　⑧86.7÷100=0.867
歩合で表された割合は、1割が0.1、1分が0.01、1厘が0.001です。

3 12%

3 比かく量は食塩の量で18g、基準量はしょう油の量で150gです。百分率で表すから、求めた割合を100倍します。
18÷150×100=12　　12%

4 105%

4 比かく量は今週の利用者数で231人、基準量は先週の利用者数220人です。百分率で表すから、求めた割合を100倍します。
231÷220×100=105　　105%

ぴったり1 準備 86ページ

1 0.36、0.36、90
2 0.65、0.65、140

ぴったり2 練習 87ページ

❶ 450円

❷ 2500 m²

❸ 64020円

❹ 520人

てびき

❶ 図をかくと、次のようになります。

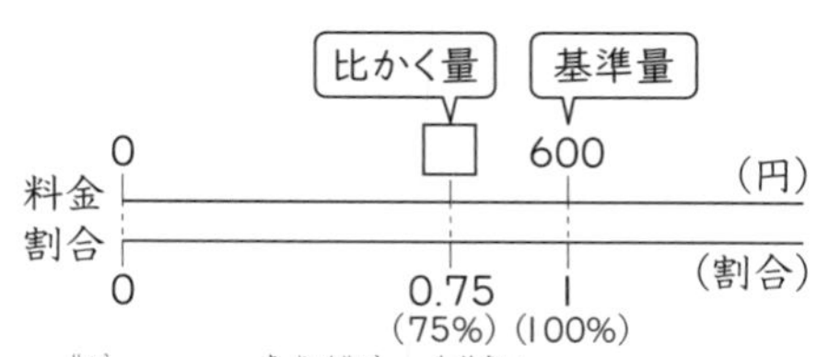

比(ひ)かく量(りょう)□は、基準量(きじゅんりょう)×割合(わりあい)
で求めます。□＝600×0.75＝450　　450円

❷ 図をかくと、次のようになります。

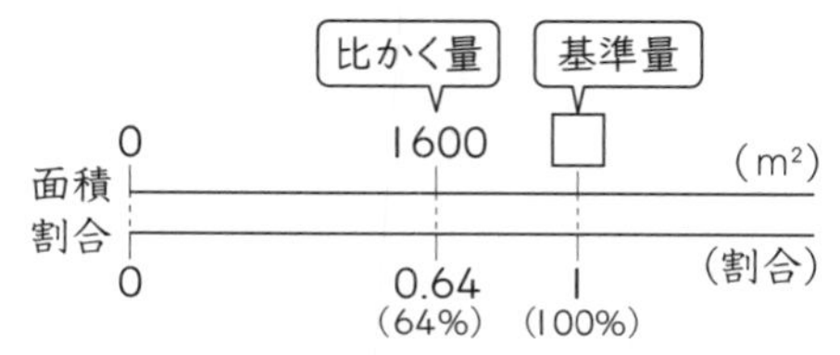

基準量□は、比かく量÷割合
で求めます。□×0.64＝1600
□＝1600÷0.64＝2500　　2500 m²

❸ 58200円より10％高いということは、58200円の110％が昨日の売り上げ高だったと考えます。図をかくと、次のようになります。

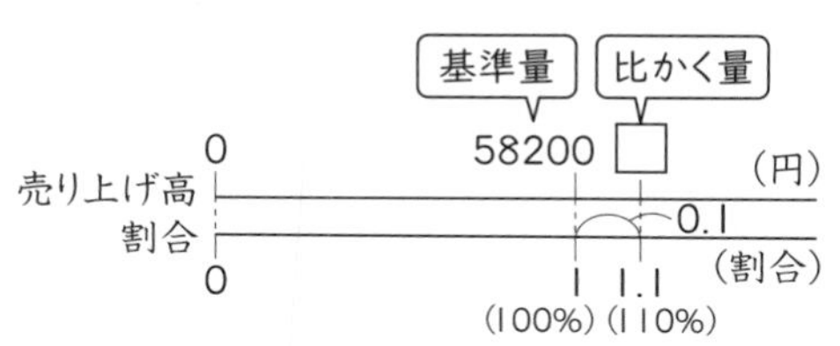

□＝58200×(1＋0.1)＝64020　　64020円

❹ 昨年の児童数を□人として、その5％少ない人数が今年の児童数494人になると考えます。図をかくと、次のようになります。

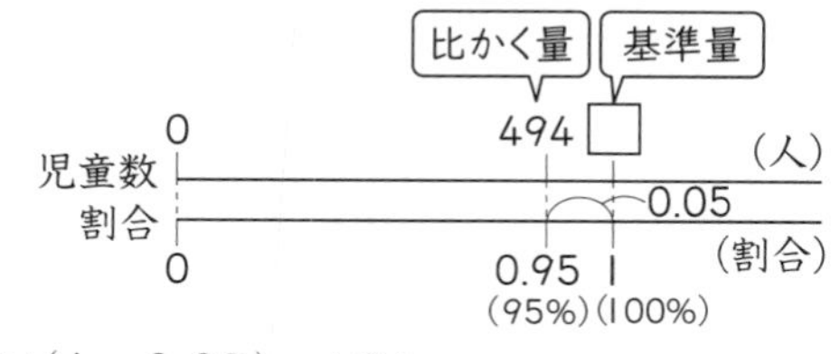

□×(1－0.05)＝494
□＝494÷0.95＝520　　520人

1 ①60 %
②20.5 %
③170 %

2 ①0.09 ②1.45 ③0.725

3 ①15 ②663 ③500

4 式 10920÷21000×100=52
答え 52 %

5 式 420000÷1.05=400000
答え 40万人

6 ①式 14×0.65=9.1 答え 9.1 km
②式 8.4÷0.7=12 答え 12 km

7 式 2500×(1−0.2)=2000
答え 2000円

てびき

1 小数や整数で表された割合を 100 倍すると、百分率で表せます。
①0.6×100=60 60 %
②0.205×100=20.5 20.5 %
③1.7×100=170 170 %

2 百分率で表された割合は、100 でわると小数で表せます。
①9÷100=0.09 ②145÷100=1.45

3 ①24÷160=0.15 15 %
②850×0.78=663
③□×0.6=300 □=300÷0.6=500

4 割合=比かく量÷基準量 で求めます。比かく量は校庭の面積 10920 m² で、基準量はしき地の面積 21000 m² です。また、百分率で表すから、求めた割合を 100 倍します。

5 昨年の初もうでに来た人の人数を□人として、図をかくと、次のようになります。

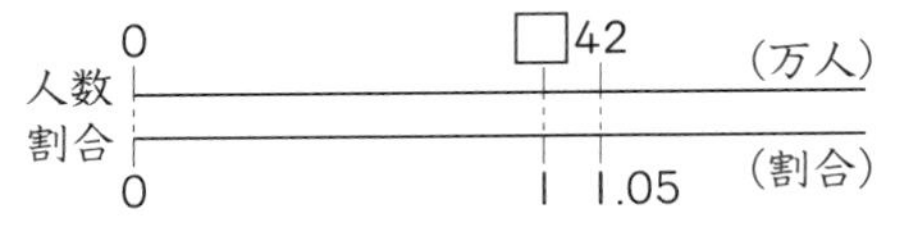

基準量□は、比かく量÷割合
の式で求められます。
昨年の初もうでに来た人の人数を□人として、かけ算の式に表しても求められます。
□×1.05=420000
□=420000÷1.05
=400000

6 ①比かく量=基準量×割合
で求めます。基準量はAコースの道のりで、割合は 65 %(0.65)です。
②Bコースの道のりを□ km として図をかくと、次のようになります。

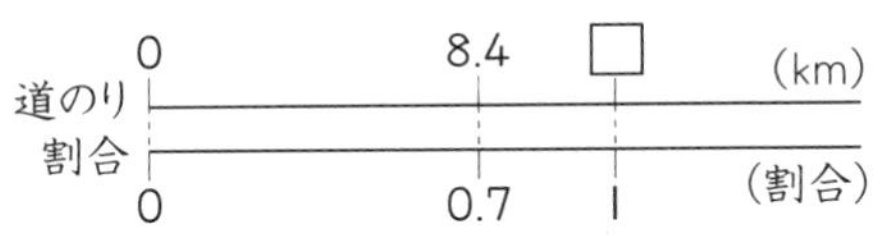

基準量□は、比かく量÷割合 の式で求められます。

7 20 % 引きで売るので、売り値は定価の 80 % になります。

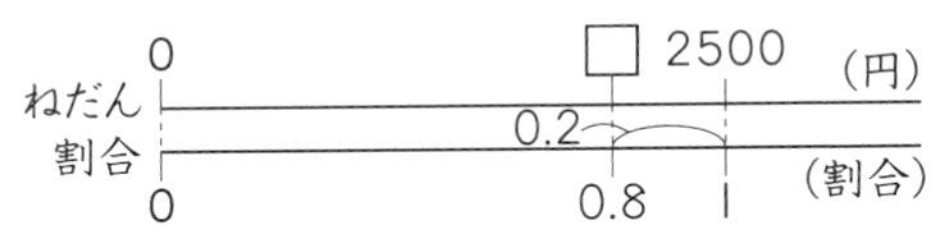

比かく量=基準量×割合 で求めます。

❽ 麦わらぼうしの定価を□円として考える。

式　$□\times(1-0.2)=1200$

$□=1200\div0.8$

$=1500$

答え　1500円

❾ ㋒

❽ 麦わらぼうしの定価を□円として、その20％引きのねだんが1200円になると考えます。

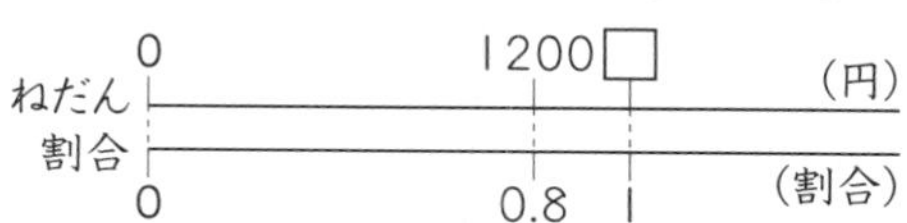

比かく量＝基準量×割合　で求めます。

基準量□を、比かく量÷割合　の式で求めてもかまいません。

$1200\div(1-0.2)=1500$

❾ 1000円を基準量と考えると、100％です。

㋐は40％、㋑は50％、㋒は70％、㋓は80％のねだんを表しています。

1000円の30％引きということは、1000円の70％になるので、答えは㋒です。

活用　お得な買い方を考えよう！

お得な買い方を考えよう！　90〜91ページ

❶ ①㋐700　㋑70　㋒30　㋓1000　㋔77
㋕23　㋖1700　㋗85　㋘15

②㋐130　㋑182　㋒100　㋓170

❷ ①㋐75円　㋑120円　㋒135円　㋓70円
㋔130円　㋕150円　㋖㋑　㋗㋐

②㋐270円　㋑285円　㋒315円　㋓260円
㋔280円　㋕320円　㋖㋒　㋗㋐

てびき

❶ 実際に使った金額が何％引きになるのかを、考えます。

①A店　$700\div1000\times100=70$

$100-70=30$　　30％引き

B店　$1000\div1300\times100=76.9\cdots$

$100-77=23$　　23％引き

C店　$1700\div2000\times100=85$

$100-85=15$　　15％引き

②A店とC店で使う金額を考え、その金額の大きさを比べます。

A店　$130\times2-130\times2\times0.3=182$(円)

C店　$100\times2-100\times1\times0.3=170$(円)

C店のほうが少ない金額になるので、C店のほうが得です。

❷ ①㋐の割引券を使って買うとき、定価の $100-25=75$ で、75％のねだんになります。

㋐$100\times0.75=75$　㋑$160\times0.75=120$

㋒$180\times0.75=135$　㋓$100-30=70$

㋔$160-30=130$　㋕$180-30=150$

②㋐$360\times0.75=270$　㋑$380\times0.75=285$

㋒$420\times0.75=315$　㋓$360-100=260$

㋔$380-100=280$　㋕$420-100=320$

13 割合とグラフ

ぴったり1 準備 92ページ

1 18、9
2 国語、算数

ぴったり2 練習 93ページ

1 ①住宅地…38％、水田…32％、畑…16％、山林…8％
②2倍　③19 km^2

2 ①㋐56　㋑25　㋒8　㋓11
②

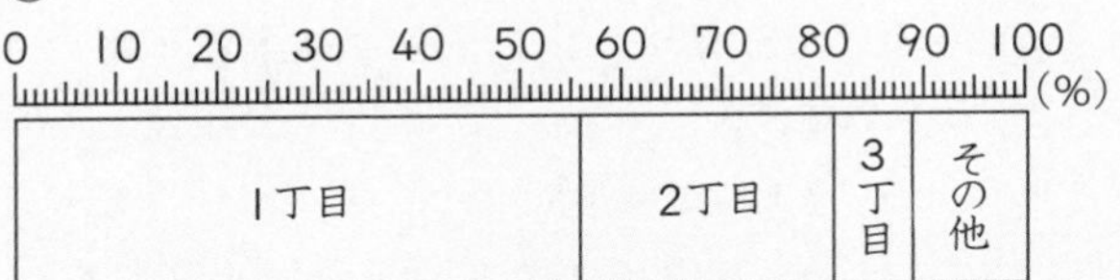

③

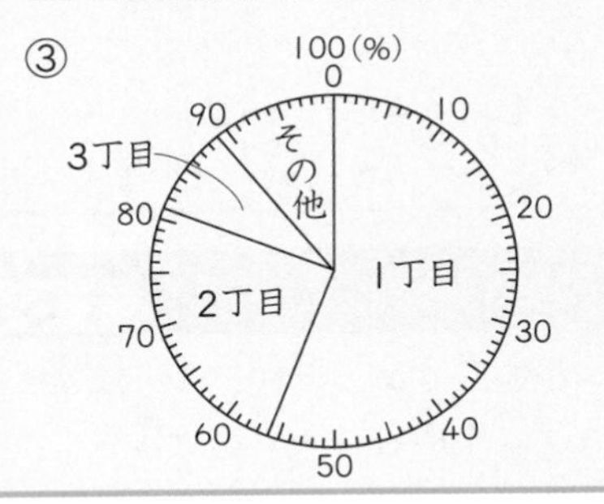

てびき

1 ①半径で区切られたそれぞれの部分が何めもりあるかを調べます。1めもりは1％です。
②水田は32％、畑は16％だから、
32÷16＝2　　2倍
③合計は50 km^2 で、住宅地はその38％だから
50×0.38＝19　　19 km^2

2 ①㋐20÷36×100＝55.5…→56
㋑9÷36×100＝25
㋒3÷36×100＝8.3…→8
㋓4÷36×100＝11.1…→11
②割合の大きい順に、左から区切っていきます。「その他」は最後にかきます。
③割合の大きい順に、右回りに区切っていきます。「その他」は最後にかきます。

ぴったり1 準備 94ページ

1 20、17、18
2 9、162600、0.09、14634

ぴったり2 練習 95ページ

❶ ①25％、30％、34％
②19％、15％、16％
③2020年から2022年にかけて増えた。
④2020年から2021年は減ったが、2021年から2022年は増えた。
⑤433.5 t
⑥減った

てびき

❶ ①2020年の長崎県は25％のめもりまであります。2021年の長崎県は30％のめもりまであります。2022年の長崎県は34％のめもりまであります。
②2020年の千葉県は44％のめもりまであります。長崎県のめもりが25％なので、
44－25＝19、2020年の千葉県は19％になります。
③2020年 25％、2021年 30％、2022年 34％と変化しています。
④2020年 19％、2021年 15％、2022年 16％と変化しています。
⑤2021年のびわの収かく量は2890 tです。
2021年の千葉県の割合は15％なので、千葉県の収かく量は、比かく量＝基準量×割合で求められます。
2890×0.15＝433.5　　433.5 t
⑥2020年のびわの収かく量は2650 tです。
2020年の千葉県の割合は19％なので、収かく量は、2650×0.19＝503.5(t)
2021年は433.5 tなので、減っています。

ぴったり3 確かめのテスト 96〜97ページ

❶ ①野菜…39％
畜産…25％
米…18％
いも類…5％
②約8倍

❷ ①68％
②7％
③2136 t

❸ ①あ45　い38　う12　え5
②

0 10 20 30 40 50 60 70 80 90 100 (%)

物語	科学	図かん	その他

③

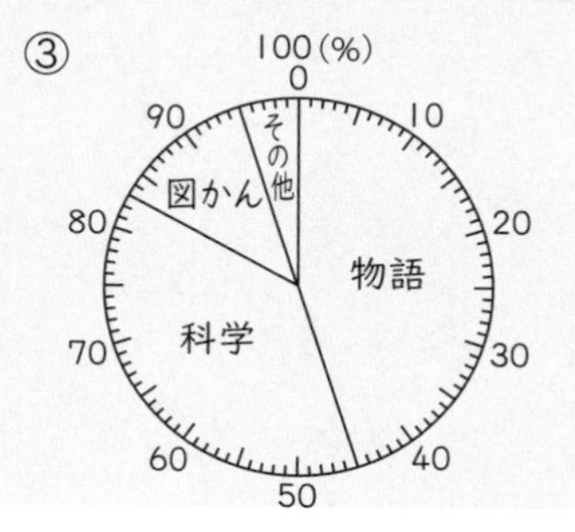

てびき

❶ ①区切った部分の横の長さが、それぞれ何めもりずつあるか調べます。1めもりは1％です。
②野菜の産出額は全体の39％、いも類の産出額は全体の5％だから、39÷5＝7.8　　約8倍

❷ ③西洋なしの収かく量は26700 t、新潟県の割合は8％だから、
26700×0.08＝2136　　2136 t

❸ ①あ225÷500＝0.45　　45％
い190÷500＝0.38　　38％
う60÷500＝0.12　　12％
え25÷500＝0.05　　5％
②割合の大きい順に、左から区切っていきます。「その他」は最後にかきます。
③割合の大きい順に、右回りに区切っていきます。「その他」は最後にかきます。

4 ㋑、㋔

4 ㋐0才以上15才未満の人口の割合は、16％から14％に減っています。

㋑15才以上65才未満の人口の割合は、69％から66％に減っているので、正しいといえます。

㋒65才以上の人口の割合は、15％から20％に増えています。

㋓65才以上の人口の割合は、
20÷15＝1.333…（倍）になっています。

㋔棒グラフから正しいといえます。

算数ワールド

四角形の関係を調べよう　98〜99ページ

1 ①平行四辺形、ひし形、長方形、正方形
②長方形、正方形
③平行四辺形、ひし形、長方形、正方形
④長方形、正方形
⑤ひし形、正方形

2 ①残りの1組の向かい合う辺も平行にする。
②4つの角をすべて直角にする。
③4つの辺の長さをすべて等しくする。
④4つの辺の長さをすべて等しくする。
⑤4つの角をすべて直角にする。

3 ①㋓　②㋕

てびき

1 ①③平行四辺形についていえることです。ひし形、長方形、正方形は平行四辺形のなかまです。

②④長方形についていえることです。正方形は長方形のなかまです。

⑤ひし形についていえることです。正方形はひし形のなかまです。

2 ②長方形はすべての角が直角である平行四辺形と考えられます。

③ひし形は4つの辺の長さが等しい平行四辺形と考えられます。

④正方形は4つの辺の長さが等しい長方形と考えられます。

⑤正方形はすべての角が直角なひし形と考えられます。

3 ①4つの角が等しい→長方形のなかま。となり合う辺の長さは等しくない→正方形はふくまれない。なので、㋓。

②となり合う辺の長さが等しい→ひし形のなかま。直角の角がある→正方形。なので、㋕。

14 四角形や三角形の面積

ぴったり1 準備　100ページ

1 ①4　②6　③4　④6

2 (1)①4　②4　③8
(2)①3　②3　③15　④15

ぴったり2 練習 101ページ

❶ ①たて…4cm、横…5cm ②20 cm²

❷ ①30 cm² ②56 cm²

❸ ①63 cm² ②14 m²

❹ (例)

てびき

❶ 平行四辺形の一部を動かして長方形をつくれば、長方形の面積＝たて×横 の式で、平行四辺形の面積を求めることができます。
②たて4cm、横5cmの長方形ができるから、平行四辺形の面積は、4×5＝20　　20 cm²

❷ 平行四辺形の面積＝底辺×高さ の公式にあてはめます。高さは、底辺に垂直(すいちょく)な直線の長さです。
①5×6＝30　　30 cm²
②8×7＝56　　56 cm²

❸ 平行四辺形の面積＝底辺×高さ の公式にあてはめます。高さは、図形の外側にとられています。
①7×9＝63　　63 cm²
②2.8×5＝14　　14 m²

❹ どんな形の平行四辺形でも、底辺の長さと高さが等しければ、面積も等しくなります。

ぴったり1 準備 102ページ

1 ①7 ②6 ③7 ④6

2 (1)①4 ②4 ③4
(2)①5 ②6 ③5 ④6

ぴったり2 練習 103ページ

❶ ①底辺…7cm、高さ…4cm ②14 cm²

❷ ①40 cm² ②36 m²

❸ ①27 cm² ②13 m²

❹ (例)

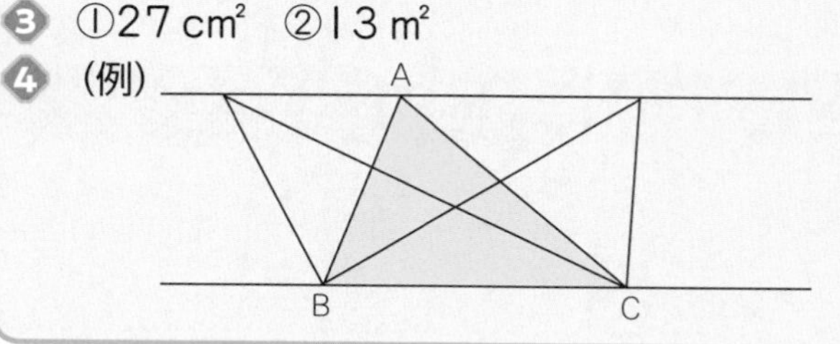

てびき

❶ 三角形の面積は、底辺の長さと高さが等しい平行四辺形の面積の半分になります。
②底辺が7cm、高さが4cmの平行四辺形の面積の半分が三角形の面積だから、
7×4÷2＝14　　14 cm²

❷ 三角形の面積＝底辺×高さ÷2 の公式にあてはめます。頂点(ちょうてん)から底辺に垂直にかいた直線の長さが高さです。
①8×10÷2＝40　　40 cm²
②12×6÷2＝36　　36 m²

❸ 三角形の面積＝底辺×高さ÷2 の公式にあてはめます。高さは、図形の外側にとられています。
①6×9÷2＝27　　27 cm²
②6.5×4÷2＝13　　13 m²

❹ どんな形の三角形でも、底辺の長さと高さが等しければ、面積は等しくなります。

ぴったり1 準備 104ページ

1 (1)3 (2)3 (3)27 (4)30、10 (5)45、15

ぴったり2 練習 105ページ

❶ ①㋐8　㋑12　㋒20
②4 cm^2　③3倍
④4×○＝△（○×4＝△）　⑤40 cm^2
⑥60 cm^2　⑦20 cm
⑧25 cm　⑨比例（ひれい）する。

てびき

❶ ①㋐8×2÷2＝8
㋑8×3÷2＝12
㋒8×5÷2＝20
④表をたてにみると、高さ○cm の4倍が面積△ cm^2 になっています。
⑤④の式の○に10をあてはめます。
4×10＝40　　40 cm^2
⑥④の式の○に15をあてはめます。
4×15＝60　　60 cm^2
⑦④の式の△に80をあてはめます。
4×○＝80　○＝80÷4＝20　　20 cm
⑧④の式の△に100をあてはめます。
4×○＝100　○＝100÷4＝25　　25 cm
⑨高さが2倍、3倍、……になると、面積も2倍、3倍、……になるので、面積と高さは比例します。

ぴったり1 準備 106ページ

1 2、8、20
2 4、8、16
3 19、23、30.5

ぴったり2 練習 107ページ

❶ ①底辺…11 cm、高さ…4 cm　②22 cm^2

❷ ①たて…4 cm、横…6 cm　②12 cm^2

❸ ①120 cm^2　②18 cm^2

❹ 約29.5 cm^2

てびき

❶ ①台形を2つ合わせてできる平行四辺形の底辺の長さは、台形の上底＋下底の長さ　になります。
②台形ABCDの面積は、平行四辺形ABEFの面積の半分になるから、11×4÷2＝22　　22 cm^2

❷ ①ひし形の4つの頂点（ちょうてん）を通る直線を、対角線と平行にかくとできる長方形のたてと横の長さは、ひし形の2つの対角線の長さになります。
②ひし形ABCDの面積は、長方形EFGHの面積の半分になるから、4×6÷2＝12　　12 cm^2

❸ ①台形の面積＝(上底＋下底)×高さ÷2　の公式にあてはめます。高さは図形の外側にあります。
(12＋8)×12÷2＝120　　120 cm^2
②ひし形の面積＝一方の対角線×もう一方の対角線÷2　の公式にあてはめます。
3×12÷2＝18　　18 cm^2

❹ 形の内側に完全に入っている方眼（ほうがん）を1 cm^2、一部が形にかかっている方眼を1 cm^2 の半分と考えて、およその面積を求めます。
形の内側に完全に入っている方眼は10個（こ）、一部が形にかかっている方眼は39個だから
10＋39÷2＝29.5　　約29.5 cm^2

ぴったり3 確かめのテスト 108〜109ページ

1 ①式　7×4＝28　答え　28 cm^2
②式　3×7＝21　答え　21 m^2
③式　6×8÷2＝24　答え　24 cm^2
④式　10×7.5÷2＝37.5　答え　37.5 cm^2

2 ①式　(3＋7)×5÷2＝25　答え　25 cm^2
②式　(10.5＋7.5)×6÷2＝54　答え　54 cm^2
③式　10×7÷2＝35　答え　35 m^2

3 ㋒、㋔

4 ①5×○＝△(○×5＝△)　②45 cm^2
③17 cm

5 約 94 km^2

6 ①35 cm^2　②63 cm^2

てびき

1 ①②平行四辺形の面積＝底辺×高さ
の公式にあてはめます。
③④三角形の面積＝底辺×高さ÷2
の公式にあてはめます。

2 ①②台形の面積＝(上底＋下底)×高さ÷2
の公式にあてはめます。
③ひし形の面積＝一方の対角線×もう一方の対角線÷2　の公式にあてはめます。

3 形がちがっても、㋐の三角形と底辺の長さも高さも等しければ、㋐の三角形の面積とその三角形の面積は等しくなります。

4 ①表をたてにみると、高さ○ cm の5倍が面積△ cm^2 になっています。
②①の式の○に9をあてはめます。
5×9＝45　45 cm^2
③①の式の△に 85 をあてはめます。
5×○＝85　○＝85÷5＝17　17 cm

5 形の内側に完全に入っている方眼(ほうがん)を 1 km^2、一部が形にかかっている方眼を 1 km^2 の半分と考えて、およその面積を求めます。形の内側に入っている方眼が 69 個(こ)、一部が形にかかっている方眼が 50 個だから、
69＋50÷2＝94　約 94 km^2

6 ①(解(と)き方1)右の図で、三角形ABCの面積から三角形DBCの面積をひいて求めます。

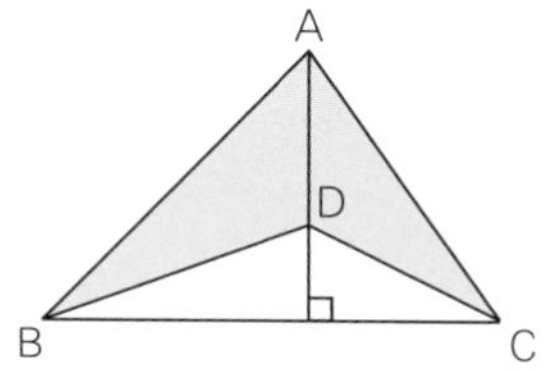

8.2＋5.8＝14
5＋3＝8 から、
14×8÷2－14×3÷2＝35　35 cm^2
(解き方2)三角形ABDと三角形ACDの面積の和を求めます。
5×8.2÷2＋5×5.8÷2＝35　35 cm^2
②2つの三角形に分けて求めます。
12×6÷2＋12×4.5÷2＝63　63 cm^2

15 正多角形と円

ぴったり1 準備 110ページ

1 角の大きさ、正八角形、角の大きさ
2 ㋐60　㋑60　㋒120

ぴったり2 練習 **111**ページ　てびき

❶ ㋒、正七角形

❶ 辺の長さがすべて等しく、角の大きさもすべて等しい多角形を、正多角形(せいたかくけい)といいます。㋒は、7つの辺の長さがすべて等しく、7つの角の大きさもすべて等しくなっています。このような七角形を、正七角形といいます。

❷ ①40°　②

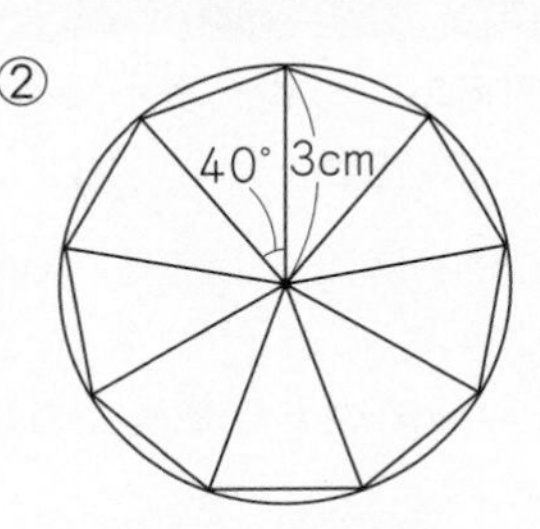

❷ ①円の中心の周りの角を9等分するように半径をかいて、9つの頂点(ちょうてん)を決めれば、正九角形をかくことができます。円の中心の周りの角度は360°なので、360÷9＝40で、40°に等分すればよいことになります。

②半径と円が交わった点を順に結んでいきます。

❸ ①㋐72°　㋑54°　㋒108°
②㋓45°　㋔67.5°　㋕135°

❸ 正五角形は合同な二等辺三角形が5つ、正八角形は合同な二等辺三角形が8つ集まった形になっています。また、円の中心の周りの角度は360°です。

①㋐360÷5＝72　72°
　㋑(180−72)÷2＝54　54°
　㋒54×2＝108　108°
②㋓360÷8＝45　45°
　㋔(180−45)÷2＝67.5　67.5°
　㋕67.5×2＝135　135°

プログラミングにちょう戦

112〜113ページ　てびき

1 ㋐1　㋑90　㋒1　㋓90　㋔1

1 「□前に進みます」は、□に入っている数だけ、ロボットは進みます。1辺が1cmの正方形を進むので、□には1を入れます。
角までロボットが進むと、回転する命令を出します。「□°左に回転します」は、□に入っている角度だけロボットが回転します。正方形の1辺をまっすぐ進んだロボットは、角で90°回転します。

2 ㋐72　㋑2　㋒72　㋓2　㋔72
㋕2　㋖72　㋗2　㋘72

2 ロボットを動かして正五角形をかきます。命令は上から順に実行します。
「□前に進みます」は、□に入っている数だけ、ロボットは進みます。1辺が2cmの正五角形を進むので、□には2を入れます。
角までロボットが進むと、回転する命令を出します。「□°左に回転します」は、□に入っている角度だけロボットが回転します。正五角形の1辺をまっすぐ進んだロボットは、角で回転します。
正五角形を5つの三角形に分けると、

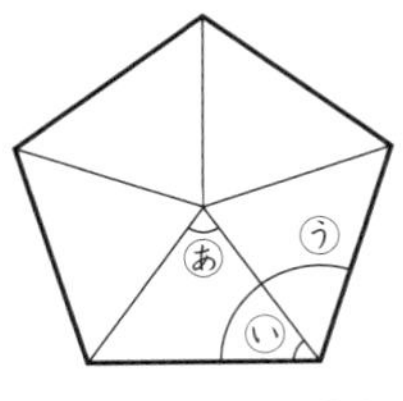

㋐の角度は、360÷5＝72　72°
㋑の角度は、(180−72)÷2＝54　54°
だから、㋒の角度は、54×2＝108
108°になります。
まっすぐ進んだロボットは、
180−108＝72　72°回転して進みます。

ぴったり1 準備 114ページ

1 (1)10、31.4
(2)3.5、3.14、21.98

2 24、3.14

ぴったり2 練習 115ページ

1 ①28.26 cm ②40.82 m

2 ①28.27 cm ②14.28 m

3 ①比例している。 ②56.52 cm

4 約 1.3 km

てびき

1 円周＝直径×円周率 の式、または
円周＝半径×2×円周率 の式にあてはめます。
①9×3.14＝28.26　28.26 cm
②6.5×2×3.14＝40.82　40.82 m

2 ①直径 11 cm の円周の半分と直径の長さの和になります。
11×3.14÷2＋11＝28.27　28.27 cm
②半径4 m の円周の $\frac{1}{4}$ と半径2つ分の長さの和になります。4×2×3.14÷4＋4×2＝14.28
14.28 m

3 ①

直径(cm)	1	2	3	4	5	6
円周(cm)	3.14	6.28	9.42	12.56	15.7	18.84

直径が2倍、3倍、……になると、それにともなって円周も2倍、3倍、……になっているので、円周の長さは直径の長さに比例しています。
②18×3.14＝56.52　56.52 cm

4 直径の長さを□ km として式に表し、答えを求めます。□×3.14＝4　□＝4÷3.14＝1.27…(3)
約 1.3 km

ぴったり3 確かめのテスト 116〜117ページ

1 ①正三角形、120° ②正五角形、72°

2 ①式 12×3.14＝37.68
答え 37.68 cm
②式 8.5×2×3.14＝53.38
答え 53.38 m
③式 47.1÷3.14÷2＝7.5 答え 7.5 cm

てびき

1 ①3本の直線で囲まれた正多角形を、正三角形といいます。正三角形は、360÷3＝120 より、円の中心の周りの角を 120° ずつ等分する方法でかくことができます。
②5本の直線で囲まれた正多角形を、正五角形といいます。正五角形は、360÷5＝72 より、円の中心の周りの角を 72° ずつ等分する方法でかくことができます。

2 ①円周＝直径×円周率 の式にあてはめます。
②円周＝半径×2×円周率 の式にあてはめます。
③半径の長さを□ cm として式に表し、答えを求めます。
□×2×3.14＝47.1
□＝47.1÷3.14÷2＝7.5　7.5 cm

❸

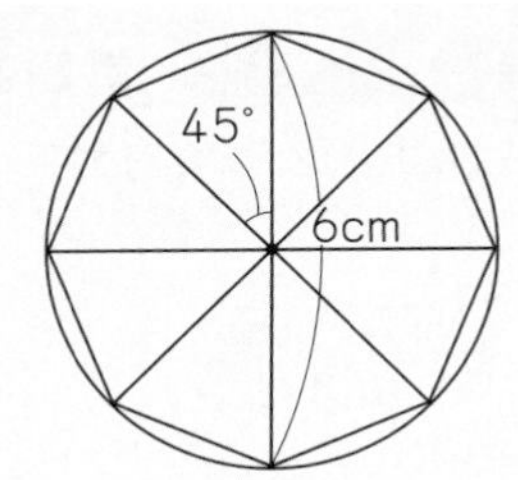

❸ 円の中心の周りの角を8等分するように半径をかいて、8つの頂点(ちょうてん)を決めれば、正八角形をかくことができます。円の中心の周りの角度は360°なので、360÷8＝45で、45°ずつ等分します。

❹ 式　70×3.14×150＝32970（3000）
33000 cm＝330 m　　答え　約330 m

❹ タイヤが1回転すると、タイヤの円周の長さだけ進みます。よって、タイヤが150回転すると、タイヤの円周の150倍進むことになります。

❺ ①式　2×4＋2×2×3.14＝20.56
答え　20.56 cm
②式　(4＋6)×3.14÷2＋4×3.14÷2＋6×3.14÷2＝31.4
答え　31.4 cm

❺ ①かどの$\frac{1}{4}$の円を4つ合わせると、半径が2cmの円になります。よって、半径が2cmの円周の長さと2cmの辺を4つ合わせた長さが、周りの長さになります。
②直径が4cmの円周の長さの半分、直径が6cmの円周の長さの半分、直径が10cmの円周の長さの半分を合わせた長さになります。

❻ ①式　200－52.9×2＝94.2
94.2÷3.14＝30　　答え　30 m
②式　32×3.14－30×3.14＝6.28
答え　6.28 mずつずらす。

❻ ①半円2つのカーブのいちばん内側の長さは、200 mから2つの直線部分の長さをひいた長さで、200－52.9×2＝94.2　94.2 mです。
長方形のたての長さは、半円の直径の長さだから、94.2÷3.14＝30で、30 mです。
②2コースの内側の半円の直径は、1コースの内側の半円の直径より2m長くなり、32 mになります。よって、カーブの部分の長さが32×3.14－30×3.14＝6.28で、6.28 m長くなります。この6.28 mだけ前にずらせば、ゴールの位置は同じになります。
3コース、4コースについても同じように考えられるので、どのコースも6.28 mずつずらせばゴールの位置は同じになります。

16 角柱と円柱

ぴったり1 準備　118ページ

1 (1)長方形　(2)5　(3)8
2 (1)円　(2)曲面

ぴったり2 練習 119ページ

1 ①底面…四角形　名前…四角柱
②底面…円　名前…円柱
③底面…三角形　名前…三角柱

2 ①平行　②垂直　③長方形、正方形（順不同）
④曲面

3 ①㋐12　㋑18　㋒8
②頂点の数…□×2　辺の数…□×3
面の数…□＋2

てびき

1 角柱や円柱の底面は、向きに関係なく、合同で平行な2つの面です。

①
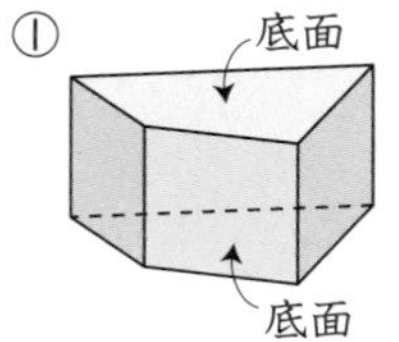

②
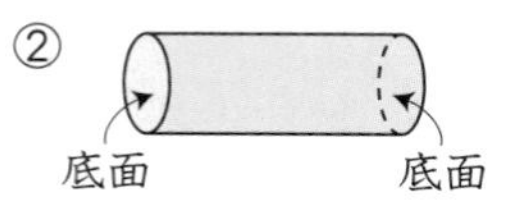

③
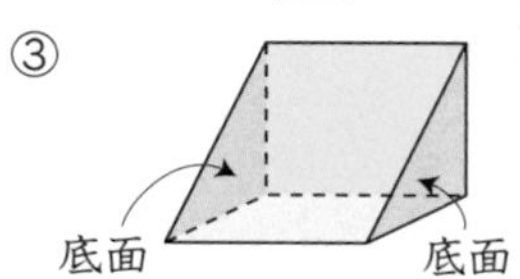

2 角柱には、次の性質があります。
・2つの底面は合同な多角形
・2つの底面は平行
・側面は長方形か正方形
円柱には、次の性質があります。
・2つの底面は合同な円
・2つの底面は平行
・側面は曲面
また、角柱の底面と側面は垂直です。

3 ②表をたてにみて考えます。
頂点の数は1つの底面の辺の数の2倍、辺の数は1つの底面の辺の数の3倍、面の数は1つの底面の辺の数に2を加えたものになっています。

ぴったり1 準備 120ページ

1 合同、
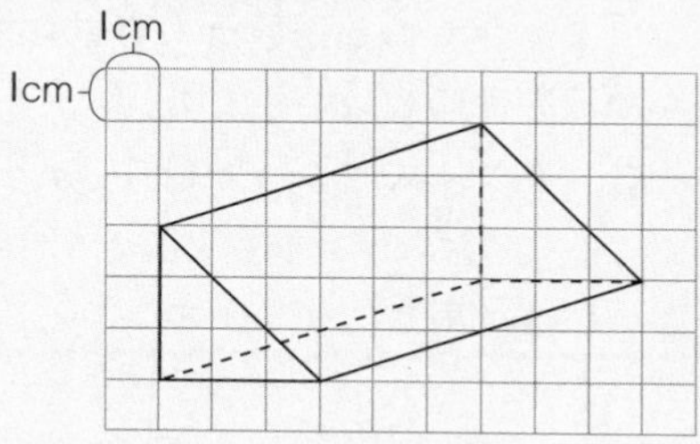

2 7、4、12.56

ぴったり2 練習 121ページ

1
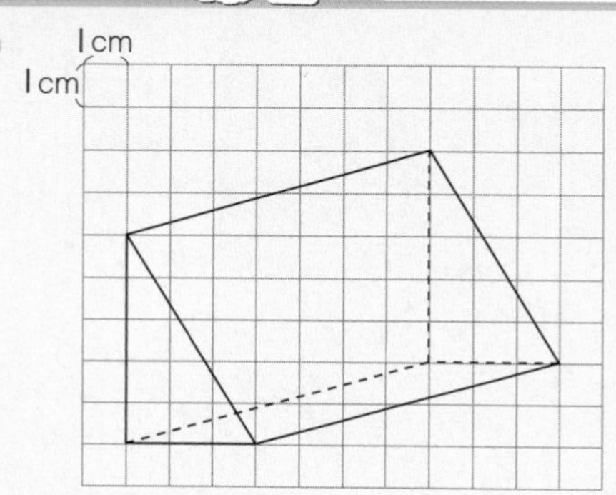

てびき

1 角柱の見取図は、平行な辺は平行に、同じ長さの辺は同じ長さにかきます。また、見えない辺は点線でかきます。

❷ (例)

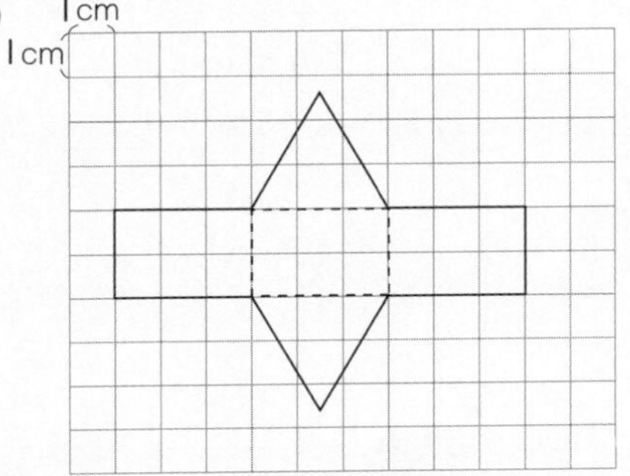

❷ 角柱の展開図は、1つの面をかき、となり合う面を順にかいていきます。また、切り開いていない辺は点線でかきます。展開図のかき方は、いくつもあります。

❸ ①たて…3cm　横…約9.4cm

②(例)

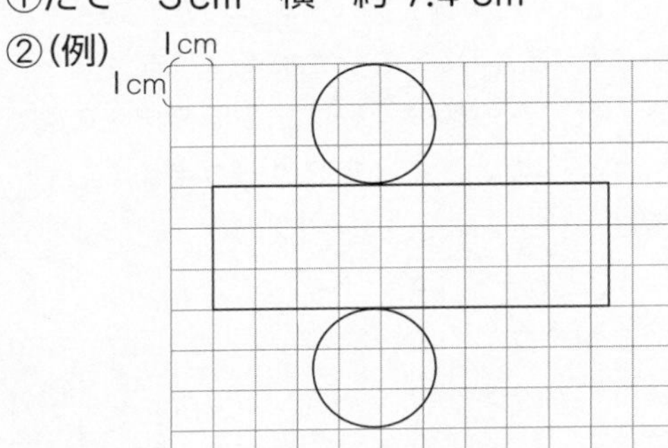

❸ ①長方形の2つの辺の長さは、それぞれ円柱の高さと、底面の円周の長さに等しくなります。円柱の高さは3cmで、底面の円周の長さは $1.5\times2\times3.14=9.42$ で、約9.4cmです。

②円柱の展開図は、側面を長方形にしてかき、つながっている2つの底面をかきます。

ぴったり3 確かめのテスト　122～123ページ　てびき

❶ ①底面…五角形　名前…五角柱

②底面…円　名前…円柱

③底面…三角形　名前…三角柱

❶ 角柱や円柱の底面は、向きに関係なく、合同で平行な2つの面です。下側にある面という意味ではありません。

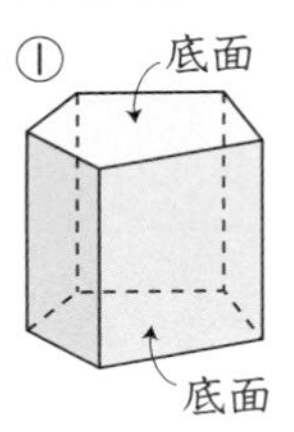

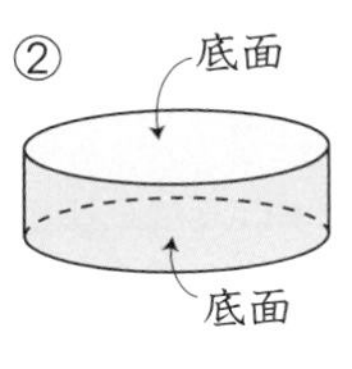

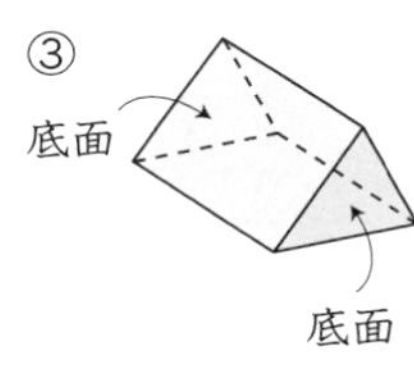

❷ ①七角柱　②底面…2、側面…7　③14　④21

❷ ①底面が七角形なので、七角柱です。

②角柱には底面が2つあり、側面は1つの底面の辺の数だけあります。

③角柱の頂点は、1つの底面の辺の数の2倍あります。$7\times2=14$ で、七角柱には14あります。

④角柱の辺は、1つの底面の辺の数の3倍あります。$7\times3=21$ で、七角柱には21あります。

❸ あ、う、お

❸ 角柱には、次の性質があります。

・2つの底面は合同な多角形
・2つの底面は平行
・側面は長方形か正方形

円柱には、次の性質があります。

・2つの底面は合同な円
・2つの底面は平行
・側面は曲面

あ～おの中で、いとえは円柱の性質になります。

❹ (例)

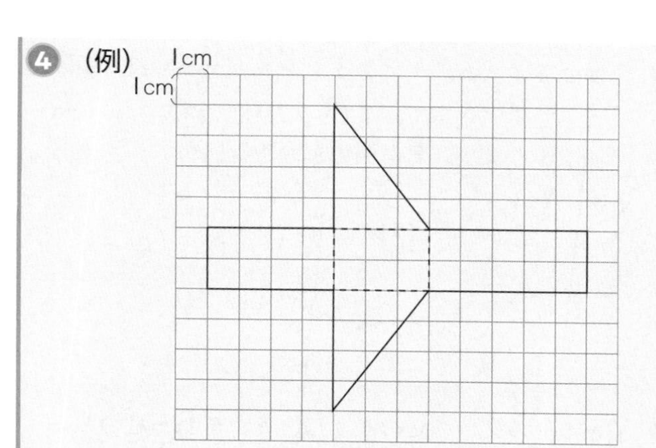

❹ 1つの面をかき、となり合う面を順にかいていきます。また、切り開いていない辺は点線でかきます。ほかのかき方もあるので、考えてみましょう。

❺ ①6cm　②2cm

❺ ①側面の長方形のたての長さが高さになります。
②側面の長方形の横の長さは、底面の円周の長さに等しくなっています。底面の円の半径を□cmとすると、□×2×3.14＝12.56
□＝12.56÷3.14÷2＝2

❻ ①点A、点I　②辺DE
③平行…面あ　垂直…面い、面う、面え
④辺AB…2cm　高さ…8cm

❻ 展開図を組み立てると、右の図のようになります。
①点Cは点Aと点Iと重なります。
②辺ABは辺CB、辺AJは辺IJ、辺CDは辺IH、辺DEは辺HG、辺EFは辺GFと重なります。
③面おは底面なので、底面の面あと平行になります。また底面の面おは側面の面い、面う、面えと垂直になります。
④辺ABは辺HGと同じ長さの2cmです。

活用 算数を使って考えよう

算数を使って考えよう　124～125ページ

❶ ①月…10月
金額…95万円
②5万円
③32万円

てびき

❶ ①左の棒グラフから金額をよみとります。棒がいちばん長いのは10月です。
いちばん小さいめもりは5万円を表しているので、10月の売り上げ金額は95万円だとわかります。
②11月は、80万円ちょうどのところまで棒がのびています。12月は75万円です。
80万－75万＝5万になります。
③右の円グラフのまくのうち弁当の割合をよみとります。
11月の売り上げは80万円で、まくのうち弁当の割合は40％です。
比かく量＝基準量×割合
で求められるので、
800000×0.4＝320000

おうちのかたへ　11月の売り上げ全体が基準量で、まくのうち弁当が比かく量だとよみとれているかを見てあげましょう。

④640 個
⑤からあげ弁当

④11 月のまくのうち弁当の売り上げ金額は 32 万円。まくのうち弁当 1 個の金額は 500 円なので、320000÷500＝640　640 個売れたことがわかります。
⑤右の円グラフのからあげ弁当とハンバーグ弁当の割合からよみとります。
からあげ弁当は 15 %、ハンバーグ弁当は 12 % だから、からあげ弁当のほうが売り上げが多くなります。

❷ ①(例)　ⓐの割引券を使うほうが安くなります。
なぜなら、ⓐを使うと、500－100＝400
400 円
ⓘを使うと、500×(1－0.15)＝425
425 円になるからです。
②200 mL
③(例)　割引券を使うと、20 % 引きになるので、ホットケーキセットは 80 % の金額になります。
700×(1－0.2)＝560　560 円

❷ ①先にどちらが安いかの答えを書いて、そのあとで「なぜなら……」と理由を書きましょう。
ⓘの割引券を使うと、ワッフルの金額が 15 % 引きになるので、ワッフルを 85 % で買うことができます。
②増量前のドリンクの量を基準量と考えて□ mL とします。基準量から 20 % 増えた量が 240 mL になるので、
□×(1＋0.2)＝240
□＝240÷1.2
＝200
③ⓤの割引券を使うと、ホットケーキセットの金額が 20 % 引きになるので、(1－0.2)＝0.8
80 % で買うことができます。

5年のまとめ

まとめのテスト　126 ページ

❶ ①6.705　②206　③0.781　④5
⑤100　⑥13

❷ ①公約数…1、2、4、8　　公倍数…48

てびき

❶ ②整数や小数を 100 倍すると、位が上がって、小数点が右へ 2 けた移ります。
③整数や小数を $\frac{1}{10}$ にすると、位が下がって、小数点が左へ 1 けた移ります。
④分数をわり算の式で表すときには、分子をわられる数、分母をわる数にします。$\frac{○}{△}$＝○÷△
⑤ $\frac{1}{100}$ の位までの小数は、100 を分母とする分数で表すことができます。
⑥整数は 1 を分母とする分数で表すことができます。

❷ ①16 の約数　①、②、④、⑧、16
24 の約数　①、②、3、④、6、⑧、12、24
16 と 24 の公約数は、1、2、4、8です。
60 以下の 16 の倍数　16、32、㊽
60 以下の 24 の倍数　24、㊽
60 以下の 16 と 24 の公倍数は、48 です。

②公約数…1、3
公倍数…12、24、36、48、60

❸ ①5.04　②137.28　③0.645　④6.283

❹ ①14.5　②8.5

❺ ① $\frac{25}{21}\left(1\frac{4}{21}\right)$　② $\frac{17}{15}\left(1\frac{2}{15}\right)$　③ $3\frac{1}{3}\left(\frac{10}{3}\right)$

④ $\frac{1}{18}$　⑤ $\frac{13}{12}\left(1\frac{1}{12}\right)$　⑥ $2\frac{8}{15}\left(\frac{38}{15}\right)$

❻ 式　6.5×0.8＝5.2　　答え　5.2 m²

❼ 式　60÷1.8＝33 あまり 0.6

答え　33 人に配れて、0.6 dL あまる。

②12 の約数　①、2、③、4、6、12
3の約数　①、③
12 と3の公約数は、1と3です。
60 以下の 12 の倍数　12、24、36、48、60
12 の倍数はすべて3でわりきれるので、60 以下の 12 と3の公倍数は、12、24、36、48、60 です。

❸
```
①   1.4          ②    42.9
   ×3.6              ×  3.2
     84                 858
    42                1287
    5.04              137.28

③   0.75         ④    2.06
   ×0.86              ×3.05
     450               1030
    600               618
    0.6450            6.2830
```

❹
```
①          14.5       ②        8.5
   6.8 ) 98.6            4.2 ) 35.7
         68                    336
         306                    210
         272                    210
          340                     0
          340
            0
```

❺ ① $\frac{6}{7}+\frac{1}{3}=\frac{18}{21}+\frac{7}{21}=\frac{25}{21}\left(=1\frac{4}{21}\right)$

② $\frac{5}{6}+\frac{3}{10}=\frac{25}{30}+\frac{9}{30}=\frac{34}{30}=\frac{17}{15}\left(=1\frac{2}{15}\right)$

③ $1\frac{4}{5}+1\frac{8}{15}=1\frac{12}{15}+1\frac{8}{15}=2\frac{20}{15}=2\frac{4}{3}$

$=3\frac{1}{3}$

④ $\frac{1}{2}-\frac{4}{9}=\frac{9}{18}-\frac{8}{18}=\frac{1}{18}$

⑤ $\frac{7}{4}-\frac{2}{3}=\frac{21}{12}-\frac{8}{12}=\frac{13}{12}\left(=1\frac{1}{12}\right)$

⑥ $3\frac{5}{6}-1\frac{3}{10}=3\frac{25}{30}-1\frac{9}{30}=2\frac{16}{30}=2\frac{8}{15}$

❻ 小数のかけ算で求めます。

❼ 小数のわり算で求めます。6L を 60 dL にしてから計算し、商を整数で求め、あまりを出します。

1 120 m^3

2 ①(あ)70° ②(い)102°

3 ①28 cm^2 ②108 cm^2

4 38.55 m

5 ①3760 cm^3 ②504 m^3

6 (例)

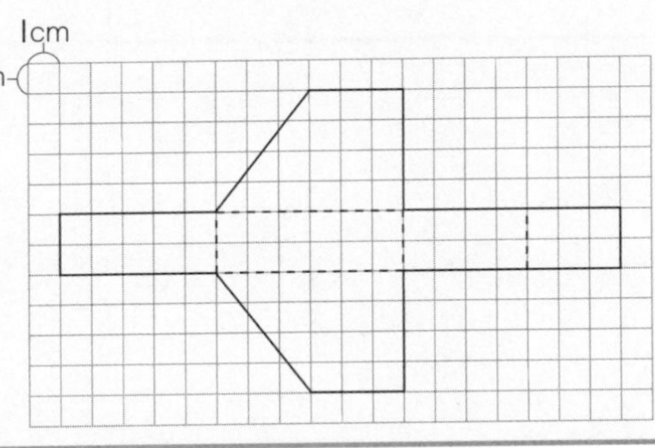

てびき

1 直方体の体積＝たて×横×高さ

3×5×8＝120　　120 m^3

2 三角形の3つの角の大きさの和は180°、四角形の4つの角の大きさの和は360°です。

(あ)180－(40＋70)＝70　　70°

(い)360－(95＋85＋78)＝102　　102°

3 三角形の面積＝底辺(ていへん)×高さ÷2

平行四辺形の面積＝底辺×高さ　の公式にあてはめます。

①7×8÷2＝28　　28 cm^2

②9×12＝108　　108 cm^2

4 半径7.5 mの円周(えんしゅう)の半分と半径の2倍の長さの和になります。

7.5×2×3.14÷2＋7.5×2＝38.55

38.55 m

5 ①右の(あ)、(い)の2つの直方体に分けて求めます。

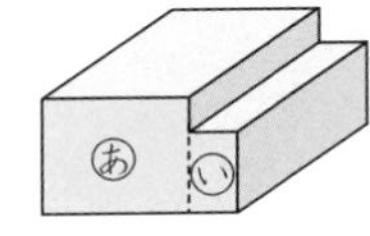

(あ)20×16×10＝3200

(い)20×4×7＝560

3200＋560＝3760　　3760 cm^3

次のように考えることもできます。

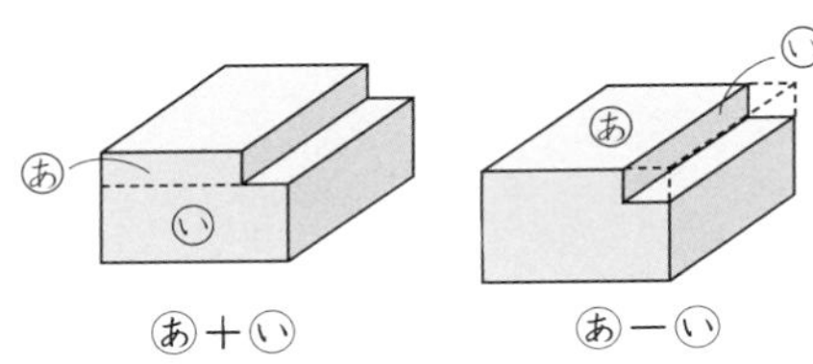

(あ)＋(い)　　(あ)－(い)

②右の(あ)、(い)の2つの直方体に分けて求めます。

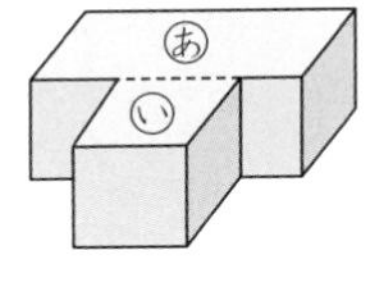

(あ)6×10×6＝360

(い)6×4×6＝144

360＋144＝504　　504 m^3

次のように考えることもできます。

(あ)＋(い)＋(う)　　(あ)－(い)－(う)

6 角柱(かくちゅう)の展開図(てんかいず)は、1つの面をかき、となり合う面を順にかいていきます。また、切り開いていない辺は点線でかきます。

てびき

1 ①5×○＋100＝△(100＋5×○＝△)
②○＋△＝80(80－○＝△)
③31×○＝△
比例するもの…③

2 ①

高さ(cm)	1	2	3	4	5
面積(cm^2)	1.5	3	4.5	6	7.5

②1.5×○＝△(○×1.5＝△)　③16 cm

3 ①式　3200×(1－0.2)＝2560
答え　2560円
②A店

4 ①式　720÷960×100＝75　答え　75％
②式　960×0.15＝144　答え　144 m^2

5

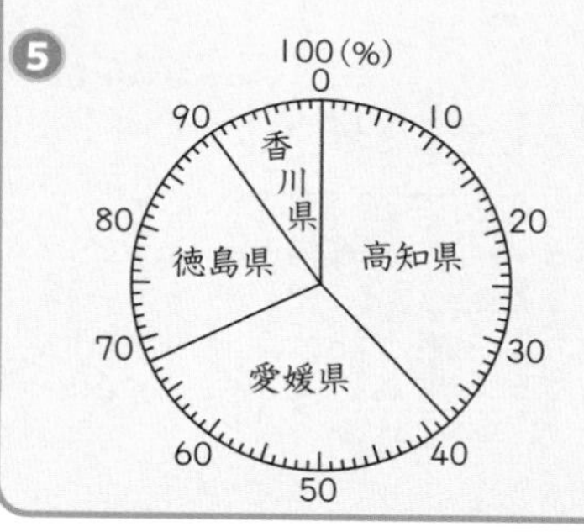

1 2つの数量の関係を表に表すと、次のようになります。

①

くぎの本数○(本)	1	2	3	4	5
全体の重さ△(g)	105	110	115	120	125

②

使ったページ○(ページ)	1	2	3	4
残りのページ△(ページ)	79	78	77	76

③

ガソリンの量○(L)	1	2	3	4	5
道のり　△(km)	31	62	93	124	155

○の量が2倍、3倍、……になると、
△の量も2倍、3倍、……になっているのは③で、この2つの量は比例しています。

2 ②表をたてにみると、面積△ cm^2 は高さ○ cm の1.5倍になっているので、1.5×○＝△という式で表せます。
③②の式に△＝24 をあてはめます。
1.5×○＝24　○＝24÷1.5＝16　16 cm

3 ①定価の20％引きで売っているので、売り値は定価の80％にあたります。

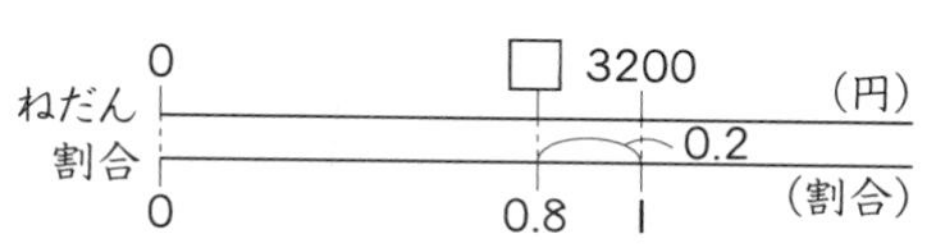

②B店は、3200－600＝2600で、2600円で売っています。

4 ①割合＝比かく量÷基準量　で求めます。
百分率で表すから、求めた割合を100倍します。
②比かく量＝基準量×割合　で求めます。
百分率で表された割合は、小数になおしてから式にあてはめます。

5 円グラフに表すときには、割合の大きい順に、右回りに区切っていきます。

夏のチャレンジテスト

1 ①52.087　②30.6　③0.01049

2 ㋐、㋕

3 ①㋐110°　②㋑120°

4 辺HIの長さ…2.7 cm　角Fの大きさ…150°

5 ①9.01　②3.368　③5.0375　④45
⑤0.015　⑥2.5　⑦0.056　⑧2.4
⑨1.2　⑩0.71

てびき

1 ②100倍すると、位が上がって、小数点は2けた右へ移ります。

③$\frac{1}{1000}$にすると、位が下がって、小数点は3けた左へ移ります。

2 かけ算では、1より小さい数をかけると積はかけられる数より小さくなり、わり算では、1より大きい数でわると商はわられる数より小さくなります。

3 ㋐180−(30＋40)＝110　　110°
㋑360−(55＋135＋50)＝120　　120°

4 合同な図形では対応する辺の長さや角の大きさが等しくなっています。

5
① 5.3 × 1.7：371、53 → 9.01

② 4.21 × 0.8 → 3.368

③ 3.25 × 1.55：1625、1625、325 → 5.0375

④ 12.5 × 3.6：750、375 → 45.00

⑤ 0.75 × 0.02 → 0.0150

⑥ 5.4 ÷ 2.2：商 2.45 → 5（四捨五入で2.5）
54 − 44 = 100 − 88 = 120 − 110 = 10

⑦ 0.230 ÷ 4.1：商 0.0560
230 − 205 = 250 − 246 = 40

⑧ 7.582 ÷ 3.12：商 2.43
758 − 624 = 1342 − 1248 = 940 − 936 = 4

⑨ 6.20 ÷ 5.19：商 1.19 → 1.2
620 − 519 = 1010 − 519 = 4910 − 4671 = 239

⑩ 3.20 ÷ 4.5：商 0.711
320 − 315 = 50 − 45 = 50 − 45 = 5

6 ㋐、㋒

7 ①180 cm^3　②4050 cm^3

8 ①27000 cm^3　②27 L

9 ①0.4569　②4.9605

10 ①○×4＝△（4×○＝△）　②13分

11 式　6.4×0.75＝4.8　　答え　4.8 m^2

12 式　82.9÷6.3＝13 あまり 1
答え　13個作れて 1 cm あまる

13 24 cm

6 合同な三角形は、下のどれかがわかればかくことができます。
・3つの辺の長さ
・2つの辺の長さとその間の角の大きさ
・1つの辺の長さとその両はしの角の大きさ

7 ①4×7.5×6＝180　　180 cm^3
②いろいろな求め方がありますが、欠けている部分をおぎなって直方体をつくり、その体積から欠けた部分をひいて求めると、
12×30×15−6×15×15＝4050
4050 cm^3

8 ①20×45×30＝27000　　27000 cm^3
②1 L＝1000 cm^3 だから、27000 cm^3＝27 L

9 ②4.9605は5より0.0395小さく、5.0469は5より0.0469大きいので、4.9605のほうが5に近い数です。

10 ②①で求めた式に、△＝52をあてはめます。
○×4＝52　○＝52÷4＝13　　13分

11 1 Lでぬれる面積×ペンキの量　の式で求めることができます。

12 テープの長さ÷輪かざりの長さ　の式で求めることができます。商は整数で求めて、あまりを出します。

13 立方体の体積は、12×12×12＝1728（cm^3）
直方体の高さを□cmとすると、8×9×□＝1728
□＝1728÷8÷9＝24　　24 cm

冬のチャレンジテスト

1 ① $\frac{2}{3}$　② $1\frac{3}{4}$

2 ①＜　②＞

3 ① $\frac{2}{9}$　② $\frac{5}{3}\left(1\frac{2}{3}\right)$

てびき

1 ①分母と分子を6でわります。$\frac{12}{18}=\frac{2}{3}$
②分母と分子を12でわります。$1\frac{36}{48}=1\frac{3}{4}$

2 通分して、分子の大小を比べます。
① $\frac{4}{7}=\frac{32}{56}$、$\frac{5}{8}=\frac{35}{56}$ なので、$\frac{4}{7}<\frac{5}{8}$ です。
② $\frac{11}{6}=\frac{55}{30}$、$\frac{17}{10}=\frac{51}{30}$ なので、$\frac{11}{6}>\frac{17}{10}$ です。

3 わる数を分母、わられる数を分子として表します。
① $2÷9=\frac{2}{9}$
② $25÷15=\frac{25}{15}=\frac{5}{3}\left(=1\frac{2}{3}\right)$

4 ①$\frac{19}{10}\left(1\frac{9}{10}\right)$ ②$\frac{1}{20}$

5 偶数(ぐうすう)…32、870
奇数(きすう)…3、17、25、123、9999

6 ①52％ ②0.07 ③34.7％
④1.55

7 式 (61+65+58+62+63)÷5=61.8
答え 61.8g

8 ①$\frac{23}{28}$ ②$\frac{5}{7}$ ③$4\frac{1}{3}\left(\frac{13}{3}\right)$ ④$3\frac{1}{4}\left(\frac{13}{4}\right)$
⑤$\frac{5}{12}$ ⑥$\frac{11}{15}$ ⑦$1\frac{8}{21}\left(\frac{29}{21}\right)$ ⑧$1\frac{1}{5}\left(\frac{6}{5}\right)$
⑨$\frac{8}{5}\left(1\frac{3}{5}\right)$ ⑩$\frac{1}{9}$ ⑪$\frac{17}{20}$ ⑫$\frac{3}{5}$

9 ①最小公倍数(さいしょうこうばいすう)…70 最大公約数(さいだいこうやくすう)…7
②最小公倍数…54 最大公約数…18

10 ①㋐34 ㋑23 ㋒14 ㋓11 ㋔18
②

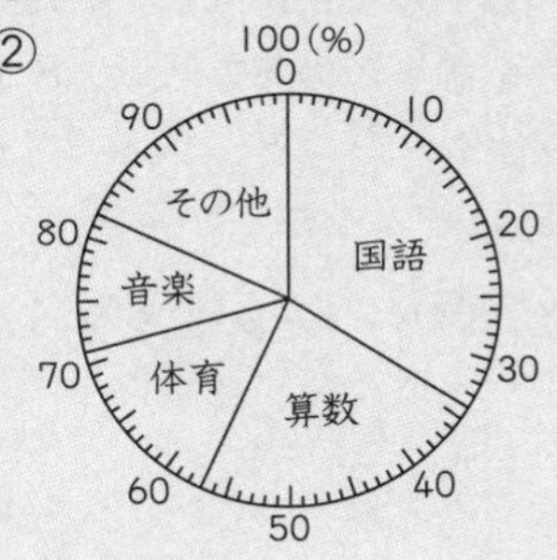

4 $\frac{1}{10}$の位までの小数は10を分母とする分数で、$\frac{1}{100}$の位までの小数は100を分母とする分数で表します。

② $\frac{\overset{1}{\cancel{5}}}{\underset{20}{\cancel{100}}}=\frac{1}{20}$

5 2でわったとき、わりきれる整数を偶数、1あまる整数を奇数といいます。

6 小数や整数で表された割合(わりあい)は100倍すると百分率(ひゃくぶんりつ)で、百分率で表された割合は100でわると小数や整数で表せます。

7 平均(へいきん)=合計÷個数(こすう) の式で求めます。

8 ② $\frac{8}{21}+\frac{1}{3}=\frac{8}{21}+\frac{7}{21}=\frac{\overset{5}{\cancel{15}}}{\underset{7}{\cancel{21}}}=\frac{5}{7}$

③ $1\frac{3}{5}+2\frac{11}{15}=1\frac{9}{15}+2\frac{11}{15}=3\frac{\overset{4}{\cancel{20}}}{\underset{3}{\cancel{15}}}=4\frac{1}{3}$

⑤ $\frac{3}{4}-\frac{1}{3}=\frac{9}{12}-\frac{4}{12}=\frac{5}{12}$

⑦ $3\frac{3}{14}-1\frac{5}{6}=3\frac{9}{42}-1\frac{35}{42}=2\frac{51}{42}-1\frac{35}{42}$

$=1\frac{\overset{8}{\cancel{16}}}{\underset{21}{\cancel{42}}}=1\frac{8}{21}$

⑧ $1\frac{2}{3}-\frac{7}{15}=1\frac{10}{15}-\frac{7}{15}=1\frac{\overset{1}{\cancel{3}}}{\underset{5}{\cancel{15}}}=1\frac{1}{5}$

⑨ $\frac{2}{3}+\frac{2}{15}+\frac{4}{5}=\frac{10}{15}+\frac{2}{15}+\frac{12}{15}=\frac{\overset{8}{\cancel{24}}}{\underset{5}{\cancel{15}}}=\frac{8}{5}$

9 ①14の倍数(ばいすう)…14、28、42、56、70、…
35の倍数…35、70、…
最小公倍数は70

10 ①㋐41÷120×100=34.1… 34％
㋑28÷120×100=23.3… 23％
㋒17÷120×100=14.1… 14％
㋓13÷120×100=10.8… 11％
㋔21÷120×100=17.5 18％
②割合の大きい順に、時計回りに区切っていきます。「その他」は最後にかきます。

11 あ

11 $1 m^2$あたりの人数か1人あたりの面積のどちらかの大きさで比べます。$1 m^2$あたりの人数で比べると、
あ8÷6＝1.333… 約1.33人
い9÷7＝1.285… 約1.29人
う10÷8＝1.25 1.25人
$1 m^2$あたりの人数がいちばん多いあの砂場が、いちばんこんでいます。

12 式 5.4÷10＝0.54
0.54×565＝305.1 答え 約305 m

12 1歩の歩はばを求めてから、歩はば×歩数 の式で、およその長さを求めます。

13 式 470×(1＋0.1)＝517 答え 517人

13 昨年の人数の110％が、今年の人数にあたります。

14 式 2600÷(1－0.2)＝3250
答え 3250円

14 定価の80％が売り値2600円にあたります。定価を□円とすると、□×(1－0.2)＝2600の式ができます。この式から□を求めます。

春のチャレンジテスト

てびき

1 い、名前…正五角形 え、名前…正七角形

2 ①四角柱 ②円柱 ③三角柱 ④六角柱

2 底面がどんな図形であるか調べます。底面は、合同で平行な2つの面です。
①底面は四角形なので、四角柱です。
②底面は円なので、円柱です。
③底面は三角形なので、三角柱です。
④底面は六角形なので、六角柱です。

3 ①上底 ②2

4 ①円周率 ②底面、側面

5 ①$77 cm^2$ ②$15 cm^2$ ③$97.5 cm^2$ ④$18 m^2$

5 ①11×7＝77 $77 cm^2$
②3×5＝15 $15 cm^2$
③15×13÷2＝97.5 $97.5 cm^2$
④6×6÷2＝18 $18 m^2$

6 ①$51 cm^2$ ②$108 cm^2$

6 ①(7＋10)×6÷2＝51 $51 cm^2$
②6×2＝12 9×2＝18
12×18÷2＝108 $108 cm^2$

7 約$19 cm^2$

7 形の内側に完全に入っている方眼を$1 cm^2$、一部が形にかかっている方眼を半分の$0.5 cm^2$と考えて、面積を求めます。形の内側に完全に入っている方眼は10個、一部が形にかかっている方眼は18個だから、10＋18÷2＝19 約$19 cm^2$

8 ①式 3.4×2×3.14＝21.352
答え 21.352 cm
②式 7×2×3.14÷4＋14＝24.99
答え 24.99 cm

8 円周の長さ＝直径×円周率 です。
②円周の$\frac{1}{4}$に、半径と同じ7cmの辺を2つたします。

9 (例)

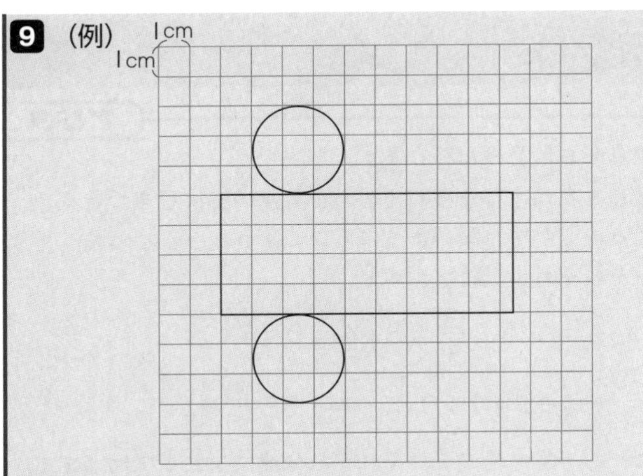

10 四角柱

11 ㋐40°　㋑140°

12 式　6×8÷2+6×7÷2=45

答え　45 cm²

13 式　70×3.14=219.8

199000÷219.8=905.3…

答え　905回転

9 円柱の展開図(てんかいず)は、側面を長方形にしてかきます。側面の長方形の大きさは、たてが円柱の高さ4cm、横が底面の円周の長さ　3×3.14=9.42で、約9.4 cmになります。

10 展開図を組み立てると、右のような、底面が台形の四角柱ができます。

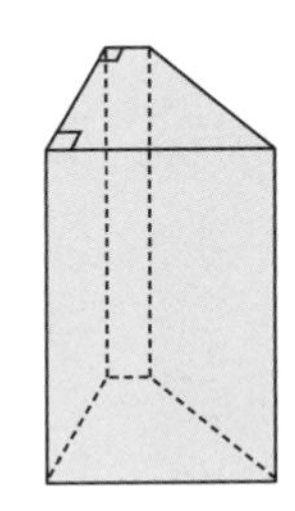

11 正九角形は、円の中心の周りの角を9等分する方法でかくことができます。

円の中心の周りの角は360°です。

㋐360÷9=40　　40°

㋑(180−40)÷2=70　　70×2=140

140°

12 (解(と)き方1)底辺6cm、高さ8cmの三角形、底辺6cm、高さ7cmの三角形に分けて面積を求め、その2つの面積をたします。

(解き方2)右の図で、三角形ABCの面積から三角形DBCの面積をひいて求めます。

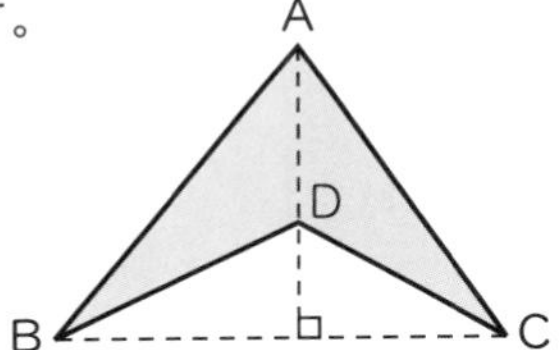

13 車輪が1回転すると、車輪の円周の長さだけ進みます。よって、1.99 kmの道のりを車輪の円周の長さでわれば、何回転したかがわかります。長さの単位に注意しましょう。

70×3.14=219.8(cm)

1.99 km=199000 cm

199000÷219.8=905.3…　　905回転

学力診断テスト

1 ①68　②0.634

2 ①0.437　②20.57　③156

④3.25　⑤$\frac{6}{5}\left(1\frac{1}{5}\right)$　⑥$\frac{1}{6}$

3 $\frac{5}{2}$、2、$1\frac{1}{3}$、$\frac{3}{4}$、0.5

4 ㋒、㋐、㋑

5 ①36　②奇数

6 ①6人

②えん筆…4本、消しゴム…3個

7 ①6 cm　②36 cm^2

8 19 cm^3

9 ①三角柱　②6 cm　③12 cm

10 辺 AC、角 B

11 108°

12 500 mL

13 ①式　72÷0.08＝900

答え　900 t

②

ある町の農作物の生産量

農作物の種類	米	麦	みかん	ピーマン	その他	合計
生産量(t)	315	225	180	72	108	900
割合(%)	35	25	20	8	12	100

③　ある町の農作物の生産量

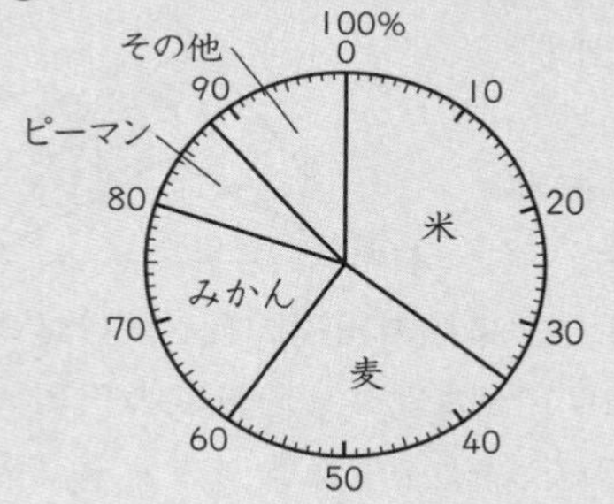

14 ①式　(7＋6＋13＋9)÷4＝8.75

答え　8.75 本

②㋐

15 ①

直径の長さ(○cm)	1	2	3	4
円周の長さ(△cm)	3.14	6.28	9.42	12.56

②○×3.14＝△　③比例

④短いのは…直線アイ(の長さ)

わけ…(例) 1つの円の円周の長さは直径の3.14倍で、直線アイの長さは直径の3倍だから。

てびき

1 ①小数点を右に2けた移します。

②小数点を左に1けた移します。小数点の左に0をつけくわえるのをわすれないようにしましょう。

3 分数をそれぞれ小数になおすと、

$\frac{5}{2}=5\div2=2.5$、$\frac{3}{4}=3\div4=0.75$、

$1\frac{1}{3}=1+1\div3=1+0.33\cdots=1.33\cdots$

4 例えば、㋐、㋒の速さを、それぞれ分速になおして比べます。

㋐ 15×60＝900　分速 900 m

㋒ 60 km は 60000 m で、60000÷60＝1000

分速 1000 m

5 ①9と12の最小公倍数を求めます。

②・2組の人数は1組の人数より1人多い

・2組の人数は偶数だから、1組の人数は、偶数 －1 で、奇数になります。

6 ①24と18の最大公約数を求めます。

7 ①台形ABCDの高さは、三角形ACDの底辺を辺ADとしたときの高さと等しくなります。12×2÷4＝6(cm)

②(4＋8)×6÷2＝36(cm^2)

8 例えば、右の図のように、3つの立体に分けて計算します。

㋐6×1×1＝6(cm^3)

㋑(3＋1)×(5－1－1)×1＝12(cm^3)

㋒1×1×1＝1(cm^3)

だから、あわせて、6＋12＋1＝19(cm^3)

ほかにも、分け方はいろいろ考えられます。

9 ③ABの長さは、底面のまわりの長さになります。

だから、5＋3＋4＝12(cm)

10 辺ACの長さ、または角Bの大きさがわかれば、三角形をかくことができます。

11 正五角形は5つの角の大きさがすべて等しいので、

1つの角の大きさは、540°÷5＝108°

12 これまで売られていたお茶の量を□ mL として式をかくと、

□×(1＋0.2)＝600

□を求める式は、600÷1.2＝500

13 ①(比べられる量)÷(割合)でもとにする量が求められます。

14 ②1組と4組の花だんは面積がちがいます。花の本数でこみぐあいを比べるときは、面積を同じにして比べないと比べられないので、㋐はまちがっています。

15 ③「比例の関係」、「比例している」など、「比例」ということばが入っていれば正解です。

④わけは、円周の長さと直線アイの長さがそれぞれ直径の何倍になるかで比べられていれば正解とします。